강력의 탄생

일러두기

— 책은『 』, 시, 소설, 기사, 논문은「 」, 잡지와 신문은《 》, 영화와 음악은〈 〉로 구분했다.

— 인명과 지명의 원어 표기는 찾아보기에서 확인할 수 있다.

— 외래어는 국립국어원의 외래어 표기 규정을 따랐다.
일부 용어는 관습적 표현과 원어 발음을 감안해 표기했다.

— 물리학 용어는 한국물리학회의 '물리학 용어집'(2019년)을 참고했다.
외래어 표기와 띄어쓰기는 일부 조정했다.

강력의 탄생

하늘에서 찾은 입자로 | 원자핵의 비밀을 풀다

THE BIRTH OF NUCLEAR FORCE

김현철 지음

계단

차례

천 명의 작가가 있다면, 책을 쓰는 이유도 천 가지가 있다. 그러나 천 명의 작가가 공통으로 하는 생각은 라이너 마리아 릴케가 『젊은 시인에게 보내는 편지』에서 한 말과 크게 다르지 않을 것이다. "나는 쓰지 않을 수 없어서 쓴다." 이 책도 그런 마음으로 쓰게 되었다.

박사 학위 과정에 들어가 내가 처음으로 맡은 과제는 핵자들이 서로 힘을 어떻게 주고받는지 지금까지 진행된 연구에서 한 걸음 더 들어가 보는 것이었다. 그때가 1990년이었으니 유카와 히데키가 파이온의 존재를 예언하면서 강력을 제대로 설명한 지 65년이 지난 후였다. 65년이 흘렀지만, 핵자들 사이의 힘은 여전히 핵물리학에서 중요한 문제였다. 그걸 제대로 알아야 핵이 어떻게 생겼는지 알 수 있고, 핵을 알아야 물질의 근원을 밝힐 수 있어서였다. 박사 학위를 끝낸 후에는 핵자의 내부로 눈을 돌렸다. 작은 세상으로 한 발 더 들어간 셈이었다.

눈에 보이는 우주는 양성자와 중성자, 전자로 이뤄져 있다. 전자야 양성자보다 이천 배나 가벼우니 물질은 양성자와 중성자로 되어 있다고 해도 크게 틀린 말은 아니다. 그런데 양성자 안을 들여다볼수록 그 생김새가 복잡하기 짝이 없었다. 양성자 그리고 가속기가 만들어 내는 새로운 입자를 알아가다 보니 삼십 년이 훌쩍 지나 버렸다. 그래서 한번은 멈춰 서서 걸어온 길을 되돌아보고 싶었다.

1895년에 뢴트겐이 엑스선을 발견하면서 사람들은 원자 속에 발을 들여놓았다. 그때만 해도 세상 사는 것과 관련이 없어 보이던 원자가 사람들의 삶을 완전히 바꿔놓을 줄은 아무도 몰랐을 것이다. 전자를 빼내고 나면 원자 속은 텅 비었을 줄 알았는데, 그 안에는 핵이라는 것이 있었다. 그리고 핵 안에는 양성자와 중성자가 있었다. 그것들이 어쩌다가 그 좁은 핵 안에서 오글오글 몰려 살게 됐는지 사람들은 궁금했다. 그 속을 들여다보던 사람들은 세상에 중력과 전자기력 말고 새로운 힘 두 개가 더 있다는 걸 알아냈다. 약력과 강력이었다. 약력이 세상을 단순하게 정돈하는 힘이라면, 강력은 세상을 이룰 수 있게 하는 힘이었다. 우리가 존재하는 이유도 결국은 강력이 있기 때문이었다.

지난 세월 사람들이 원자 속이 어떻게 생겼는지 알고 싶어서 걸어간 길을 톺아보다 보니 삼십 년 동안 내가 한 일도 결국 이들이 걸어간 길을 이어 간 것이었다. 그리고 이 길 위에는 수많은 사람들의 이야기가 가득했다. 뢴트겐이 엑스선을 발견한 것은 순전히 우연이었다지만, 그 우연의 순간은 원자로 들어가는 문이 슬쩍 열린 것과 같았고, 문을 열고 들어간 베크렐이 본 것은 원자에서 나오는 방사선이었다. 베크렐은 물리학에 관한 한 유명한 가문 출신이었다. 그러나 원자 속으로 들어가는 데 꼭 훌륭한 집안 출신일 필요는 없었다. 마리 퀴리와 피에르 퀴리는 베크렐의 뒤를 이어 방사선을 부지런히 살폈다. 두 사람은 폴로늄과 라듐을 발견한 사람으로 널리 알려져 있지만, 정작 그들이 발견한 것은 방사선이 원자에서 나온다는 사실이었다.

원자를 한 꺼풀 벗기고 그 안에 무엇인가 들어있다는 걸 알아낸 사람은 뉴질랜드 출신의 촌사람 어니스트 러더퍼드였다. 그는 원자 속에 들어 있는 딱딱한 그 무엇에 핵이라는 이름을 지어 주었다. 그건 마치 시인 김춘수가 「꽃」에서 노래했듯 아무 의미도 없던 존재를 뜻깊게 만들어준 것과 같았다. 핵이 발견된 지 일 년 남짓 지났을 때 빅토르 헤스는 우주에서 지구로 쏟아져 들어오는 방사선이 있다는 것을 알아냈다. 그 시작은 작은 호기심이었다. 대기가 전기를 띤 이유가 궁금해서 시작했을 뿐이었는데, 정작 알아낸 건 바로 이 순간에도 지구 위로 쏟아져 들어오는 우주선(宇宙線)이었다. 우주선은 우리에게 많은 선물을 안겼다. 반물질의 기원이 되는 양전자도 우주선을 좇다가 발견했고, 강력이 존재한다는 걸 알린 파이온도 우주선에서 찾아냈다. 파이온을 발견한 세실 파월의 말마따나 그것은 "과수원 담장을 뚫고 들어가서 잘 보존된 나무에 열린, 탐스럽게 익어가는 온갖 이국의 과일을 보는 것"만 같았다.

폴 디랙이 양전자의 존재를 예언하기 전까지만 해도 새로운 입자를 예언하는 일은 물리학에 존재하지 않았다. 20세기 초에 양자역학이 세상에 모습을 드러냈지만, 사람들의 인식은 여전히 고전 역학에 머물러 있었다. 양자역학의 수호자 닐스 보어조차도 새로운 입자를 예언하는 걸 탐탁지 않게 여겼다. 지금까지 본 적 없는 새로운 입자를 예언했던 디랙의 모습은 저 옛날 그리스 신전에서 신탁을 받는 사제와 비슷했고, 미래를 예견하던 성경 속 선지자와 닮았다. 강력을 설명하며 파이온의 존재를 예언한 유카와 히데키에 이르러서는 물리학의 지평이 완전히 바뀌었다. 보이지 않는 세상을 미리 볼 수 있는 날이 온 것이었다.

"과학에서 놀라운 일은 종종 새로운 개념보다는 새로운 기술에서 나온다." 프리먼 다이슨의 말이다. 우주선을 발견할 수 있었던 건 그전에 개발된 검전기를 놀랄만한 수준으로 끌어올린 덕이었다. 원하는 정보를 얻으려고 논리회로도 개발했다. 지금은 전자공학에서 널리 쓰이는 논리회로지만, 처음에는 우주선을 관측하는 데 필요해서 개발되었다. 찰스 윌슨이 만든 안개상자는 그전까지 볼 수 없었던 방사선을 눈으로 볼 수 있게 해주었다. 가이거-뮐러 계수기도 우주선과 방사선을 관측하는 데 큰 도움을 주었다. 그리고 원자핵 건판이 있었다. 한때 사람들의 추억을 기록으로 남긴 사진 필름과 원자핵 건판은 닮은 점이 많았다. 하나는 추억을 남겼고 다른 하나는 우주에서 쏟아지는 우주선을 오롯이 담아냈다.

이 모든 이론과 발견과 기술 뒤에는 사람들의 이야기가 있었다. 알면 알수록 서사로 가득 한 이야기였다. 그래서 과학이 문명의 한

축을 이루는 것인지도 모르겠다. 사람들이 한 발씩 힘들게 나아가며 세운 것들, 그저 쌀 한 톨만 한 조약돌 하나 올린 것뿐일 수도 있지만 그렇게 쌓아 이룬 거대한 탑, 그것이 세월이 흐른 뒤에도 굳건히 남아있을 우리의 문명인지 모른다.

지난 삼십 년 동안 과학자들의 이런 노력을 지켜볼 수 있었다는 것만으로도 충분히 행복했다. 사실 바로 이 행복이 내가 책을 쓰지 않고는 견딜 수 없는 이유이기도 했다. 내가 본 걸 좀 더 많은 사람과 나누고 싶다는 바람에 지금으로부터 오 년 전에 책을 쓰겠다는 마음을 먹었다. 집필을 준비하는 과정은 개인적으로도 큰 보람이었다. 오랫동안 연구를 해왔지만 미처 몰랐던 부분을 다시 깨달을 수 있었고, 세상에 널리 알려지지는 않았지만 강력을 알아가는 데 크게 이바지한 사람들도 새삼 알게 되었다.

그 생각의 첫 단락을 여기에 내놓는다. 이 책은 전문가를 위해서 쓴 책이 아니다. 과학에 관심이 있거나, 새로운 지식을 조금 더 알고 싶은 분들을 위해 쓴 책이다. 책 속에 나오는 몇몇 대화는 이해를 돕기 위해 자료에 기반하여 그런 대화를 나눴을 것이라는 상상을 곁들여 쓴 것이다. 아마도 전문가들 눈에는 부족한 점이 보일지도 모르겠다.

이 책은 1895년부터 1947년까지 자연에 존재하는 네 힘 중 하나인 강력의 발견에 얽힌 일들에 초점을 맞췄다. 하지만 1947년 파이온의 발견으로 강력을 알아가는 여정이 마무리된 건 아니었다. 그 이후 특히 1970년대 들어와 알게 된 강력의 완전히 새로운 모습과 오늘날 물리학자들이 밝혀내려고 애쓰는 강력의 또 다른 모습은 이 책 이후의 이야기가 될 것이다.

이 책을 쓰면서 여러 사람의 도움을 받았다. 학문하는 사람에게는 반드시 스승이 있다. 내게도 그런 선생님들이 여러 분 계신다. 우선 물리학의 세계를 내게 처음으로 보여준 차동우 교수와, 핵자의 상호작용을 같이 연구한 박사학위 지도교수 고(故) 카를 홀린데(Karl Holinde) 교수, 독일에서 공부할 기회를 준 또 한 분의 지도교수 요제프 슈펫(Josef Speth) 교수, 그리고 내겐 학문의 아버지이자 인생의 모범이었던 고(故) 클라우스 괴케(Klaus Goeke) 교수께 깊이 감사드린다. 책을 쓰면서 여러 도움을 준 박인규 교수, 안정근 교수, 유인권 교수께도 감사한다. 마지막 장의 원고를 읽고 원자핵 건판이 무엇인지 자세하게 일러주신 윤천실 교수께 감사를 빼놓을 수 없다. 지난 삼십 년 동안 같이 연구해온 옛 제자들과 지금은 동료가 되어 조언을 아끼지 않는 남승일 교수, 양길석 교수, 이정한 박사에게도 깊이 감사한다. 오랫동안 함께 연구해 온 형제 같은 동료, 막심 폴야코프(Maxim V. Polyakov), 호사카 아추시(保坂淳), 울룩벡 약시브(Ulugbek Yakhshiev)에게도 감사하다고 말하고 싶다.

무엇보다도 삶의 버팀목이 되어주고 책을 쓰는 내내 조언과 비판을 아끼지 않았던 사랑하는 아내 김경에게 깊이 감사한다. 아내가 없었다면 이 책은 세상에 나오지 못했을 것이다. 그리고 존재만으로도 늘 감사한 두 딸, 유진과 혜진에게도 감사한다. 내 행복의 또 다른 근원은 아내와 두 딸이었다.

세상에 처음으로 내놓는 이 책을 올바른 학자의 길을 보여주신 스승, 클라우스 괴케의 영전에 바친다.

◦ 엑스선의 발견에서 파이온의 발견까지

연도	주요 인물	주요 활동
1895	빌헬름 뢴트겐	엑스선 발견
1896	앙리 베크렐	방사선 발견
1898	마리 퀴리, 피에르 퀴리	폴로늄과 라듐 발견
1898	어니스트 러더퍼드	알파선, 베타선 존재 확인
1900	폴 빌라르	감마선 발견
1904	조지프 존 톰슨	자두푸딩 원자 모형
1908	한스 가이거	가이거 계수기 개발
1909	한스 가이거, 어니스트 마스덴, 어니스트 러더퍼드	원자핵 발견
1910	테오도르 불프	대기 고도별 방사선 측정
1911	어니스트 러더퍼드	러더퍼드의 원자 모형
1911	찰스 윌슨	안개 상자 개발
1912	빅토르 헤스	방사선의 외계 기원 확인
1913	제임스 채드윅	베타선의 연속적 에너지 스펙트럼 확인
1913	닐스 보어	보어의 원자 모형
1913	프레더릭 소디	동위원소 이론 제안
1922	오토 슈테른, 발터 게를라흐	전자의 스핀 측정
1924	발터 보테, 한스 가이거	동시 방법 개발
1925	헤오르허 윌렌벡, 사무엘 호우트스미트	전자의 스핀 제안
1925	베르너 하이젠베르크, 파스쿠알 요르단, 막스 보른	양자역학 이론
1925	에르빈 슈뢰딩거	양자역학 파동방정식
1925	로버트 밀리컨	우주선의 존재 확인

1927	발터 보테, 베르너 콜회르스터	우주선은 전하를 띤 입자 확인
1928	폴 디랙	상대론적 양자역학 이론
1928	한스 가이어, 발터 뮐러	가이거-뮐러 계수기 개발
1930	볼프강 파울리	중성미자 제안
1931	폴 디랙	양전자의 존재 예측
1932	제임스 채드윅	중성자 발견
1932	칼 데이비드 앤더슨	양전자 발견
1932	패트릭 블래킷, 주세페 오키알리니	전자와 양전자의 쌍생성 발견
1932	베르너 하이젠베르크	교환 힘을 이용한 원자핵 모형 제안
1933	엔리코 페르미	베타 붕괴 이론으로 약력 제안
1933	토머스 존슨, 루이 앨버레즈, 아서 콤프턴	우주선의 동서 효과 확인
1935	유카와 히데키	핵력 이론 제안, 매개 입자 예측
1937	칼 데이비드 앤더슨, 세스 네더마이어	메조트론(뮤온) 발견
1937	마리에타 블라우, 헤르타 밤바허	원자핵 건판을 이용하여 우주선 관측
1938	브루노 로시 등	메조트론의 수명 측정
1940	도모나가 신이치로, 아라키 겐타로	음전하 메조트론의 원자핵 포획 이론 제안
1942	사카타 쇼이치, 이노우에 다케시	두 개의 메존 이론 제안
1946	마르첼로 콘베르시, 에토레 판치니, 오레스테 피치오니	메조트론(뮤온)은 메존이 아니라고 확인
1947	도널드 퍼킨스	원자핵 건판으로 새로운 메존 발견
1947	세실 파월 등	파이온 발견
1947	로버트 마샥, 한스 베테	두 개의 메존 이론 제안 (사카타의 이론과 독립적으로)
1950	잭 스타인버거 등	전하 없는 파이온 발견

NUCLEAR
FORCE

1

여정의 시작

나는 우라늄 화합물에서 나오는 방사선이 우라늄 원소의 원자적 특성이라는 것을 실험으로 증명했다. 방사선의 세기는 화합물에 포함된 우라늄의 양에 비례했고, 화학적 조성이나 빛과 온도와 같은 외부 환경에 따라 달라지지 않았다. 우라늄과 토륨에 의해 밝혀진 물질의 새로운 특성을 정의할 새로운 용어가 필요했다. 나는 방사능이라는 말을 제안했고, 이후 그 용어가 일반적으로 쓰이기 시작했다.

—마리 퀴리

마리 퀴리(오른쪽)가 실험 장치를 다루는 그녀의 딸 이렌 퀴리를 보고 있다. 1925년경.

사건은 우연히 일어나곤 한다. 엑스선이 그랬다. 사람 몸을 뚫고 지나가는 엑스선이 원자로 가는 문을 열 줄은 아무도 몰랐다. 뢴트겐이 발견한 엑스선은 사람들의 몸 속에 있는 뼈를 눈으로 볼 수 있게 해주었다. 사람들은 경이에 찬 눈으로 뼈를 찍은 사진을 보았다. 그리고 그 사진에 열광했다. 과학자들 역시 그랬으나 그들의 이성은 차가웠다. 그들의 눈은 엑스선이 나오는 곳을 향했다. 그리고 원자의 문을 가장 먼저 열어 제친 사람이 나타났다. 그의 이름은 앙리 베크렐이었다.

◦ 4대에 걸친 물리학자 집안

앙리 베크렐에게 물리학이란 가업이었다. 앙리의 할아버지가 물리학자였고, 그의 아버지 알렉상드르도 물리학자였고, 그 자신도 물리학자였고, 그의 아들도 물리학자가 되었다. 1788년생인 앙리의 할아버지, 앙투안 세자르 베크렐은 에콜 폴리테크닉을 졸업하고 나폴레옹이 이끄는 프랑스 군대의 장교가 되었다. 그는 자신이 나폴레옹의 장교라는 것을 늘 자랑스러워했다. 그러나 나폴레옹이 1814년 유럽 연합군에 크게 패하고 엘바섬에 유배되자, 앙리의 할아버지도 군대를 떠나야 했다. 나폴레옹의 패배는 앙투안에게 패배감을 안겨 주었지만, 새로운 인생을 시작하는 전기가 되었다. 군대를 떠난 앙투안은 물리학을 업으로 삼았다. 영국의 마이클 패러데이가 전자기 유도 현상을 발견한 것은 앙리의 할아버지가 연구를 막 시작할 무렵이었다. 앙투안은 자연스럽게 전기와 자기에 관심을 갖게 되었다.

앙투안은 실험 장비를 만드는 능력이 뛰어났다. 그는 1825년에 전기 저항을 측정할 수 있는 검류계를 개발했다. 금속의 전기화학적 성질을 이용해서 전지의 초기 형태를 개발하기도 했고, 아들과 함께 광기전력 효과를 발견하기도 했다. 이런 업적 덕분에 그는 도버 해협을 건너 영국에도 알려졌고, 1837년에는 영국 왕립학회에서 주는 코플리 메달을 받을 정도로 유명해졌다. 1838년에는 프랑스 과학원의 정회원이 되었고, 파리 자연사박물관의 첫 번째 물리학 교수가 되었다.

앙투안의 둘째 아들인 알렉상드르 베크렐도 물리학자가 되었다. 그는 에콜 폴리테크닉과 에콜 노르말 쉬페리외르에 동시에 합격할 정도로 뛰어났지만, 자연사박물관에 남아 아버지의 조수로 일했다. 그 역시 아버지의 뒤를 이어 1863년에 프랑스 과학원의 회원이 되었고, 아버지가 세상을 떠난 후에는 그 뒤를 이어 자연사박물관의 교수가 되었다.

앙리 베크렐은 1852년 12월 15일에 자연사박물관에서 태어났다. 그곳은 문만 열고 나가면 동식물 표본과 실험 장비가 즐비한 곳이었다. 앙리는 어려서부터 할아버지와 아버지가 실험하는 모습을 보고 자랐다. 앙리에게 과학은 일상이었다. 아버지의 뒤를 이어 앙리도 어렵지 않게 에콜 폴리테크닉에 입학해 물리학을 전공했다. 1892년에 앙리는 아버지의 뒤를 이어 자연사박물관의 물리학 교수가 되었다. 파리 자연사박물관의 물리학 교수 자리는 삼대에 걸쳐 베크렐 가문에서 맡은 셈이었다.

◦ 엑스선의 발견

1895년 11월, 독일 뷔르츠부르크 대학의 빌헬름 뢴트겐은 크룩스 진공관에 높은 전압을 걸어 빛이 나게 하는 방전 실험을 하고 있었다. 뢴트겐은 진공관에서 눈에 보이지 않는 광선이 나온다는 것을 발견했다. 그는 이 광선을 엑스선이라고 불렀다. 뢴트겐은 아내의 손에 엑스선을 쪼이고 그 사진을 인화해 보았다. 손가락뼈는 검게 나왔고 나머지는 하얗게 보였다. 엑스선은 뼈는 통과하지 못했지만 피부는 뚫고 지나갈 정도로 투과력이 셌다.

뢴트겐은 그해 12월에 엑스선을 발견한 사실을 발표했다. 논문에는 뢴트겐 부인의 손가락뼈 마디마디가 다 보이는 사진이 실려 있었다. 충격적인 사진이었다. 사람의 뼈를 눈으로 볼 수 있다니, 이런 일은 처음이었다. 뢴트겐이 엑스선을 발견했다는 소식은 곧 유럽 전역으로 퍼져 나갔다.

이 소식은 베크렐에게도 전해졌다. 베크렐은 원래 아버지의 뒤를 이어 인광 현상을 연구하고 있었다. 인광(phosphorescence) 물질에 햇빛을 쪼여 주면 에너지를 받아 스스로 빛을 발했고 어두운 곳에서는 그 빛을 볼 수도 있었다. 그중에는 햇빛을 받자마자 빛이 나는 물질도 있었지만, 햇빛을 오래 받아야 빛을 내는 물질도 있었다. 베크렐은 특정 물질에서 엑스선이 나오는 이유도 이런 인광 물질과 관련이 있을 거라고 추측했다.

1896년 1월 20일 프랑스 과학원에서는 엑스선에 관한 회의가 열렸다. 베크렐은 이 소식을 듣고 앙리 푸앵카레와 회의장으로 서둘러 갔다. 두 사람은 강당 앞쪽에 앉아 회의가 시작되길 기다렸다. 잠시 후에 의사 두 명이 연단에 올랐다. 첫 번째 의사는 엑스선이 의학의 흐름을 바꿔놓을 것이라고 말했다. 다른 한 명의 의사는 엑스선으로 찍은 사람의 뼈 사진을 보여 주었다. 회의장이 술렁였다. 베크렐도 푸앵카레도 의사가 보여 주는 사진에서 눈을 뗄 수가 없었다.

이 엑스선 사진은 사람의 몸속뿐 아니라 원자 세계로 들어가는 문을 슬쩍 보여줬다. 그러나 그 자리에 있는 사람들은 그 사실을 몰랐다. 그때는 양자역학이 나오기 삼십 년 전이었고, 원자가 실제로 존재하는지조차 확신하지 못할 때라, 엑스선이 발견됐다고 해도 그게 원자에서 나온다는 사실을 알 까닭이 없었다. 베크렐과 푸앵카레, 두 사람은 사진도 사진이었지만, 아무 것도 없는 진공관에 전압을 걸어 주었을 뿐인데, 그 안에서 엑스선이 나온다는 사실에 한층 더 관심이 갔다.

◦ 불온한 원자

엑스선이 발견되기 일 년 전, 루트비히 볼츠만이 자신의 스승 요제프 슈테판의 뒤를 이어 오스트리아 빈 대학의 이론물리학 교수가 되었다. 볼츠만은 시대를 한참이나 앞선 과학자였다. 그는 당시 사람들이 상상도 하지 않던 원자론을 주장했다. 그 이듬해에 눈으로 볼 수 있는 것만이 실재한다고 주장하던 에른스트 마흐가 빈 대학에 왔다. 볼츠만의 원자론을 따르는 사람들과 마흐를 추종하는 실증주의자들 사이에 전쟁이 시작되었다. 철학과 물리학 두 분야 모두에서 영향력이 컸던 마흐는 볼츠만의 원자론을 가차 없이 공격했다. 엑스선이 발견되던 해에 빈에서는 원자가 존재하는지를 두고 거친 토론이 시작되었으니, 그것은 아이러니였다. 하지만 이때만 해도 원자가 무엇인지 제대로 아는 사람은 없었다. 아니, 눈에 보이지 않는 원자가 실재한다고 생각했던 사람은 볼츠만과 그의 생각에 동조하는 한 줌의 과학자들뿐이었다. 당시 대부분의 과학자들에게 원자란 실체가 없는 헛소리일 뿐이었다. 우울증이 심해진 볼츠만은 가족과 함께 이탈리아로 휴가 여행을 떠났다. 가족들이 해변에 놀러간 사이 그는 호텔에서 목숨을 끊었다. 그곳은 라이너 마리아 릴케가 「두이노의 비가」를 노래했던 두이노였다.

회의가 끝나자 푸앵카레와 베크렐은 과학원 건물 밖으로 나왔다. 건물 안과 달리 바깥은 무척 추웠다. 푸앵카레가 어깨를 움츠리며 베크렐에게 말했다.

“내 생각에 엑스선은 네가 연구하고 있는 인광이나 형광 물질과 상관이 있을 거야. 인광 물질에서 빛만 나오는 게 아니라 엑스선이 같이 나오는 것일지도 몰라.”

베크렐은 골똘히 생각에 잠긴 채 고개를 끄덕였다. 두 사람은 동시에 외투 깃을 세우고 센 강 쪽으로 걸어갔다. 강바람은 살을 에는 듯 두 사람의 얼굴을 할퀴고 지나갔다. 두 사람은 조만간 다시 만나 엑스선에 관해 이야기하기로 하고 퐁데자르(Pont des Arts) 앞에서 헤어졌다.

프랑스 과학원에서 엑스선에 관한 회의가 있은 지 채 열흘도 지나지 않아 푸앵카레는 자신의 생각을 정리해 발표했다. 베크렐도 박물관에 있는 자기 실험실에서 엑스선 연구를 바로 시작했다. 그도 처음에는 푸앵카레처럼 엑스선이 인광 물질과 상관이 있다고 믿었다. 인광 물질을 오래 연구한 베크렐은 인광 물질이 빛을 발하려면 햇볕에 한참 놔두어야 한다는 사실을 알고 있었다. 베크렐에게는 인광을 연구했던 아버지가 남긴 우라늄염 조각이 있었다. 포타슘우라닐설페이트였다. 그는 얇은 우라늄염 조각을 햇빛에 잠깐 쪼인 후 사진 건판(photographic plate)을 덧대고 검은색의 두꺼운 종이로 단단히 감쌌다. 몇 시간 놔두고는 사진을 인화해 봤다. 사진에는 우라늄염 조각의 윤곽이 희미하게 찍혀 있었다. 우라늄에서 투과력이 강한 무언가가 나오고 있는 게 분명했다. 베크렐은 역시 엑스선은 인광 물질과 관련이 있을지 모른다고 생각했다. 하지만 결론을 내리기에는 아직 일렀다.

◦ 방사선의 발견

베크렐은 실험을 계속하기로 했다. 이번에는 구리로 만든 몰타 십자가를 우라늄염 조각에 대고 반대편에는 사진 건판을 붙였다. 으레 그렇듯 겨울철 파리의 하늘에는 구름이 잔뜩 끼어 있었다. 그날도 오전에 해가 잠깐 나오는가 싶더니 오후 내내 흐렸다. 베크렐은 창문으로 고개를 내밀어 하늘을 봤다. 쉬이 갤 것 같지 않은 날씨였다. 다음 날도 하늘에는 구름이 잔뜩 끼어 있었고, 그 다음 날도 마찬가지였다. 베크렐은 밖으로 나가 팔짱을 끼고 하늘을 쳐다보았다. 한 손으로 턱수염을 문지르며 이맛살을 찌푸렸다. 그는 실험실로 돌아와 십자가와 우라늄 조각을 서랍에 넣었다. 아무래도 며칠 더 기다려야 할 것 같았다. 흐린 날은 계속되었다. 며칠 후에도 잔뜩 흐린 하늘을 보고는 창문을 다시 닫았다. 더 기다린다고 날이 갤 것 같지가 않아 어쩔 수 없이 서랍에 넣어 두었던 사진 건판을 현상해 보기로 했다.

베크렐은 현상한 사진을 보고 깜짝 놀랐다. 우라늄 조각을 햇빛에 쪼이지 않았는데, 사진 건판에는 몰타 십자가의 형상이 찍혀 있었다. 엑스선이 인광 물질과 상관이 있다면 이럴 리가 없었다. 햇빛을 받지 않았으니 인광 물질은 빛을 내지 않아야 했다. 그런데 사진에는 십자가의 윤곽이 부옇게 찍혀 있었다. 정말 이상한 일이었다.

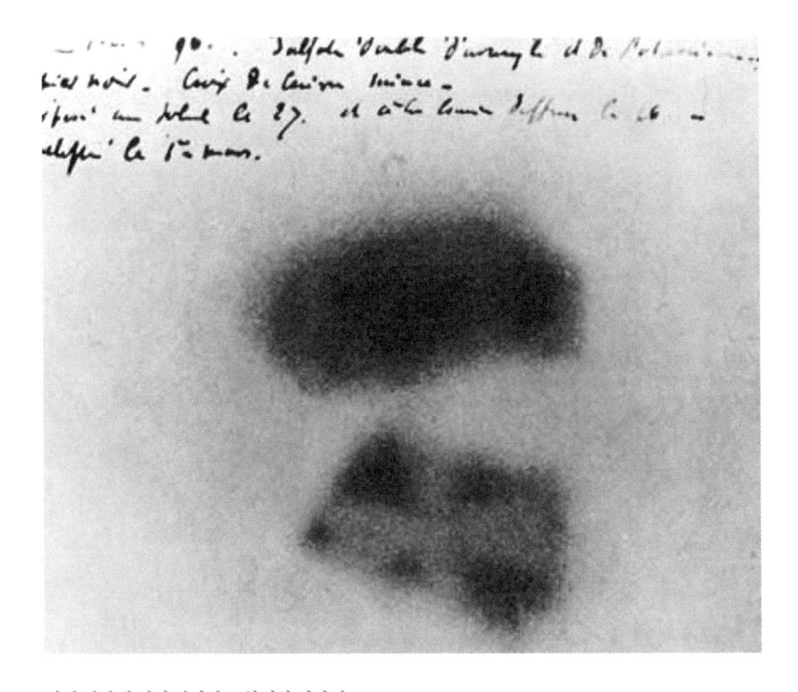

사진 건판에 찍힌 이미지로 확인한 방사선
베크렐이 우라늄염에서 나오는 방사선으로 찍은 사진이다. 몰타 십자가의 모습이 희미하게 찍혀 있다.
(Henri Becquerel – Nobel Lecture, NobelPrize.org)

확인이 필요했다. 이번에는 우라늄 조각을 햇빛에 쪼이지 않고 십자가를 덧댄 후 사진 건판을 붙여 검은 종이로 꼭꼭 싸매고 단단히 묶었다. 그리고 다음날 사진 건판을 꺼내 현상해 보았다. 이번에도 지난번과 마찬가지로 십자가가 부옇게 찍혀 나왔다. 인광이나 형광 물질은 빛이나 열, 전기를 받아야 광선을 내놓는데, 우라늄염은 그런 외부의 에너지를 받지 않고도 광선을 내놓았다. 게다가 이 물질은 며칠이 지나도, 아니 한 달이 지나도 광선의 세기가 줄어들지 않았다. 인광이 나오지 않는 다른 우라늄염으로도 같은 실험을 해봤지만, 이번에도 사진 건판에 물체의 모양이 찍혀 나왔다. 그는 이 현상이 인광 물질에서 나타나는 현상과 다른 것일지도 모른다는 의심이 들었다.

베크렐이 본 것은 엑스선이 아니었다. 그것은 원자 속 깊숙한 곳에서 나오는 방사선이었다. 그때는 방사선(radiation)이라는 이름이 없었지만, 그는 인류 최초로 방사선을 발견한 것이었다. 베크렐은 여기에 우라늄의 앞 글자를 따서 'U-선(uranic rays)'이라는 이름을 붙였다. 그리고 1896년 5월 서둘러 이 사실을 발표했다. 하지만 그가 발견한 U-선은 기대만큼 사람들의 이목을 끌지 못했다. 당시 과학자들은 엑스선에 심취해 있었다. 엑스선이 의학에 응용되면서 연구해야 할 것이 무척 많았다. 의사들은 엑스선으로 사람의 두개골과 갈비뼈 사진을 찍으며 인체 내부를 들여다볼 수 있었다. 엑스선은 진단의학의 수준을 한 단계 높여 놓았다. 엑스선의 발견은 의학에 혁명을 불러왔지만, 베크렐이 발견한 U-선은 그게 무엇인지도 몰랐고, 왜 생기는지는 더더욱 의문투성이였던지라 사람들의 관심 밖으로 밀려나 있었다.

◦ 마리아 스크워도프스카

그리고 이 년이 지났을 때, 두 명의 과학자가 베크렐이 찾아낸 현상에 관심을 보였다. 마리 퀴리와 피에르 퀴리였다. 아이러니하게도 두 사람의 실험실은 베크렐의 연구실과 수백 미터 떨어진 곳에 있었다. 단 몇 분이면 갈 거리였지만, 베크렐의 실험 결과가 두 사람의 관심을 끄는 데는 이 년이 넘게 걸렸다.

마리 퀴리와 피에르 퀴리, 두 사람의 삶은 방사선 못지않게 사람들의 주목을 받았다. 부부는 노벨 물리학상을 함께 받았다. 그리고 상을 받은 지 얼마 지나지 않아 피에르는 사고로 목숨을 잃었고, 마리는 그의 뒤를 이어 소르본 대학의 교수가 되었다. 여자가 소르본의 교수가 된 것은 마리 퀴리가 처음이었다. 마리 퀴리는 이후에 다시 노벨 화학상을 받았다. 여성으로는 노벨상을 가장 먼저 받았고, 과학자 중에서 최초로 노벨상을 두 번 수상했다. 그리고 방사선에 너무 많이 노출돼 병을 얻어 세상을 떠났다. 하지만 그녀는 폴로늄과 라듐의 발견보다 훨씬 더 큰 의미를 이 세상에 남겼다. 과학자로 산다는 것이 어떤 것인지 두 사람은 온몸으로 보여 주었다. 두 사람이 보여준 과학에 대한 헌신은 그 이전에도 그 이후에도 다시 찾아

보기 힘들 것이다.

1867년 마리아 살로메아 스크워도프스카가 태어날 즈음 폴란드는 러시아의 압제에 시달리고 있었다. 1863년 1월에 일어난 민중 봉기가 일 년 좀 지나 실패로 끝나면서 폴란드인들에게 많은 상처를 안겼다. 러시아 제국의 복수가 시작되었고, 수백 명의 폴란드인이 공개 처형을 당했다. 동족이 눈앞에서 죽어가는 것을 보면서도 할 수 있는 게 없었다. 러시아는 민중 봉기에 가담한 폴란드인 수천 명을 시베리아로 유배 보냈다.

마리아의 아버지는 과학 교사였다. 어머니는 기숙 여학교의 교장이었지만, 마리아가 네 살 때 결핵에 걸려 요양차 집을 떠났다. 마리아는 집에서 '마냐'라고 불렸다. 그녀 위로는 네 명의 형제자매가 있었다. 큰 언니는 마냐가 여섯 살 때 티푸스에 걸려 목숨을 잃었다. 사 년 후에는 어머니가 결핵으로 세상을 등졌다. 어머니가 죽은 뒤로 마냐의 얼굴에 어두운 기색이 떠나지 않았다. 나이가 들어서도 그녀의 얼굴은 늘 그늘져 있었다.

마냐는 어릴 때부터 총명했다. 혼자서 말을 깨쳐 가족들을 놀라게 했고, 월반을 거듭해 두 살 터울인 언니 브로니아와 같은 학년을 다녔다. 당시 학교에서는 폴란드어를 쓸 수 없었다. 모든 과목은 러시아어로 배워야 했다. 실험실도 없어 과학을 책으로만 가르쳤다. 더구나 당시 폴란드의 여학교에서는 수학과 과학을 가르치지 않았다. 김나지움을 졸업해도 여자는 대학을 다닐 수가 없었다.

마냐는 1883년에 바르샤바의 제3 김나지움을 수석으로 졸업했지만 대학에 진학할 수 없었다. 언니와 함께 러시아의 눈을 피해 반체제 비인가 대학에서 공부했다. 마냐는 과학을 제대로 공부하고 싶었다. 그것은 언니도 마찬가지였다. 두 자매는 자신들의 미래를 의논했다. 언니가 먼저 프랑스 파리에 가서 의학을 공부하고, 학업에 필요한 돈은 마냐가 벌어 언니에게 보내주기로 했다. 언니가 학업을 마치면 그때는 언니가 마냐의 학비를 대주기로 했다.

파리로 떠난 언니에게서 편지가 왔다. 언니는 소르본 대학에서 의학 공부를 무사히 마쳤고, 함께 공부했던 카시미르 들루스키와 결혼했다고 했다. 지금은 두 사람 다 졸업을 하고 파리에서 작은 의원을 열었다는 소식이었다. 이제 네가 공부할 수 있게 도와줄 수 있으니 파리로 오라고 했다. 마냐는 늙은 아버지를 두고 갈 수 없어 이미 한 번 미뤘지만, 더는 늦출 수 없었다. 1891년 11월 말의 바르샤바는 이미 한겨울이었다. 마냐가 타게 된 4등석 객차에는 앉을 의자가 없었다. 열차가 출발하자 마냐는 접이식 의자를 펴서 창가에 앉았다. 바르샤바는 점점 멀어지더니 곧 희미해졌다.

긴 기차 여행으로 지칠 대로 지친 마냐는 파리 북역에 마중 나온 형부를 만났다. 그녀는 한동안 언니네 집에서 지내기로 했다. 그래야만 돈을 아낄 수가 있었다. 마냐는 바로 소르본 대학의 물리학과에 등록했다. 등록 서류에 폴란드에서 쓰던 마리아라는 이름 대신 '마리'라고 또박또박 써넣었다. 그때 마리의 나이 스물세 살이었다. 소르본의 1800명 학생 중 여학생이 23명이었는데, 마리도 그중의 하나였다.

마리가 소르본에 입학할 때 그곳에는 유명한 교수가 많았다. 물리학 실험에는 가브리엘 리프만이 있었다. 그는 컬러 사진을 발명한 공로로 1908년에 노벨 물리학상을 받았다. 리프만은 당시 피에르 퀴리와 그의 형 자크 퀴리와 같이 연구하고 있었다. 수학과에는 이미 위대한 수학자의 반열에 오른 푸앵카레가 있었다. 얼마 지나지 않아 마리는 학과에서 가장 우수한 학생이 되었다. 그녀는 공부밖에 하지 않았다. 처음에는 언니 집에서 지냈지만, 형부였던 카시미르가 틈 날 때마다 그녀에게 말을 걸었다. 마리는 그런 형부가 귀찮기도 하고, 실패한 첫사랑과 이름이 같다는 것도 싫었다. 얼마 지나지 않아 다락방을 구해 언니 집에서 나왔다.

◦ 피에르 퀴리와의 만남

마리는 가브리엘 리프만의 지도로 학부를 졸업하고 석사 과정에 진학했다. 연구 주제가 자기장이라, 자기장을 가르쳐 줄 수 있는 사람을 찾고 있었다. 마침 알고 지내던 폴란드 출신의 요제프 코발스키가 피에르 퀴리를 소개해 주었다. 당시 피에르 퀴리는 자기장 분야에서 이름이 잘 알려져 있었다. 의사였던 아버지가 두 아들을 학교에 보내지 않고 직접 가르쳤기 때문에 정규 교육은 받지 않았지만, 피에르 퀴리는 상당히 실력 있는 학자로 인정받고 있었다. 그는 형 자크와 물질에 압력을 가하면 전기를 띠게 되는 압전 현상을 연구하고 있었다. 마리가 피에르를 만났을 때, 그는 물리 및 산업화학 학교(École Supérieure de Physique et de Chimie Industrielles de la Ville de Paris, ESPCI Paris)에서 학생들을 가르치고 있었다. 피에르는 뛰어난 물리학자였지만 정규 교육을 받지 않았다는 이유로 늘 주변부에 머물렀다. 키는 컸지만 조금 구부정했고, 눈빛은 꿈을 꾸듯 조금 멍해 보였다. 그는 학문으로 얻게 될 명예나 상에는 관심이 별로 없었다. 그에게는 자연에 숨겨진 진리를 찾는 것이 중요했다.

마리와 피에르는 만날 때마다 자기장 이야기만 했다. 함께 연구했던 형 자크가 몽펠리에로 떠나자 피에르는 실험실에서 살다시피 하며 연구에만 몰두하고 있었다. 마리도 공부 말고는 다른 일을 일체 하지 않았다. 피에르는 마리를 만난 지 얼마 되지 않아 그녀가 다른 여자들과 매우 다르다는 것을 느꼈다. 마리가 물리 현상을 이해하는 방식도 자신과는 달랐다. 피에르는 현상을 분석적으로 이해했지만, 마리는 직관적이었다.

몇 달 후 피에르는 그녀에게 마음을 고백했지만, 마리는 거절했다. 자신은 폴란드로 돌아가 아버지를 돌봐야 하고 그곳에서 폴란드 학생들을 가르쳐야 한다고 말했다. 그리고 얼마 후 폴란드로 떠났다. 마리는 폴란드에 머물며 대학에서 일할 기회를 찾아 봤지만, 러시아 치하에서 여자는 대학에 다닐 수 없었고, 교수가 되는 것은 불가능에 가까웠다. 마리는 낙심해서 파리로 돌아왔다. 돌아온 마리를 피에르는 열렬히 반겼다. 그는 마리를 자신의 박사 학위 공개 시험에 초대했다. 피에르는 학위 과정을 정식으로 밟지 않아 박사 학위를 뒤늦게 받았다. 그에게 박사 학위는 형식에 불과했다. 그는 이미 전문가 중에서도 이름난 전문가였다.

마리는 피에르의 청혼을 받아들였다. 결혼하고 이 년 후에 딸 이렌을 낳았다. 이렌도 나중에 어머니의 뒤를 이어 물리학자가 되었고, 여성으로는 두 번째로 노벨 화학상을 받았다. 피에르의 아버지는 이렌을 무척 예뻐했고, 연구에 바쁜 마리를 대신해 손녀를 돌봐 주었다.

마리는 박사 학위에 필요한 연구 주제를 찾아야 했다. 그녀는 베크렐이 우라늄에서 엑스선과 비슷한 U-선을 발견했다는 소식을 들었다. U-선은 외부에서 에너지를 받지 않고도 사진 건판에 흔적을 남겼고, 우라늄염을 유리병에 넣어 주위의 공기와 차단해도 바깥 공기를 대전(ionization)시켰다. 그러나 아직 어느 누구도 그 현상을 제대로 설명하지 못하고 있었다. 마리는 U-선이 연구 대상으로 안성맞춤이라고 생각했다. U-선은 사람들의 관심 밖이어서 베크렐 이후에 딱히 새로운 연구가 없었다. 또 피에르가 형 자크와 함께 개발한 검전기도 이용할 수 있었다. 피에르와 자크는 압전 물질을 연구하면서 전하량을 정확하게 측정하는 검전기를 개발했는데, 이 장치로 U-선이 공기를 얼마나 대전시키는지 연구할 수 있었다. 마리는 피에르에게 U-선을 연구하고 싶다고 말했다. 피에르는 좋은 생각이라며 격려해 주었다.

마리가 U-선을 연구하기로 한 것은 큰 행운이었다. U-선은 베크렐이 일 년 정도 연구했을 뿐 사람들이 별다른 관심을 보이지 않았다. 뢴트겐이 발견한 엑스선에 많은 사람이 몰린 것과는 대조적이었다. 게다가 방사선은 이제 막 생겨난 분야라 마리처럼 처음 연구를 시작하는 사람도 중요한 사실을 발견할 가능성이 매우 컸다. 베크렐은 1896년에 U-선에 관해 여섯 편의 논문을 발표하고, 1897년에 두 편의 논문을 더 발표한 후에 방사선 연구를 그만두었다. 사람들이 자신의 연구에 관심을 주지 않아 방사선 연구에 흥미를 잃었는지도 모른다. 베크렐이 우라늄 외에 다른 물질도 살펴봤다면 새로운 방사성 물질을 많이 찾아냈겠지만 그는 더 이상 방사선 연구를 하지 않고 있었다. 마리가 방사선 연구에 뛰어든 것은 마리의 인생에서 가장 훌륭한 선택이었지만 동시에 가장 위험한 선택이기도 했다. 그녀는 방사선 분야를 연구하며 누구도 가지 않았던 험하고 영광스러운 길을 가게 된다.

◦ 한발 늦게 발견한 토륨

마리는 우선 U-선이 나오는 우라늄부터 살폈다. 그리고 그녀는 우라늄에 관해 무척 중요한 사실 하나를 알아냈다. 우라늄염은 우라늄이 어떤 원소와 결합하느냐에 따라 화학적 성질과 물리적 특성이 무척 달랐다. 화합물 중에는 검은색의 가루도 있었고, 노란빛을 띤 투명한 광물도 있었다. 그런데 U-선의 세기는 오직 우라늄이 해당 물질에 얼마나 많이 들어 있는지에만 의존했다. 이 사실은 우라늄에서 나오는 U-선은 오직 우라늄과 관련이 있지, 우라늄의 물리적 또는 화학적 성질과는 상관이 없다는 것을 의미했다. 이 발견은 매우 중요했다. U-선은 우라늄이 들어 있는 화합물의 특성이 아니라 우라늄 원자와 관련된 현상이었던 것이다. 이때는 아직 원자핵이 발견되기 전이었다. 우라늄 핵이 다른 핵으로 변환하며 방사선이 나온다는 사실을 알려면 시간이 조금 더 지나야 했지만, 마리는 U-선이 오직 우라늄과 관련이 있다는 것을 알아낸 것이다. 베크렐은 단지 U-선의 존재를 발견했을 뿐이지만, 마리는 U-선의 의미를 꿰뚫어 봤다.

마리는 우라늄 말고 다른 물질에서도 U-선과 같은 방사선이 나오는지 궁금했다. 그녀는 철을 비롯한 여러 금속을 염의 형태든 광물이든 전부 가루로 만들어 공기를 대전시키는지 알아보았다. 독일 뮌스터에 있는 게르하르트 슈미트도 마리와 비슷한 실험을 하고 있었다. 두 사람은 상대방이 같은 연구를 하고 있는지 전혀 모르고 있었다. 그리고 마리와 슈미트는 거의 동시에 우라늄이 아닌 다른 물질에서도 방사선이 나온다는 사실을 발견했다. 그 물질은 토륨이었다. 결승점에 먼저 도착한 사람은 슈미트였다. 그의 논문은 1898년 4월 4일에 발표되었고, 마리의 논문은 1898년 4월 12일에 나왔다. 마리의 논문이 팔 일 늦게 발표되는 바람에 토륨이 방사성 물질이라는 사실을 발견한 공로는 슈미트에게 돌아갔다. 과학에서 이런 경쟁은 자주 있다. 결승점에 누가 먼저 도착하느냐가 중요했다. 역사에 굵은 글씨로 이름을 남기는 인물은 으레 새로운 것을 가장 먼저 발견한 사람이었다.

토륨을 찾아낸 마리는 토륨과 우라늄 외에 U-선을 내놓는 또 다른 물질이 있을 것이라고 추측했다. 그녀는 우선 우라늄이 섞인 피치블렌드(pitchblende)*와 토버나이트(tobernite)**를 정제하면서 알려진 원소들을 하나씩 제거해 보았다. 그리고 남은 물질들 중에서 방사선이 나오는 새로운 원소를 찾는 일에 매달렸다. 피치블렌드에서 순수한 우라늄보다 훨씬 강한 U-선이 나왔다. 그것은 우라늄보다 강한 방사선을 내는 물질이 피치블렌드에 들어있다는 의미였다. 피치블렌드에 포함된 물질을 하나씩 분리해 내려면 정교한 화학적 실험이 필요했다. 피에르는 자신이 근무하고 있는 학교의 화학자 구스타브 베몽에게 도움을 요청했다. 그는 기꺼이 퀴리 부부의 실험을 도와주었다.

◦ 폴로늄의 발견

피치블렌드에서 지금껏 알려지지 않은 새로운 물질을 추출하는 데는 시간이 오래 걸렸다. 마리는 커다란 솥에 피치블렌드를 넣고 쇠막대로 몇 시간을 휘저으며 끓였다. 그녀의 손은 물집투성이였

* 우라니나이트(uraninite)라는 우라늄 산화물이다. 석유 추출 찌꺼기인 역청(pitch)과 비슷한 검은색을 띠고 있어 이런 이름이 붙었다.

** 인과 구리를 포함하고 있어, 인동우라늄석이라고 불리는 우라늄 산화물의 일종이다.

다. 녹인 피치블렌드에 시약을 넣고 다시 끓였다. 온도를 낮춰가며 침전물을 하나씩 걸러냈다. 몇 주가 걸리는 작업이었다. 실험실은 지독한 화학 약품 냄새로 가득 했다.

마리가 피치블렌드에서 찾은 물질 중 방사선을 강하게 내뿜는 것은 두 가지였다. 하나는 비스무트가 섞여 있었고, 다른 하나에는 바륨이 들어 있었다. 마리와 피에르는 먼저 비스무트가 들어 있는 물질에 집중했다. 피치블렌드에서 비스무트 화합물을 몇 번 더 걸러내자, 순수한 우라늄에서 나오는 방사선보다 17배나 센 방사선이 나왔다. 몇 주에 걸쳐 작업을 계속하자 이제는 정제한 물질에서 우라늄보다 150배, 300배, 마침내 330배까지 방사선이 세게 나왔다.

마리는 이 물질이 새로운 원소가 틀림없다고 확신했다. 이제 그 물질을 들고 근처에 있는 고등 물리 및 산업화학 학교로 갔다. 거기에는 유진 드마르세라는 화학자가 있었다. 그는 어떤 물질을 불에 달궜을 때 나오는 스펙트럼을 분석해서 그 물질이 무엇인지 알아내는 분야의 전문가였다. 이런 방법을 체계적으로 연구하는 학문이 분광학이다. 드마르세는 마리가 가져온 물질로 분석을 해봤지만 스펙트럼선이 분명하게 나오지 않았다. 마리가 가져온 시료에는 이물질이 섞여 있었다. 마리는 미간을 잔뜩 찌푸렸다. 그녀는 실험실로 돌아가 비스무트 화합물을 다시 정제했다. 이번에는 방사선이 우라늄보다 400배나 세게 나왔다. 마리는 드마르세에게 다시 한 번 측정을 부탁했다. 이번에도 스펙트럼은 분명하지 않았다. 마리 얼굴에 실망한 빛이 돌았다.

하지만 더는 미룰 수 없었다. 이번에도 미루면 지난번 토륨 때처럼 경쟁에서 질 것 같았다. 스펙트럼선은 나오지 않았지만 마리는 이번에 찾은 물질이 새로운 원소가 분명하다고 확신했다. 피에르도 결과를 정리해 논문으로 내자는 그녀의 말에 동의했다. 피에르는 새로운 물질의 이름을 폴로늄이라고 부르자고 제안했다. 폴로늄, 그것은 마리의 고향, 폴란드에서 따온 이름이었다. 비스무트를 완전히 제거하지는 못했지만, 1898년 7월에 퀴리 부부는 이 사실을 프랑스 과학원에 발표했다. 폴로늄은 그로부터 사 년 후 독일의 빌리 마르크발트가 분리해냈다. 두 번째 경주에서 승리는 마리에게 돌아갔다.

◦ 라듐의 발견

피치블렌드에서 방사선을 강하게 내뿜고 있는 물질을 뽑아내려면, 피치블렌드가 아주 많이 필요했다. 문제는 그 많은 피치블렌드를 살 돈이 두 사람에게는 없었다. 피에르는 자신이 알고 지내던 오스트리아 빈의 과학원 원장 에두아르트 쥐스에게 우라늄을 뽑고 폐기한 피치블렌드를 구할 수 있는지 물어보았다. 쥐스는 피에르에게 한번 알아보겠다고 말했다. 우라늄을 뽑아낸 피치블렌드는 보헤미아 지방의 요아힘슈탈(현재 체코의 야히모프) 숲속 깊은 곳에 버리고 있었다.

피에르는 쥐스에게 피치블렌드 쓰레기를 자신이 가져갈 수 있는지 오스트리아 정부에 알아봐 달라고 부탁했다. 오스트리아 정부에서는 쓸모없는 피치블렌드를 가져가겠다는데 마다할 이유가 없었다. 하지만 요아힘슈탈에서 파리까지 옮기려면 운반비가 필요했다. 피에르는 금융업으로 막대한 돈을 번 앙리 드 로쉴드 남작을 찾아가 피치블렌드를 운반하는 데 필요한 돈을 지원해 달라고 부탁했다. 로쉴드 남작은 피에르에게 지원을 약속했다. 당시에는 과학자의 연구비를 귀족이나 사업가가 지원해 주는 일이 종종 있었다. 그렇게 가져온 피치블렌드가 퀴리 부부의 실험실 뒷마당에 쌓여갔다.

마리는 피에르, 딸 이렌과 여름 휴가를 다녀오고 1898년 10월부터 두 번째 물질에 매달렸다. 이번에는 바륨이 문제였다. 나중에 알게 되지만, 바륨은 주기율표에서 라듐 바로 위에 있는 같은 족 원소다. 화학적 성질이 비슷한 두 원소를 분리하는 것은 쉽지 않았다. 그렇지만 라듐이 새로운 물질이라는 사실에 종지부를 찍으려면 순수한 라듐을 얻어 스펙트럼과 원자량을 측정해야만 했다.

마리와 피에르는 피치블렌드 수백 킬로그램을 추가로 얻었다. 피치블렌드 포대가 실험실 옆 빈터에 쌓였다. 산더미 같은 피치블렌드에서 다른 물질을 모두 제거하고 염화바륨을 얻었다. 여기에는 라듐도 섞여 있을 것이었다. 바륨을 제거하고 라듐을 얻으려면, 염화바륨을 끓였다 식히는 과정을 수없이 반복해야 했다. 그렇게 수백 킬로그램의 피치블렌드에서 얻어낸 물질은 그 양이 눈곱만큼도 되지 않았다. 마리는 우선 새로운 물질에서 방사선이 얼마나 나오는지 측정했다. 놀라웠다. 이 물질에서 나오는 방사선은 우라늄의 900배나 됐다. 어두컴컴한 실험실에서 이 물질은 푸르스름한 빛까지 냈다. 마리는 집으로 돌아가는 길에 피에르가 해주던 말이 떠올랐다.

"당신이 찾아낼 새로운 물질은 정말 근사한 것일 거야. 하늘에서 빛나는 별들처럼 멋진 물질이 당신 앞에 나타날 테지."

피에르의 말이 맞았다. 라듐은 그야말로 근사한 물질이었다. 마리는 눈곱만큼 얻은 이 물질을 드마르세에게 가져갔다. 이번에는 폴로늄 때와 달랐다. 드마르세가 분석한 스펙트럼은 지금까지 본 적이 없는 것이었다. 분명하게 나타난 스펙트럼. 이것은 틀림없이 새로운 물질이었다. 1898년 12월 19일, 피에르는 연구 노트에 이 물질의 이름을 라듐이라고 적었다. 라듐(Radium), 라틴어로 광선을 뜻했다. 엄청난 방사선을 뿜어내는 모습에 딱 어울리는 이름이었다. 1898년 12월 26일, 퀴리 부부는 프랑스 과학원에 라듐이라는 물질을 발견했다고 보고했다. 그녀의 나이 서른하나였다.

1900년 봄에 스위스의 제네바 대학에서 피에르를 교수로 초빙했다. 하지만 그는 요청을 사양했다. 지금 다른 곳으로 옮기면 진행 중인 실험에 영향을 줄 것 같았다. 퀴리 부부는 지난 오 년간 늘 가난했지만, 지금은 돈보다 순수한 라듐을 얻는 일이 더 급했다. 다행히 소르본의 푸앵카레가 피에르에게 의과대학의 물리학 강의 자리를 주선해 주었다. 비슷한 시기에 마리도 여자 고등학교에서 학생들을 가르칠 기회를 얻었다. 이 또한 여성 물리학자에게는 처음 있는 일이었다. 마리에게는 당시 가장 중요한 일이 라듐 연구를 계속하는 것이었지만, 먹고 살려면 돈을 벌어야 했다.

이때만 하더라도 사람들은 폴로늄이나 라듐과 같은 방사성 물질이 인체에 얼마나 해로운지 모르고 있었다. 피에르는 독일의 과학자들이 방사성 물질이 인체에 미치는 영향을 연구하고 있다는 소식을 듣고, 자신의 손목에 라듐을 올리고 붕대로 감았다 며칠 후에 풀어본 적이 있었다. 손목에는 화상 자국이 남았고, 상처도 쉽게 아물지 않았다. 두 사람은 방사선이 세포를 죽인다고 생각했다. 두 사람은 방사성 물질을 계속 다루면서 방사선에 오래 노출돼 건강이 매우 나빠졌다. 마리가 보기에도 피에르는 전보다 많이 수척했다.

1902년 3월에 마리는 라듐의 스펙트럼과 원자량을 측정했다. 라듐의 원자량은 225였다. 오늘날 우리가 알고 있는 라듐의 원자량 226에 상당히 근접한 값이다. 마리가 얻은 것은 소금처럼 생겼지만, 어두운 곳에서는 푸르스름한 빛이 나는 염화라듐이었다. 수백 킬로그램의 피치블렌드에서 얻어낸 라듐은 그야말로 쌀 한 톨 크기에 불과했다. 하지만 그것은 지금까지 발견되지 않은 새로운 물질이었다. 두 사람이 발견한 라듐은 주기율표에서 바륨 아래 놓였다. 라듐이 드디어 주기율표에 자리 잡은 것이다. 마리는 사 년에 걸친 연구 끝에 라듐이 실재하는 물질이라고 종지부를 찍었다.

퀴리 부부는 라듐과 라듐 정제법에 대한 특허를 신청할 수 있었지만, 그렇게 하지 않았다. 피에르는 자신의 성취를 사람들에게 떠벌리는 것을 싫어했고, 과학에서 얻은 것은 모든 이들이 누려야 한다고 생각하고 있었다. 마리도 남편의 생각에 동의했다. 두 사람은 논문에 피치블렌드에서 라듐을 정제하는 방법을 자세히 기록했다. 이것은 쉽지 않은 결정이었다. 퀴리 부부는 결혼 후 늘 경제적으로 어려웠다. 마리는 결혼식 때 입으려고 장만한 군청색 드레스를 실험복으로 입고 다녀 소매가 너덜너덜했다. 오래된 우산도 헝겊으로 기워 쓰고 있었다. 실험에 필요한 물품도 구입해야 했고 조교 월급도 줘야 했다. 점심도 소시지 한두 개와 아무것도 넣지 않은 빵, 차 한 잔이 전부였다. 이렇게 힘들게 살면서도 온 힘을 기울여 얻은 라듐과 실험 방법을 공개한 것은 '과학에서 발견한 것은 모든 이들이 함께 누려야 한다'는 두 사람의 신념 때문이었다.

푸른빛을 내는 라듐은 많은 사람들의 관심을 끌었다. 사람들 눈에는 저절로 빛이 나는 이 물질이 신기하게 보였다. 라듐은 암을 치료할 수 있는 물질로도 알려졌다. 라듐이 사람들의 관심을 끌자 이를 이용해서 돈을 벌겠다는 사람들이 나타났다. 푸른빛이 나는 라듐을 파티에 입는 드레스에 발라 화려하게 장식하기도 하고, 시곗바늘에 라듐을 칠해 밤에도 잘 볼 수 있도록 장식하기도 했다. 시곗바늘에 라듐을 바르는 일은 주로 여자들이 했는데, 이는 훗날 비극을 불러왔다. 시곗바늘에 라듐을 칠하려면 끝이 뾰족하고 작은 붓을 써야 하는데, 공장에서 일하는 여자들은 붓을 입에 살짝 넣어 입술로 가볍게 빨아 똑바로 세웠다. 직공들은 라듐에서 나오는 방사선에 오랜 기간 엄청나게 노출되었다. 입술은 마르고 갈라져 피가 났고, 턱은 서서히 녹아 내렸다. 얼굴의 피부와 뼈에 암까지 생겼다.

폴로늄과 라듐을 발견하고 '방사능'이라는 용어를 제안한 마리 퀴리는 1911년에 '방사능과 양자'라는 주제로 열린 제1회 솔베이 회의에 참석했다. 여기에는 마리 퀴리와 어니스트 러더퍼드를 비롯하여 막스 플랑크와 아르놀트 조머펠트, 헨드릭 로런츠, 알베르트 아인슈타인, 폴 랑주뱅 등이 참석했다. 마리(앉은 사람들 중 오른쪽 두 번째)가 앙리 푸앵카레와 대화하고 있다.

이 일은 '라듐 소녀(Radium Girls)'라는 제목으로 기사화 되면서 심각한 사회 문제가 되었다. 라듐을 넣은 음료도 나왔다. 이 음료를 매일 마시면 건강에 좋다는 문구와 함께. 그걸 차에 타서 마시기도 했고, 라듐 치약에, 라듐을 넣은 헤어토닉도 나왔다. 퀴리 부부의 이름을 사칭해 라듐으로 병을 치료한다는 돌팔이 의사도 등장했다. 하지만 강한 방사선을 내는 라듐에 오래 노출되는 것이 몸에 좋을 리가 없었다.

◦ 노벨상을 받다

1903년은 퀴리 부부의 해였다. 그해 5월에 마리는 지난 오 년간 연구한 내용을 정리해 학위 논문을 제출했고, 6월에는 프랑스에서 여자로는 처음으로 물리학 박사 학위를 받았다. 슬픈 일도 있었다. 8월에 마리는 임신 오 개월 만에 유산을 했다. 그동안 쌓인 피로와 정신적 충격으로 마리의 건강은 극도로 나빠졌다. 그해 여름 마리는 아무 일도 하지 않고 요양을 했다. 11월이 되자 영국 왕립학회에서 퀴리 부부에게 데이비 메달을 수여하기로 했다는 소식을 전했다. 화학 분야에서 매년 중요한 발견을 한 사람에게 주는 상이었다. 마리는 건강이 회복되지 않아 피에르 혼자 런던에 가야 했다.

이어서 스웨덴 과학원에서 연락이 왔다. 마리와 피에르가 앙리 베크렐과 공동으로 노벨 물리학상을 받게 됐다는 소식이었다. 노벨상이라니, 두 사람에게는 무척 영광스러운 일이었다. 그러나 여기에는 뒷이야기가 있다. 프랑스 과학원 회원 네 명이 쓴 추천서에는 피에르 퀴리의 이름만 있고 마리 퀴리의 이름은 없었다. 추천인 중 에는 마리의 지도교수였던 가브리엘 리프만도 있었다. 다른 세 사람은 각각 가스통 다르보와 엘뢰테르 마스카르, 앙리 푸앵카레였다. 소르본의 과학대학 학장이던 가스통 다르보가 그 전해인 1902년에 피에르 퀴리와 마리 퀴리 두 사람을 노벨 물리학상 후보로 추천했다는 걸 감안하면, 리프만과 다르보가 마리를 노벨 물리학상 후보에서 지워 버린 것은 이해할 수 없는 일이었다. 더구나 리프만은 마리의 박사 학위 논문 심사에도 깊이 관여했기 때문에 그녀가 폴로늄과 라듐을 얻으려고 얼마나 애썼는지도 잘 알고 있었다. 네 사람이 쓴 추천서는 잘 지어낸 한 편의 소설 같았다. 폴로늄과 라듐을 실험으로 찾아낸 사람은 피에르 퀴리였고, 이를 얻어내는 과정에서 앙리 베크렐과 경쟁이 있었다는 이야기였다. 보고서에 어디에도 마리 퀴리는 등장하지 않았다.

다행히 스웨덴 과학원 회원 중에 마리를 지지하는 사람이 있었다. 그는 구스타프 미탁레플러라는 유명한 수학자였다. 그는 세 달 전인 8월에 피에르에게 편지를 보내 마리를 제외하고 당신만 노벨 물리학상 후보에 올랐다는 사실을 알려줬다. 피에르는 미탁레플러에게 자신이 한 일과 마리가 한 일을 자세하게 써서 보냈다. 폴로늄과 라듐을 발견하는 데는 마리의 역할이 결정적이었다는 사실과 함께 마리와 더불어 노벨상을 받지 않는다면 수상을 거절하겠다는 내용이었다. 노벨상 위원회는 난감했다. 1903년에는 마리를 노벨상 후보로 추천한 사람이 없었기 때문이었다. 위원회에서는 결국 1902년에 마리를 추천한 편지를 참고해 그녀를 수상자 명단에 넣기로 했다. 그런 우여곡절 끝에 마리 퀴리는 여성으로는 최초로 노벨 물리학상을 받을 수 있었다.

1903년에 퀴리 부부가 노벨상을 받자 프랑스 신문에서는 그 소식을 떠들썩하게 알렸다. 하지만 내용은 사실과 많이 달랐다. 신문에 실린 글은 한 편의 동화였다. "폴란드에서 파리로 유학 온 마리는 신데렐라였고, 피에르는 그런 마리를 공주로 만들어 준 백마 탄 왕자"라는 식이었다. 그렇게 두 사람은 갑자기 유명해졌다. 피에르는 조용한 걸 좋아하는 사람이었다. 신문에 나고 유명해지는 것이 거북했다. 기자들은 아무 때나 실험실로 찾아와 두 사람의 실험을 방해했다. 두 사람을 더욱 힘들게 했던 것은 기자들이 큰딸 이렌과 유모 사이의 일까지 캐물으러 집으로 찾아오는 것이었다. 피에르는 자신이 노벨상을 받아 유명해진 것을 재난이라고 여길 정도였다. 그래도 노벨상은 두 사람에게 이제껏 없었던 경제적 안정을 제공해 주었다. 소르본 대학에서는 피에르에게 교수 자리를 마련해 주었지만, 어이없게도 실험실을 제공해 주지 않았다. 그런 결정에 피에르는 교수직을 그만두겠다고 통보했다. 대학에서는 어쩔 수 없이 실험실과 조교 세 명을 붙여 주었다. 그리고 마리를 실험실의 책임자로 임명했다. 비로소 두 사람은 안정적으로 실험할 수 있었다. 그런데 이제는 두 사람의 건강이 예전 같지 않았다.

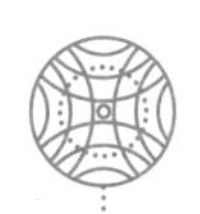

피에르의 죽음

1906년 4월 19일은 목요일이었다. 그날은 아침부터 비가 심하게 내렸고 바람도 제법 거칠었다. 피에르는 며칠 전부터 새로 만든 젊은 학자들 모임에 참석하느라 바쁘게 지냈다. 그들과 학생들에게 과학을 어떻게 가르칠 것인가를 놓고 열심히 토론했다. 그날도 피에르는 점심 식사를 겸한 그 모임에 참석하려고 아침 일찍 집을 나섰다. 여느 부부처럼 두 사람은 훌륭한 동료였고, 사랑하는 사이였지만 가끔 티격태격하기도 했다. 그날은 두 딸 이렌과 이브가 집안을 어지럽혀서 집이 지저분했다. 피에르는 마리에게 집이 좀 깨끗했으면 좋겠고, 실험도 좋지만 아이들도 좀 돌보면 좋겠다는 말을 남기고 집을 나섰다. 피에르의 등 뒤로 마리는 "날 좀 그만 괴롭혀요!"라며 소리를 질렀다.

젊은 학자들과 점심을 먹으며 조수들과 신진 교수들이 제대로 대우받지 못하고 일에 치여 지낸다는 불만을 들었다. 피에르 퀴리 같이 이름난 교수가 나서면 좋겠다고 했다. 피에르는 흔쾌히 그러겠다고 약속했다. 점심 모임에는 마리를 피에르에게 소개시켜 준 요제프 코발스키도 와 있었다. 피에르는 그들을 저녁 식사에 초대하고는 출판사로 향했다. 곧 발표할 논문을 교정하기 위해서였다. 그 사이 빗살은 더 굵어졌다. 길바닥에는 물이 여기저기 고였고, 마차는 흙탕물을 튀기며 빠르게 지나가고 있었다. 피에르는 우산을 폈다. 그는 다리를 절뚝거리며 우산 속에 몸을 푹 가리고 보도를 걸어갔다. 그의 다리는 방사성 물질에 오랫동안 노출된 탓에 많이 상해 있었다. 퐁 뇌프와 도핀 가가 만나는 사거리는 마차들이 서로 엉켜 난장판이었다. 피에르는 길을 건너려고 보도에서 차도로 한 발을 내디뎠다. 그때였다. 말 두 마리가 자신을 향해 달려오는 게 눈에 들어왔다. 몸이 얼어붙었다. 피에르의 몸이 말 사이로 빨려 들어갔다. 그리고 짐을 가득 실은 마차의 왼쪽 뒷바퀴에 머리가 깔렸다.

소르본의 학장인 폴 아펠이 마리에게 피에르의 죽음을 알렸다. 마리는 딸 이렌과 외출했다 돌아오는 길이었다. 피에르의 죽음. 그녀는 아침에 소리쳤던 일이 떠올랐다. 머릿속이 하얘졌다. 그리고 되물었다.

"피에르가 죽었어요? 죽어요? 진짜 죽었어요?"

마리는 뒤뜰에 있는 벤치로 가서 앉았다. 벤치는 젖어 있었고, 비는 여전히 내리고 있었다. 마리는 벤치에 앉아 두 손으로 무릎을 감쌌다. 아무 말 없이 한동안 멍하니 앉아 있었다.

◦ 두 번째 노벨상

피에르가 죽은 뒤 마리의 얼굴은 화석처럼 변했다. 얼굴 어디에도 감정이라고는 없었다. 그녀는 대학에서 강의하고, 연구실에서 실험하고, 라듐의 질병 치료 활용을 고민하며 지냈지만, 집에서는 두 딸이 아빠 이야기를 꺼내는 것을 허락하지 않았다. 그것은 두 딸에게 무척 힘든 일이었다. 마리는 건강도 많이 나빠졌다. 그래도 쉬지 않고 연구실에 나갔다. 이제 그녀의 연구실은 전 세계에 알려져 방문객도 많았고, 연구하려고 찾아오는 젊은 학자들도 적지 않았다. 1910년 여름 마리는 라듐을 정제하는 데 성공했다. 그해 방사선량의 단위도 정했다. 라듐 1그램에서 1초에 나오는 방사선량을 기준으로 했는데, 피에르 퀴리의 이름을 기념하여 '퀴리(curie, Ci)'라고 지었다.

1911년은 마리에게 고통의 해이자 영광의 해였다. 피에르가 죽은 뒤 실의에 빠져 있던 마리는 1910년부터 남편의 제자인 폴 랑주뱅과 급격히 가까워졌다. 폴에게는 이미 가정이 있었다. 별거 중이었지만 이혼은 하지 않고 있었다. 랑주뱅과의 스캔들이 세상에 알려지면서 마리는 엄청난 충격을 받아 건강까지 나빠졌다. 그 해 11월에 마리는 노벨 재단에서 편지 한 통을 받았다. 그녀가 노벨 화학상을 받게 됐다는 소식이었다. 라듐 발견에 대한 업적이 수상 이유였다. 여기에는 마리 퀴리를 스캔들에서 구하려는 과학자들의 노력도 한몫한 것으로 보인다.

1910년 라듐 정제가 큰 업적이라는 것은 분명하지만 그녀는 1903년에 이미 방사선을 발견한 공로로 노벨상을 받은 적이 있었다. 당시 수상에 이미 폴로늄과 라듐을 발견한 업적이 반영되어 있었다. 마리 퀴리가 1911년에 노벨 화학상을 받는 데는 스반테 아레니우스의 역할이 컸다. 아레니우스는 1903년에 전해질 이론으로 노벨 화학상을 받은 과학자였고, 노벨위원회에서도 영향력이 상당했다. 이때까지만 해도 아레니우스는 파리 신문에 난 스캔들 기사를 믿지 않았다.

스캔들은 쉽게 가라앉지 않았다. 1911년 11월 23일, 구스타브 테리가 발행하는 주간지에 마리 퀴리와 폴 랑주뱅이 주고받았던 편지가 실렸다. 이에 분노한 랑주뱅은 테리에게 결투를 신청했다. 결투는 테리가 권총을 땅으로 향하면서 불발로 끝나 다친 사람은 없었다. 이 소식은 아레니우스의 귀에도 들어갔다. 그리고 얼마 후 마리는 아레니우스의 편지 한 통을 받았다. 당신의 스캔들이 스웨덴에도 돌고 있어 수상식에 오지 말고, 사실이 아니라는 것이 밝혀질 때까지 노벨상을 받지 않겠다는 편지를 노벨위원회나 자기에게 써달라는 것이었다. 마리는 고통스러웠다. 하지만 그녀는 당신이 이 편지를 받을 즈음에는 노벨상 수상식에 참가하겠다는 전보가 도착했을 것이라며 노벨상 수상의 의지를 굽히지 않았다.

1911년 12월 10일에 마리는 언니 브로니아와 함께 큰딸 이렌을 데리고 노벨상 수상식에 참석했다. 시상식에서 별다른 일은 일어나지 않았다. 시상식 후에 있은 만찬에서도 마리는 침착하게 구스타프 스웨덴 왕과 인사를 나누고 자신의 현재 심경을 차분하게 전달했다. 그리고 이어 진행된 노벨상 기념 강연에서 자신이 한 일을 담담한 어조로 설명했다. 이 강연에서 마리는 베크렐이 이룬 일, 남편 피에르의 업적과 어니스트 러더퍼드가 한 일, 그리고 자신이 한 일을 나눠 설명하고, 1911년까지 있었던 방사선 연구를 총정리했다. 강연의 핵심은 '방사선은 원자에 속한 성질'이라는 것이었다. 양자역학이 나오기 십사 년 전에 마리 퀴리는 방사선이 원자에 속한 성질임을 분명히 했다. 그리고 방사선을 이용해 새로운 물질을 찾아갈 방법을 보여 주었다. 그녀는 그렇게 문을 열고 앞장서서 원자 속으로 들어갔다.

NUCLEAR FORCE

2

원자 속으로

(원자핵을 발견한 1909년 실험을 회상하며) 그것은 내 인생에서 일어난 일 중 가장 놀라운 사건이었다. 직경 380밀리미터 포탄을 휴지에 쐈는데 그것이 튕겨 나와 나를 다시 맞췄다고 할 만큼 놀라운 일이었다.

— 어니스트 러더퍼드

어니스트 러더퍼드(오른쪽)가 담배를 물고 존 랫클리프(John A. Ratcliffe)와 이야기를 나누고 있다. 천장에 '조용히 말하세요'라는 표지판이 매달려 있다. 러더퍼드는 목소리가 매우 컸는데, 실험실에 설치된 검출기가 소리에 민감했다고 한다. 1934년.
(Cavendish Laboratory, University of Cambridge)

그는 뉴질랜드 촌놈이었다. 영국에서 1만 8000천 킬로미터나 떨어진 뉴질랜드, 그곳에서도 한참 더 들어가면 남쪽 섬의 북부 한 귀퉁이에 넬슨이라는 자그마한 항구도시가 있다. 트라팔가르 해전에서 스페인 함대를 무찌른 넬슨 제독의 이름을 따왔다. 마오리어로는 화타쿠(Whataku)라 불리는 작은 항구, 바로 앞에 토끼섬이 있고, 태즈먼만이 V자로 뻗어나가 남태평양과 이어지고, 뒤로는 나지막한 산이 병풍처럼 감싸고 있다. 하카 춤을 추던 마오리 전사의 함성과 발을 구르는 소리가 들려올 것 같은 곳, 그곳이 20세기의 가장 위대한 실험물리학자 어니스트 러더퍼드가 태어난 곳이다.

러더퍼드는 하루 종일 우울했다. 장학금 신청에서 떨어진 것이다. 그는 학교 다니면서 시험에 떨어진 적이 없었다. 넬슨 대학을 다닐 때도 캔터베리 대학을 다닐 때도 장학금을 놓치지 않았다. 이번 장학금도 당연히 자기가 받을 거라고 자신했다. 1851년에 열린 런던 박람회를 기념하면서 주는 장학금이었다. 장학금을 받으면 독일이나 영국에서 라디오파 연구를 계속할 계획이었다. 이번 기회를 놓치면 내년 장학금은 오스트레일리아에 있는 학생에게 주어질 테니 꼬박 이 년을 더 기다려야 했다. 약혼녀 메리 뉴턴에게 자신이 장학금을 받지 못하게 됐다고 말해야 하는데, 그것도 위신이 안 섰다. 러더퍼드는 장학금이 오클랜드 출신 화학 전공자에게 돌아갈 거라고는 생각도 하지 않았다.

러더퍼드는 넬슨으로 돌아왔다. 당분간 그곳의 학교에서 물리학을 가르치며 아버지 농사일을 돕기로 마음을 고쳐먹었다. 몸 쓰는 일을 하다 보면 쓰라린 마음도 좀 나아질 거라고 스스로를 위로했다. 그는 여름 내내 들에 나가 감자를 캤다. 한 번씩 일어나 허리를 펴고 바다를 바라보았다. 그는 유럽에 가고 싶었다. 뉴질랜드에서는 할 게 없었다. 그는 다시 허리를 구부려 감자를 캐기 시작했다. 그때였다. 누군가 "어니스트!"하고 자기 이름을 부르는 소리가 들렸다. 그는 감자를 캐다 말고 고개를 들어 소리 나는 곳을 바라보았다. 어머니가 자기를 향해 뛰어오고 있었다. 손에 종이 한 장을 쥐고 있었다. 아무래도 급한 일인 것 같았다. 러더퍼드의 어머니는 숨을 몰아쉬며 러더퍼드에게 말했다.

"어니, 전보야. 영국에서 왔어."

어머니의 손에는 런던에서 온 전보가 한 장 들려 있었다. 장학금을 받기로 한 사람이 사정이 생겨 러더퍼드가 장학금을 받게 됐다는 내용이었다. 러더퍼드는 뛸 듯이 기뻤다. 캐다 만 감자를 마저 캐면서 소리쳤다.

"이 감자가 내 인생에서 캐는 마지막 감자다!"

◦ 캐번디시 연구소

러더퍼드는 원래 독일로 가고 싶었다. 그런데 라디오파를 최초로 발견한 하인리히 헤르츠가 지난 겨울에 사망했다는 소식을 들었다. 얼마 지나지 않아 헤르만 폰 헬름홀츠도 세상을 떠났다는 사실을 알게 됐다. 실망한 러더퍼드는 영국에서 유학하기로 계획을 바꿨다. 마침 케임브리지 대학에 있는 캐번디시 연구소에서 케임브리지 출신이 아니더라도 연구원을 뽑는다는 공고가 있었다. 이번에도 러더퍼드에게 운이 따랐다. 1895년에 그는 약혼녀에게 나중에 데리러 오겠다는 약속을 남기고 영국으로 떠났다.

러더퍼드가 앞으로 삼 년 동안 머물게 될 캐번디시 연구소는 케임브리지 대학에 있었다. 그곳은 영국의 과학자 헨리 캐번디시를 기념하여 그의 친척이며 당시 케임브리지 대학의 총장이던 데번셔 7대 공작, 윌리엄 캐번디시가 기금을 모아 지은 연구소였다. 전자기학을 집대성한 제임스 클러크 맥스웰이 첫 번째 소장을 지냈고, 뒤를 이어 레일리 경이라는 이름으로 유명한 존 윌리엄 스트러트가 두 번째 소장을 맡았다. 레일리 경은 아르곤을 발견한 업적으로 1904년에 노벨상을 받았다. 세 번째 소장은 전자를 발견한 조지프 존 톰슨이었다. 러더퍼드는 톰슨의 연구생으로 들어갔다. 당시 러더퍼드와 함께 케임브리지를 졸업하지 않고 캐번디시에 들어간 사람 중에는 안개 상자를 발명한 찰스 윌슨과 프랑스에서 온 폴 랑주뱅이 있었다. 러더퍼드는 톰슨의 지도로 케임브리지 대학에 등록하고 캐번디시에서 연구를 시작했다.

케임브리지 학생들은 케임브리지를 졸업하지 않고 캐번디시에 들어온 러더퍼드를 뉴질랜드에서 온 시골뜨기라고 무시했다. 그럴 때마다 러더퍼드는 어깨를 활짝 펴고 마오리 전사처럼 인상을 썼다. 그의 목소리는 우렁찼다. 톰슨은 학생마다 자신이 하고 싶은 연구는 알아서 하도록 했다. 톰슨의 이런 교육 방법은 러더퍼드에게 안성맞춤이었다. 그는 뉴질랜드에 있을 때 라디오파 송수신기를 만든 적이 있었다. 그래서 초기에는 뉴질랜드에서 하던 라디오파 연구를 계속 했다. 그는 실험실에서 보낸 라디오파를 800미터 떨어진 자신의 숙소에서 검출하는 데 성공하기도 했다.

러더퍼드가 캐번디시에서 연구원으로 지내는 동안 많은 일이 일어났다. 1895년에 빌헬름 뢴트겐이 엑스선을 발견했고, 이듬해에는 앙리 베크렐이 방사선의 존재를 처음으로 알아냈다. 1897년에는 조지프 존 톰슨이 전자를 찾아냈고, 1898년에는 퀴리 부부가 라듐을 발견했다. 러더퍼드도 이제 라디오파보다는 엑스선과 방사선에 관심이 갔다. 그리고 곧 엑스선 연구로 돌아섰다. 톰슨과 러더퍼드는 전기가 통하지 않는 기체에 엑스선을 쪼여주면 전기가 흐른다는 사실을 관찰했다. 엑스선이 전자를 떼어내면서 기체 원자를 이온화시킨다는 것을 알아낸 것이었다.

이제 이들은 베크렐이 발견한 방사선이 엑스선인지 확인하려고 우라늄의 방사선을 연구했는데, 이 방사선은 엑스선과 사뭇 달랐다. 러더퍼드는 방사선이 두 종류로 되어있다고 생각했다. 하나는 얇은 알루미늄 박막으로 둘러싸면 진행을 막을 수 있을 수 있었지만, 다른 하나는 알루미늄 박막을 뚫고 조금 더 나아갔다. 러더퍼드는 첫 번째 방사선을 알파선이라고 불렀고, 두 번째 방사선은 베타선이라고 불렀다. 알파선은 러더퍼드가 두고두고 실험에 이용하게 될 헬륨 원자의 핵이었다. 전자를 발견한 톰슨은 음극선 물리학에 관심이 더 많았다. 결국 방사선 연구는 러더퍼드 혼자 하게 되었다. 러더퍼드가 혼자 방사선을 연구하게 되었다는 것은 그가 스승의 그림자에서 벗어나게 됐다는 의미이기도 했다. 톰슨과 계속 연구했다면 러더퍼드의 연구는 아마도 톰슨의 명성에 가려졌을지도 모를 일이다.

물리학에서는 같은 현상을 비슷한 시기에 여러 사람이 발견하는 일이 종종 있다. 마리 퀴리가 토륨을 발견했을 때는 독일의 게르하르트 슈미트가 간발의 차로 먼저 발견한 뒤였다. 러더퍼드가 우라늄에서 나오는 방사선에 알파선과 베타선이 있다는 것을 1898년에 처음 발견했지만, 몇 달 뒤인 1899년에 방사선에 두 종류가 있다는 사실을 알아낸 사람들이 독일과 오스트리아에 있었다. 독일의 프리드리히 기젤, 그리고 오스트리아의 슈테판 마이어와 에곤 슈바이들러가 방사선 중에는 자기장을 통과할 때 휘는 방사선이 있다는 것을 관찰했다. 이 사실은 방사선 중에는 전하를 띤 방사선이 있다는 의미였다. 그리고 독일의 발터 카우프만은 방사선 중에 베타선은 전자의 흐름이라는 것을 최종적으로 확인했다. 베타선의 전하와 질량비를 꼼꼼하게 살핀 그는 베타선이 진공관에서 나오는 전자와 똑같다는 사실을 밝혔다. 러더퍼드가 발견한 알파선과 베타선은 이제 방사성 물질에서 나오는 두 가지 방사선으로 확실하게 자리를 잡았다.

1900년에는 프랑스의 폴 빌라르가 우라늄에서 나오는 방사선 중에 자기장에서 휘지 않고 직진하는 방사선이 있다는 사실을 알아냈다. 이 방사선은 0.2밀리미터 두께의 납판을 뚫고 지나갈 만큼 투과력이 뛰어났다. 베타선보다 투과력이 160배나 강했고, 엑스선과 비슷했지만 에너지는 그보다 훨씬 컸다. 빌라르는 처음에 이 방사선

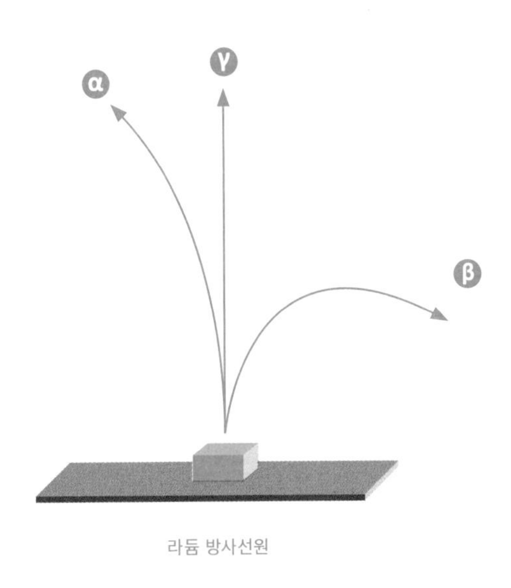

양전하를 띠는 알파선과 음전하를 띠는 베타선은 자기장에서 서로 반대 방향으로 휜다. 알파선은 베타선보다 덜 휘는데, 알파선을 이루는 헬륨 핵이 베타선을 이루는 전자보다 약 8000배 무겁기 때문이다.

을 라듐 엑스선이라고 불렀지만, 러더퍼드는 그 방사선 이름을 감마선이라고 부르자고 제안했다. 그렇게 세 번째 방사선은 감마선이라고 불리게 되었다.

베크렐, 퀴리 부부, 러더퍼드보다 한발 늦었지만, 그들 못지않게 방사선 연구에 몰입했던 사람이 여럿 있었다. 프리드리히 기젤은 독일의 방사선 물리학을 개척한 사람이다. 마리 퀴리가 라듐을 발견하고 얼마 지나지 않아 기젤은 좀 더 쉬운 방법으로 우라늄 원석에서 라듐을 추출했다. 그는 그 라듐을 저렴한 가격에 팔기도 했다. 마리 퀴리의 동료였던 앙드레루이 드비에르느가 악티늄을 먼저 발견했다고 알려져 있지만, 사실 거의 같은 시기에 기젤도 악티늄을 추출했다. 악티늄 발견자에 대해서는 논란이 있는데, 두 사람의 논문을 정밀하게 검토한 몇몇 사람들은 기젤이 악티늄 원소를 먼저 찾았다고 보고 있다. 그는 악티늄을 에머니움(emanium, Emanationskörper)이라고 불렀다. 그 외에 폴 빌라르도 방사선을 연구하고 있었다. 감마선을 발견한 그의 업적은 베크렐과 견줘도 전혀 손색이 없지만, 베크렐의 명성에 가려 사람들에게 잘 알려지지 않았다. 그리고 슈테판 마이어가 있었다. 그의 이름은 앞으로도 여러 번 나오겠지만, 그는 오스트리아 출신의 뛰어난 과학자일 뿐 아니라 인격적으로도 훌륭한 사람이었다. 그의 영향을 받은 물리학자는 상당히 많다. 앞으로 등장할 빅토르 헤스와 마리에타 블라우, 두 사람 모두 슈테판 마이어에게 배운 사람들이었다.

◦ 맥길로 간 러더퍼드

캐나다 사람 윌리엄 크리스토퍼 맥도널드는 담배 사업을 해서 돈을 엄청나게 벌었다. 1880년대에는 캐나다에서 가장 성공한 사업가로 꼽히기도 했다. 역설적이게도 자신은 담배를 피우지 않았고, 남들이 담배를 피우는 것도 그리 좋게 보지 않았다. 술은 입에도 대지 않았다. 그는 평생 결혼하지 않은 채 혼자 살았고, 돈이 많았지만 거의 쓰지 않고 검소하게 살았다. 몬트리올에 살면서 부자들이 하는 사교생활이나 정치 활동에도 관심이 없었다. 하지만 그런 그에게도 꿈이 하나 있었다. 그는 사람을 바꾸는 것은 교육이라고 믿었다. 당장은 효과가 나타나지 않아도 백 년쯤 지나면 교육의 힘이 세상을 바꿀 거라고 믿었다. 그에게는 분명한 교육 철학이 있었다. 맥도널드는 미국 보스턴의 매사추세츠 공과대학(MIT)이 늘 부러웠다. 캐나다에도 MIT처럼 과학과 공학을 잘 가르치는 학교가 있으면 좋겠다고 생각했다. 그리고 몬트리올의 맥길이 그런 학교가 되기를 바랐다.

맥도널드는 1883년에 맥길에 첫 기부를 했다. 1892년에는 공과대학 건물을 지었고, 1893년에는 물리학과 건물을 지었다. 맥도널드는 학교에서 원하는 장비라면 무엇이든 최고로 마련해 주었다. 그는 당시 맥길의 물리학과 학과장이던 존 콕스에게 이렇게 말하곤 했다.

"그게 무엇이든 가장 좋은 것으로 합시다."

맥도널드는 콕스가 요청한 금액보다 항상 더 많이 기부했다.

맥도널드가 물리학과에 지원한 것 중에 가장 중요한 것은 건물이나 장비가 아니었다. 그는 훌륭한 교수를 데려올 수 있도록 기금을 마련해 줬다. 맥길에서는 맥도널드가 후원하는 교수 자리를 맥도널드 교수직(Sir William C. Macdonald Chairs)이라고 불렀다. 그 혜택을 받아 맥길에 온 첫 번째 학자는 케임브리지 출신의 휴 칼렌다였다. 그는 열역학 연구로 널리 알려진 사람이었다. 칼렌다는 뢴트겐이 엑스선을 발견했다는 소식을 듣자 한 달 만에 의료 진단에 활용할 수 있는 엑스선 장치를 만들었다. 그 덕분에 맥길은 캐나다와 미국 전역에서 가장 먼저 엑스선을 의학에 응용할 수 있었다. 이렇게 맥길은 단숨에 유럽의 최첨단 연구를 따라갈 수 있었다. 그것은 모두 맥도널드의 전폭적인 지원 덕분이었다.

러더퍼드가 캐번디시에 머문 지도 삼 년이 지났다. 장학금은 삼 년간만 받기로 되어 있어서 앞으로도 장학금이 계속 나올지 걱정이었다. 그즈음에 맥길에서 교수로 있던 휴 칼렌다가 런던 대학으로 가게 되면서 맥도널드 교수 자리가 공석이 되었다. 당시 맥길의 물리학과 학과장이던 존 콕스는 적당한 교수를 찾으려고 케임브리지를 방문했다. 캐번디시 연구소의 소장인 톰슨은 콕스에게 러더퍼드를 데려가는 게 어떻겠냐고 제안했다. 콕스는 톰슨의 추천을 받아들였고, 이것이 얼마나 훌륭한 결정이었는지는 나중에 알게 된다. 러더퍼드는 영국을 떠나 캐나다로 가는 것이 아쉬웠지만, 무엇보다 월급이 장학금보다 세 배나 많다는 말에 흔쾌히 떠나기로 마음을 굳혔다. 그 정도 돈이면 결혼할 돈을 금방 모을 수 있었다. 1898년 러더퍼드는 영국 생활을 정리하고 캐나다로 가는 배를 탔다. 그런데 몬트리올에 도착해 보니 그곳 물가가 생각보다 비쌌다. 약혼녀를 데려오려면 적어도 이 년은 더 돈을 모아야 했다.

처음 맥길에 왔을 때는 생각도 못했지만, 이곳은 러더퍼드가 20세기 가장 위대한 실험물리학자로 발돋움할 탄탄한 발판이 되었다. 퀴리 부부가 폴로늄과 라듐을 연이어 발견하자 유럽 전역에 있는 과학자들은 앞다퉈 방사성 물질 연구에 뛰어들었다. 러더퍼드는 유럽과 떨어져 있는 게 불안했지만, 적어도 유럽에 있는 과학자들보다 한 가지 면에서는 유리했다. 맥도널드의 통 큰 기부 덕에 콕스가 훌륭한 장비가 갖춰진 실험실을 마련해 준 것이었다. 러더퍼드는 앞으로 몇 년이 자신의 연구에 몹시 중요하다고 여겼다. 1902년에 러더퍼드가 어머니에게 보낸 편지에도 그 마음이 잘 드러나 있다.

"저는 계속 나아가야 합니다. 제가 가는 길에는 사람들이 많습니다. 그들과 경쟁하려면 가능한 빨리 제가 한 일을 발표해야 합니다. 지금 가장 앞서 가는 사람은 파리에 있는 베크렐과 퀴리 부부입니다. 그 사람들은 벌써 몇 년 전에 방사성 물질 연구에서 훌륭한 결과를 많이 냈습니다."

러더퍼드는 맥길에서 함께 연구할 동료를 찾았다. 비슷한 시기에 맥길의 전기공학과에 맥도널드 교수로 와 있던 미국 출신의 로버트 오언스였다. 러더퍼드는 오언스와 토륨에서 나오는 방사선 연구를 시작했다. 그는 캐번디시에서 연구하면서 토륨에서 나오는 방사선에 이상한 점이 있다는 것을 이미 알고 있었다. 이제 오언스와 연구하면서 토륨에서 나오는 방사선의 성질을 좀 더 분명하게 알고 싶었다. 오언스는 이산화토륨에서 나오는 방사선을 연구했는데, 그 물질에서 알파선과 베타선이 나오는 것을 확인했다. 그는 한 번씩 러더퍼드에게 투덜거렸다.

"방사선이 이상해. 당신이 문 열고 들어올 때마다 이것이 심하게 움츠러 들어. 방사선이 당신이 오는 걸 어떻게 알고 몸을 숨기려 드는지 모르겠어."

실제로 그랬다. 러더퍼드가 문을 열고 들어올 때마다 방사선량이 줄어들었다. 그는 그럴 리가 없다고 생각했지만, 정말 그런지 오언스와 확인해 보기로 했다. 두 사람은 곧 그 현상이 러더퍼드 때문이 아니라 문을 여닫을 때마다 방사선의 세기가 달라진다는 사실을 알아냈다. 러더퍼드는 어쩌면 토륨이 붕괴하면서 생겨난 방사성 물질이 기체일지도 모른다고 여겼다. 실험실 문을 여닫을 때마다 바람이 들어오니, 그 물질이 기체라면 바람에 영향을 받을 것이라는 것이 러더퍼드의 추측이었다. 그리고 토륨에서 나오는 이 물질은 얼마 안 있어 사라져 버렸다. 러더퍼드는 새로운 물질이 기체라고 생각하고, '에머네이션(emanation)'이라고 불렀다. 그것은 방사성 기체였다. 이 물질이 새로운 원소라는 것은 몇 년 후에 독일의 프리드리히 도른이 밝혀냈다. 그 기체는 라돈이었다. 러더퍼드는 이 물질의 성질을 꼼꼼하게 살핀 후 토륨에서 나오는 물질이 방사성 기체라는 것을 확인했고, 이 물질이 나오고 약 일 분 후면 방사선 양이 절반으로 줄어든다는 것을 알아냈다. 방사성 물질은 붕괴하면서 그 양이 줄어드는데, 그 양이 절반이 될 때까지 걸린 시간을 반감기라고 한다. 러더퍼드는 이 현상을 처음으로 알아낸 것이었다.

◦ 프레더릭 소디

맥길에서 이 년을 보내고 1900년이 되자 러더퍼드는 결혼하기에 충분한 돈을 모았다. 그는 드디어 십 년이나 자신을 기다려준 메리 뉴턴과 결혼하려고 뉴질랜드로 떠났다. 러더퍼드는 뉴질랜드에서 그동안 미뤄뒀던 박사 학위까지 마무리 지었다. 러더퍼드가 몬트리올로 돌아오기 전에 옥스퍼드 화학과에서 학부를 마치고 맥길로 온 젊은 화학자가 한 사람 있었다. 그의 이름은 프레더릭 소디였다. 그는 러더퍼드보다 여섯 살이 어렸다. 1877년 그는 영국의 남쪽 해안 이스트본에서 일곱 형제 중 막내로 태어났다. 아버지가 옥수수 사업으로 돈을 많이 벌어 넉넉하게 사는 집안 출신이었다. 어릴 때부터 총명했던 소디는 옥스퍼드 화학과에서 대학생 때 이미 논문을 발표할 정도로 뛰어났다. 학부를 우등으로 졸업하고 옥스퍼드에 이 년 더 머물며 연구를 했지만 결과는 그리 신통치 않았다.

소디는 캐나다의 토론토 대학 화학과에서 교수를 뽑는다는 얘기를 들었다. 그곳에 직접 가서 지원서를 내야겠다고 마음먹고, 캐나다로 건너가 토론토 대학에 지원했지만 뜻대로 되지는 않았다. 그러던 중 몬트리올에 있는 맥길 대학 화학과에서 실험을 시연할 사람을 찾는다는 말을 들었다. 그곳에 바로 지원했고, 곧 일을 시작할 수 있었다. 그때가 1900년 5월이었다. 소디는 맥길에서 일하게 됐지만 러더퍼드를 바로 만난 것은 아니었다. 소디가 맥길에 도착했을 때는 러더퍼드가 뉴질랜드에서 결혼하고 캐나다로 돌아오는 길이었다. 그해 9월이 되어서야 두 사람은 서로 만날 수 있었다.

맥길로 돌아온 러더퍼드는 다시 방사성 기체 연구에 힘을 쏟았다. 러더퍼드는 늘 일손이 달려 자신의 실험을 도와줄 사람을 찾고 다녔다. 그러다 소디를 만났는데, 소디야말로 자신의 연구 파트너로 안성맞춤이었다. 러더퍼드는 물리학은 잘했지만, 화학에 관해서는 대학 때 배운 지식이 전부였다. 토륨에서 나오는 방사성 기체가 무엇인지 알아내려면 화학을 잘 알고 있어야 했다. 소디는 옥스퍼드 출신의 화학자였다. 두 사람이 함께 연구하게 된 것은 두 사람 모두에게 큰 행운이었다. 둘다 개성이 강했지만 공동연구를 하는 데는 더할 나위 없는 조합이었다. 서로의 약점을 보완해줄 수 있다는 것은 같이 연구하는 데 필수적이다.

두 사람은 방사성 기체의 정체를 밝히려고 일 년 넘게 매달렸다. 러더퍼드와 소디는 방사성 기체를 함께 연구했지만 들여다보는 관점은 서로 달랐다. 소디는 화학자답게 토륨에서 나오는 방사성 기체의 정체에 관심이 있었고, 물리학자였던 러더퍼드는 방사성 기체의 시간에 따른 양의 변화에 초점을 맞추고 있었다. 1902년부터 1903년까지 두 사람은 논문을 여러 편 발표했다. 소디는 옥스퍼드에서 공부할 때 윌리엄 램지에게 배운 적이 있었다. 램지는 레일리 경과 함께 비활성 기체인 아르곤을 발견한 화학자였다. 그는 아르곤 외에 네온과 크립톤 같은 비활성 기체도 발견했다. 소디는 토륨에서 나오는 방사성 기체가 아르곤과 같은 비활성 기체라고 추측했다.

러더퍼드는 토륨에 열을 가해도 방출되는 방사선의 양에 변화가 없다는 것을 확인했다. 여기서 방출되는 방사선은 토륨이 화학적으로 변해서 생기는 게 아니었다. 그것은 원소의 본원적 성질로 원자 깊숙한 곳에서 나온다는 것을 암시했다.

토륨에서 나오는 방사선 기체는 실제 아르곤과 같은 비활성 기체였다. 두 사람이 찾아낸 물질은 라돈이었다. 이 발견은 오래전 연금술사들이 애타게 찾던 무엇이든 금으로 바꾸는 마법의 돌을 발견한 것에 비할 만한 일이었다. 화학자였던 소디는 토륨이 다른 물질로 변하는 현상을 '변환(transmutation)'이라고 불렀다. 하지만 러더퍼드는 그 말이 무척 싫었다. 그것은 예전 연금술사들이나 쓰던 말이었다. 물리학자였던 러더퍼드에게는 변환보다 '붕괴(disintegration)'라는 말이 더 나아 보였다. 그래서 소디와 함께 쓴 논문에서 붕괴라는 말로 이 현상을 설명했다. 하지만 실제로는 변환이라는 말이 보다 적절한 표현이다. 오늘날 핵이 다른 핵으로 바뀌는 것을 '핵변환'이라고 부르니, 결국 소디의 생각이 맞았던 셈이다.

베타선이 전자라는 것은 밝혀졌지만, 알파입자는 무거워서 어지간히 강한 전기장이나 자기장을 쪼여주지 않는 한 휘지 않았다. 러더퍼드는 운 좋게도 마리 퀴리에게 라듐을 소량 얻을 수 있었다. 여기서 나오는 방사선은 우라늄에서 나오는 것과는 비교가 되지 않을 정도로 강했다. 그는 라듐에서 나오는 방사선에 강한 전기장을 걸어 주었다. 아니나 다를까 알파선은 살짝 휘었다. 베타선과는 반대 방향이었다. 알파선은 베타선과 달리 양의 전하를 띠고 있었다. 그리고 이번에는 알파선에 강한 자기장을 걸어 주었는데, 전기장을 가했을 때와 마찬가지로 자기장에서도 알파선은 조금 휘었다. 러더퍼드는 전기장과 자기장에서 휘는 알파선을 보면서 하카 춤을 추고 싶을 정도로 기뻤다. 알파선의 정체에 한 발 더 가까이 다가간 것이었다. 러더퍼드는 알파선이 얼마나 휘는지 측정하면 알파입자의 질량을 어느 정도는 알아낼 수 있을 거라고 생각했다. 알파입자는 전자보다 훨씬 더 무거웠다. 헬륨은 수소 원자보다 적어도 두 배는 더 무거워 보였다. 러더퍼드는 알파입자가 헬륨이라고 추측했지만, 정확하게 확인하려면 알파선의 화학적인 성질도 알아야 했다. 알파입자가 헬륨이라는 사실은 러더퍼드가 맨체스터 대학으로 간 후에 토머스 로이즈와 최종적으로 확인한다.

러더퍼드와 소디의 활발했던 공동 연구는 1903년 소디가 옥스퍼드로 돌아가면서 막을 내렸다. 맥길에서 두 사람은 훗날 핵물리학의 기반이 될 사실들을 많이 알아냈다. 방사성 물질들이 붕괴할 때는 아무렇게나 붕괴하지 않았다. 붕괴한 핵들의 족보를 추적하면 대략 네 집안으로 나눌 수 있었다. 조상이 라듐인 방사성 물질도 있었고, 할머니가 토륨이거나 우라늄 혹은 악티늄인 물질도 있었다.

러더퍼드와 소디는 방사성 물질의 족보를 어느 정도 정리할 수 있었다. 게다가 두 사람은 방사성 물질에서 나오는 에너지가 원자나 분자에서 나오는 것과는 비교할 수 없을 정도로 강하다는 사실도 알아냈다. 이런 사실은 퀴리 부부가 먼저 찾아냈지만, 러더퍼드와 소디는 좀더 정량적으로 방사선의 에너지를 측정할 수 있었다. 소디는 방사선 에너지의 위력이 엄청나다는 사실을 직감했다. 그는 십이 년 후인 1925년에 핵에너지가 부족한 에너지를 채우는 새로운 에너지원으로 쓰일 수 있지만 무기로 사용된다면 엄청난 위험을 초래할 것이라고 예언했다.

러더퍼드는 맥길에서 학생을 가르치면서 자신이 연구한 내용을 정리해 책으로 내겠다고 마음먹었다. 베크렐이 방사선을 발견한 이래 여러 사람들이 악티늄이나 라돈 같은 방사성 물질도 여럿 확인했고, 러더퍼드와 소디가 특정 원소가 방사선을 내놓고 다른 원소로 변하는 과정도 밝혀냈다. 러더퍼드는 1904년에 자신이 개척한 방사선 연구를 체계적으로 다듬어서 『방사능』을 출간했다. 책은 금방 다 팔렸고, 이듬해에 2판이 나왔다. 베크렐이 방사선을 발견한 지 팔 년 만의 일이었다. 방사선 연구는 러더퍼드라는 뛰어난 물리학자의 손에 의해 그토록 짧은 시간에 탄탄한 학문으로 자리 잡게 되었다. 이 책은 1913년에 독일어로 번역되었고, 방사선 연구를 하는 학자라면 반드시 읽어야 하는 책이 되었다. 러더퍼드는 방사선에 관한 연구를 인정받아 1903년에 영국 왕립학회의 회원이 되었고, 1904년에는 왕립학회에서 주는 럼퍼드 메달을 받았다.

◦ 맨체스터 대학으로

맨체스터, 지금은 축구팀 맨체스터 유나이티드로 유명하지만, 영국 중부에 자리 잡은 이곳은 18세기 산업 혁명의 탄생지였다. 19세기 초 맨체스터는 무명실을 만드는 목화 공장이 가득했고, 그 옆으로는 표백 공장과 염색 공장이 많이 생겨났다. 영국 각지에서 일자리를 찾는 사람들이 몰려들면서 도시는 급격하게 팽창했다. 18세기 중반에는 오언스 대학(Owens College)이 생겼다. 이 대학은 1880년에 연방 빅토리아 대학 소속이 되면서 맨체스터 대학으로 이름을 바꾸었다. 1874년 맨체스터 대학에서는 에드워드 랭워시라는 정치인이 남긴 돈으로 실험물리학 교수 자리를 하나 만들었다. 사람들은 그 자리를 랭워시 교수라고 불렀다. 1906년 랭워시 교수로 있던 아서 슈스터는 일찍 은퇴하고 책 쓰는 일에 집중하고 싶었다. 그는 자신의 뒤를 이을 적당한 사람을 찾고 있었다. 슈스터의 생각에는 러더퍼드가 그 자리에 딱 맞는 사람이었다.

1906년 9월 러더퍼드는 맨체스터에서 온 편지 한 통을 받았다. 맨체스터 대학의 아서 슈스터가 보낸 편지였다. 자신이 은퇴한 후 랭워시 교수가 되면 어떻겠냐는 제안이었다. 러더퍼드는 이미 맥길에 자리를 잡은 상태였지만, 영국은 당시 실험물리학의 메카였고, 지도교수 톰슨이 있는데다, 자신이 방사선 연구를 시작한 곳이기도 했다. 게다가 맨체스터 대학에서 제안한 월급은 맥길 대학보다 훨씬 더 많았고 그곳 실험실의 시설도 마음에 들었다. 무엇보다 맨체스터에는 강력한 전자석이 있다는 사실에 많이 끌렸다. 사실 러더퍼드는 미국의 컬럼비아 대학과 예일 대학에서도 교수로 와줄 수 있는지 연락을 받았지만 모두 사양을 했었다. 그런데 맨체스터 대학의 제안은 거절하기에는 너무 매력적이었다.

1907년 가을 러더퍼드는 정들었던 몬트리올을 떠나 영국으로 돌아왔다. 몇 년 전 캐나다로 떠날 때와는 달리 이제는 방사선 연구로 세계적인 명성을 얻은 학자가 되어 있었다. 그러나 그게 끝이 아니었다. 러더퍼드는 아직 자신의 능력을 절반도 보여 주지 않았다. 그는 맨체스터에 와서야 20세기의 가장 위대한 실험물리학자로 자리매김하게 된다. 그리고 이곳에서 십 년 넘게 머물면서 그는 핵물리학이라는 새로운 분야를 연다.

◦ 한스 가이거와 알파입자

한스 가이거는 독일 남부의 작은 도시 노이슈타트 출신이었다. 아버지가 에를랑엔 대학의 교수여서, 그곳에서 공부를 시작해 1906년에 박사 학위를 받았다. 그 후 맨체스터 대학으로 건너가 슈스터 교수와 연구하고 있었다. 1907년에 슈스터가 은퇴한 후에는 그의 뒤를 이어 맨체스터로 온 러더퍼드와 연구하게 되었다. 러더퍼드가 맨체스터에 도착했을 때 그에게 실험실을 보여 주며 여러 장치에 대해 설명한 사람도 가이거였다. 이 날은 두 사람의 오랜 우정이 시작되는 날이었다.

가이거는 실험 장치를 잘 만들었는데, 1908년에 러더퍼드와 만든 가이거 계수기는 발전을 거듭해 1928년에 제자인 발터 뮐러와 함께 만든 가이거-뮐러 계수기로 완성됐다. 가이거-뮐러 계수기는 정밀하면서도 휴대가 간편해 오늘날에도 방사선을 측정하는 데 쓰이고 있다. 그는 성격은 온화했지만 고분고분하지 않았고, 독일 사람답게 어딘지 모르게 차가운 구석이 있었다. 게다가 그는 실험을 한번 시작하면 집요하고 억척스러웠다. 러더퍼드는 그런 가이거의 능력을 눈여겨봤다. 그리고 가이거에게 괜찮다면 맨체스터에 계속 머물렀으면 좋겠다고 부탁했다. 가이거도 러더퍼드와 지내며 그가 과학자로서 명성도 높지만 성품까지 훌륭하다는 것을 알고는 맨체스터에 더 머물겠다고 말했다.

러더퍼드와 가이거가 가장 먼저 한 것은 알파입자의 수를 세는 일이었다. 러더퍼드는 맥길에서 1그램의 라듐에서 1초 동안 나오는 알파입자의 수가 대략 수백억 개 정도 된다는 걸 알아냈다. 이번에는 가이거와 라듐에서 나오는 입자를 세어보기로 했다. 이렇게 알파입자를 다 세면, 알파입자가 띠고 있는 전하수가 전자의 두 배가 된다는 사실을 입증할 수 있고, 알파입자가 바로 헬륨 원자라는 사실을 명확하게 확인할 수 있었다.

러더퍼드와 가이거는 알파입자의 수를 세려고 먼저 얇은 유리에 황화아연으로 만든 형광판을 붙여 스크린을 만들었다. 라듐에서 튀어나오는 알파입자가 스크린에 부딪히면 불꽃이 반짝 일었다. 가이거는 현미경으로 황화아연 형광판에서 나오는 불빛을 관찰했다. 두 사람이 알파입자를 세기 위해 만든 장치는 오늘날 섬광 계수기의 원조인 셈이었다. 요즘은 컴퓨터가 불꽃을 계수하지만, 러더퍼드와 가이거는 맨눈으로 불꽃을 보고 하나씩 기록해야 했다. 단순한 일이지만, 눈이 쉬이 피로해지는 작업이었다. 삼십 분마다 한 번씩 쉬어야 했다. 가이거는 쉬면서 아주 진한 커피를 마셨다. 그는 진한 커피를 마시면 형광판에 불꽃이 이는 걸 좀 더 잘 관찰할 수 있다고 말했다. 러더퍼드는 가이거의 연구실에 한 번씩 들어와 뚫어져라 알파입자를 세고 있는 가이거에게 우렁찬 목소리로 한 마디 툭 던지곤 했다.

"자네도 대단해. 난 자네를 알파입자를 세는 악마라고 부르고 싶을 지경이라니까. 하하하!"

가이거는 현미경에서 눈을 떼고는 러더퍼드를 보며 이렇게 대꾸했다.

"그럼, 당신은 악마를 부려먹는 대장 악마일 겁니다."

둘은 서로를 쳐다보며 활짝 웃었다.

가이거는 일단 실험을 시작하면 지칠 줄 몰랐다. 한번은 그렇게 열심히 일하는 가이거를 보고 러더퍼드가 말했다.

"자네는 정말 노예처럼 일하는군."

러더퍼드와 평생 좋은 관계를 유지했던 가이거는 훗날 러더퍼드의 제자가 독일에 왔다가 수용소에 갇혔을 때 그를 도와주게 된다.

가이거와 러더퍼드, 두 사람은 마침내 1그램의 라듐에서 1초에 나오는 알파입자의 수가 340억 개 정도 된다는 것을 알아냈다. 알파입자의 전하가 수소 원자핵의 두 배라는 사실도 밝혀냈다. 두 사람은 원래 사용하던 검전기를 이용해서 알파입자의 전하와 성질을 다시 측정했는데 역시 같은 결과를 얻었다. 이를 토대로 라듐의 반감기가 1760년 정도 된다는 것을 확인했다. 오늘날 가장 일반적인 라듐-226의 반감기가 1600년이라고 알려져 있으니, 두 사람이 얻은 결과는 이 값에 꽤 근접한 편이었다.

러더퍼드는 지도교수인 톰슨이 1906년 노벨 물리학상을 받자 다음 차례는 자신이 받을 것이라고 믿었다. 하지만 1907년 노벨 물리학상은 미국의 앨버트 마이컬슨에게 돌아갔다. 러더퍼드는 그런 일에 실망할 사람은 아니었다. 그리고 이듬해에 스톡홀름에서 연락이 왔다. 러더퍼드가 1908년 노벨 화학상을 받게 되었다는 소식이었다. 러더퍼드는 실망하며 혼잣말로 중얼거렸다.

'물리학자에게 화학상이라니!'

러더퍼드는 물리학만이 과학이고 나머지는 우표 수집 같은 일에 불과하다고 여겼다. 노벨상 수상식이 끝나고 열린 축하연에서 러더퍼드는 이렇게 말했다.

"나는 오랫동안 다양한 변환을 다뤄왔지만, 가장 빠른 변환은 내가 물리학자에서 화학자로 바뀐 것입니다."

그가 노벨 화학상을 받은 이유로 노벨상 위원회에서는 "원소의 붕괴와 방사성 물질의 화학에 관한 연구"를 꼽았다. 그는 맥길에서 소디와 한 연구로 노벨 화학상을 받은 것이었다. 러더퍼드와 함께 연구했던 프레데릭 소디는 1921년에 노벨 화학상을 받았다.

러더퍼드는 이제 방사선 연구에 관한 한 세계에서 가장 뛰어난 화학자, 아니 물리학자로 인정받았다. 그러나 이건 그야말로 시작에 불과했다.

◦ 원자핵의 발견

러더퍼드는 원래 원자가 어떻게 생겼는지에 그다지 관심이 없었다. 이미 톰슨이 내놓은 원자 모형, 그러니까 푸딩처럼 생긴 공 모양의 원자에 양전하가 고르게 퍼져 있고, 전자가 양전하의 수와 같게 자두처럼 띄엄띄엄 박혀 있다는 '자두 푸딩 모형(plum-pudding model)'을 러더퍼드도 믿고 있었다. 과학자들이 손에 쥐고 있는 기본입자는 아직 전자밖에 없었다.

하지만 당시에 원자 모형이 톰슨의 자두푸딩 모형만 있었던 것은 아니었다. 프랑스의 장 페랭은 러더퍼드가 자신의 원자 모형을 내놓기 훨씬 전인 1901년에 벌써 원자는 태양계처럼 양전하를 띤 무언가가 중심에 있고 그 주위를 음전하를 띤 입자가 돌고 있다는 모형을 제안했다. 페랭이 이런 모형을 고안한 것은 당시 한창 측정되고 있던 원자 스펙트럼을 이론적으로 설명하고 싶어서였다. 1904년에는 일본 도쿄 대학의 나가오카 한타로가 토성의 모양에서 영감을 받아 원자의 스펙트럼을 설명하는 모형을 하나 내놓았다. 그의 원자는 토성을 닮았다. 양전하는 토성처럼 가운데에 있고 음전하가 토성의 띠처럼 양전하를 둘러싸고 있는 모형이었다. 그가 중앙에 있다고 한 양전하의 크기는 나중에 나올 러더퍼드 원자 모형의 원자핵보다 훨씬 컸다. 하지만 이 모형들 모두 안정된 수소 원자를 제대로 설명하지 못했다.

자연은 아무도 생각하지 못한 곳에서 자기 모습을 슬쩍 내보였다. 1906년 러더퍼드가 맥길에 있을 때 알파입자가 물질 속에서 멈추지 않고 얼마나 갈 수 있는지 살펴본 적이 있었다. 그 실험에서 조금 이상한 점이 눈에 띄었다. 알파입자가 물질을 통과하며 약간 휘는 것이었다. 러더퍼드는 역시 뛰어난 과학자였다. 작은 현상 하나도 그냥 지나치는 법이 없었다. 그는 1907년에 맨체스터로 와서 앞으로 무엇을 연구할 것인지 목록을 작성했는데, 그 중에는 알파입자의 산란 문제도 있었다.

하루는 가이거가 러더퍼드를 찾아왔다.

"어니, 이번에 들어온 젊은 친구 어니스트 마스덴에게 맡길 만한 주제가 뭐 없을까요?"

마스덴은 이제 갓 스물을 넘긴 맨체스터 출신의 대학생이었다. 그는 다른 학생들과 달리 농담도 잘하고 웃기도 잘 웃는 쾌활한 학생이었다. 러더퍼드는 잠시 생각하더니 가이거에게 말했다.

"흠……. 얇은 금박에 알파선을 한번 쏴서 무슨 일이 일어나는지 알아보면 어떨까?"

이 실험은 작년에 가이거가 했던 실험이었다. 그때도 러더퍼드나 가이거 모두 알파입자가 살짝 휘는 게 좀 이상하다고 생각했다. 러더퍼드가 말한 대로 가이거와 마스덴은 실험 장치를 설치하고 금박에 알파선을 쪼여줬다. 정작 러더퍼드는 이 실험에서 그다지 새로운 게 나올 거라고 생각하지 않았다. 하지만 며칠 지나지 않아 가이거가 흥분해서 찾아왔다.

"알파입자를 금박에 때려 주었더니 이상한 일이 일어났어요."

"뭐가 이상하다는 거지?"

"알파입자를 금박에 8000개 정도 쏴주면 그중 1개 정도가 도로 튀어나와요."

"도로 튀어나와? 그건 말이 안 돼. 그 말은 '종이에 대포를 쐈더니, 대포알이 튕겨 나왔다'는 말이잖아?"

러더퍼드의 말처럼 가이거와 마스덴이 얻은 실험 결과는 말이 안 되는 것이었다. 그들은 금 외에도 알루미늄, 철, 주석, 납으로 박막을 만들어 알파입자를 쏘는 실험을 했다. 두 사람은 무거운 금속일수록 되튀어 나오는 알파입자가 많다는 걸 관찰했다. 금속의 두께를 바꿔 가면서도 실험했다. 어느 경우에나 되튀어 나오는 알파입자가 있었다. 알파입자가 금속 안에 들어 있는 무언가와 부딪쳐서 도로 튀어 나오는 것이 분명했다. 도대체 원자 속에는 무엇이 들어 있는 걸까?

톰슨이 주장한 원자 모형이 맞는다면 이런 일은 도저히 일어날 수 없었다. 러더퍼드는 깊은 고민에 빠졌다. '가이거와 마스덴의 결과가 맞다면, 금박 깊숙한 곳에 무언가 딱딱한 것이 숨겨져 있는지도 몰라.'

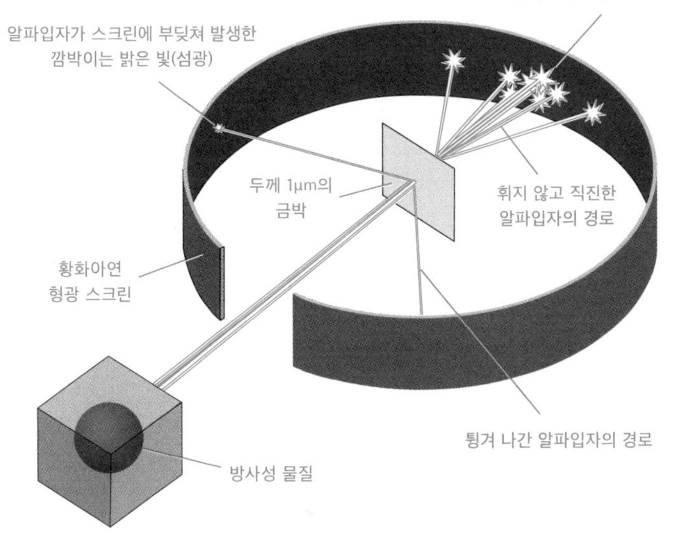

가이거와 마스덴의 알파입자 산란 실험

알파입자를 금박에 쏘고, 통과하거나 튕겨 나간 알파입자를 황화아연 스크린으로 관측했다.

러더퍼드는 실험물리학자였지만, 이 실험을 이해하려면 한동안 이론을 되짚어 봐야 했다. 그리고 자신이 옳다고 믿어왔던 톰슨의 모형을 과감하게 버려야 했다. 러더퍼드는 매일 알파입자와 금 원자 속에 들어 있는 그 무엇 사이에 어떤 일이 일어났는지 숙고했다. 그리고 이듬해에 드디어 알파입자가 금 원자 안에 있는 딱딱한 그 무엇과 어떻게 산란하는지 알아냈다. 1911년 어느 맑은 날, 러더퍼드는 연구실로 가서 마스덴을 보고 활짝 웃으며 큰 목소리로 말했다.

“이제 알파입자가 금박과 부딪쳐서 왜 되튀어 나오는지 알아냈어!”

그는 알파입자와 금박 안에 들어 있는 딱딱한 것 사이에 전기력만 고려해서 식을 하나 얻었는데, 그가 구한 식은 앞으로 러더퍼드 산란 공식이라는 이름으로 불리게 된다. 마스덴은 러더퍼드가 준 식을 써서 자신의 실험 결과와 비교해봤는데, 신기하게도 그 식이 자신의 실험을 잘 설명하는 것이었다.

1912년에 러더퍼드는 1904년에 출간한 《방사능》을 개정하면서 금박이나 다른 금속 안에 들어 있는 딱딱한 그 무엇을 핵(nucleus)이라고 불렀다. 드디어 원자의 모습이 세상에 드러나는 순간이었다. 원자는 더이상 쪼갤 수 없는 입자가 아니라 핵과 전자로 이루어진 입자였던 것이다.

러더퍼드는 자신의 산란 이론을 바탕으로 새로운 원자 모형을 내놓았다. 원자는 내부 중앙에 아주 작은 핵이 자리 잡고 있고 그 주위를 전자가 빙빙 도는 것이라고 설명했다. 러더퍼드는 핵의 크기가 원자보다 적어도 수만 배는 작아야 한다는 사실도 알아냈다. 핵은 원자 질량의 대부분을 차지했다. 지구가 태양 주위를 돌 듯이 전자도 핵 주위를 가볍게 돌았다. 이 모형은 페랭이나 나가오카가 세운 모형과 비슷했지만, 실험에 바탕을 두고 있어서 훨씬 더 현실적이고 실험과도 잘 맞았다.

러더퍼드의 모형에도 페랭의 모형처럼 심각한 결함이 있었다. 전자가 핵 주변을 돌려면 가속을 해야 하는데, 가속하는 전자는 전자기파를 내놓으며 에너지를 잃어 핵 속으로 떨어질 수밖에 없었다. 당시에 어느 정도 알려진 원자의 크기도 러더퍼드의 원자 모형으로는 설명할 수 없었다. 러더퍼드는 원자의 안정성과 크기 문제에 그다지 신경 쓰지 않았다.

1912년 8월 16일, 러더퍼드는《필로소피컬 매거진(Philosophical Magazine)》에 발표한 논문에서 원자 내부에 아주 작은 공간을 차지하고 있는 딱딱한 존재에 정식 이름을 지어줬다. 그 이름은 '핵'이었다. 라틴어로 씨앗을 뜻하기도 하고, 호두처럼 딱딱한 견과류를 가리키기도 했다. 이보다 이름을 잘 지을 수는 없었다.

러더퍼드의 원자 모형은 처음으로 원자의 모습을 제대로 그려냈지만, 그렇다고 문제가 없었던 것은 아니었다. 전자가 핵으로 추락하지 않고 핵 주위를 어떻게 끊임없이 돌 수 있는지, 그리고 전자는 핵 주위에 어떻게 배치되어 어떤 궤도로 도는지 러더퍼드의 모형은 답을 주지 않았다. 원자의 안정성과 크기 문제에 대한 정성적인 답은 이듬해에 덴마크 출신의 이론물리학자인 닐스 보어가 내놓는다. 그러나 이 문제가 완전히 해결되려면 양자역학이 나올 때까지 기다려야 했다.

가이거와 마스덴이 발견하고 러더퍼드가 이름을 붙인 원자핵과 보어의 원자 모형은 원자 안으로 들어가는 문을 열어 주었다. 앞으로 맞춰나가야 할 퍼즐의 한 조각을 찾은 것이었다. 보어의 친구 찰스 다윈*은 수소 원자나 헬륨 원자에 있는 핵의 크기가 기껏해야 수조 분의 일 센티미터에 불과하다는 사실을 알아냈다. 1914년까지만 해도 러더퍼드는 원자핵을 양전하를 띤 전자라고 불렀다. 그는 이 입자를 H-입자라고 부르기도 했다. 그해 2월에 러더퍼드는 헬륨 핵은 H-입자 네 개와 전자 두 개로 이루어진 입자라고 제안했다. 헬륨 핵은 수소 핵보다 네 배나 무거웠기 때문에 러더퍼드의 제안은 의미 있어 보였다.

그때만 해도 자연에 존재하는 힘은 중력과 전자기력만 있다고 알고 있었을 때였으니, 핵 안에 H-입자 외에 다른 입자가 있을 거라고는 생각할 수 없었다. 그런데 전하가 같은 H-입자가 한데 묶여 있으려면 뭔가 다른 게 필요하다고 몇몇 사람들이 생각하고 있었다. 뮌헨 대학의 아르놀트 조머펠트는 원자와 마찬가지로 핵에서도 양자역학이 작동할 것이라는 말을 했는데, 역시 그의 생각은 옳았다.

그러는 사이에 맥길에서 러더퍼드와 함께 일했던 프레더릭 소디는 1913년에 같은 원소 중에서 전하량은 같지만 원자량이 다른 원

* Charles Galton Darwin. 진화론을 수립한 찰스 다윈(Charles Robert Darwin)의 손자.

소를 동위원소(isotope)라고 부르기 시작했다. '동위(同位)'라는 말처럼 동위원소는 같은 위치에 있는 원소를 뜻했다. 주기율표에서 같은 위치에 있는 원소지만, 원자량이 서로 다른 원소가 동위원소다. 수소를 예로 들면, 수소 원자는 양성자가 하나 있고 전자가 하나 있지만, 중수소는 양성자와 중성자가 각각 하나씩 있고 전자가 하나 있다. 삼중수소는 양성자 하나에 중성자가 두 개 있고 전자는 여전히 한 개가 있다. 핵의 전하는 양성자가 결정하므로 이 세 원소는 주기율표에서 같은 자리를 차지하고 있고 화학적으로도 같은 특성을 보이지만, 세 원소의 원자량은 서로 다르다. 소디는 이런 원소를 동위원소라고 불렀다. 동위원소들 대부분은 불안정하다. 수소와 중수소는 안정적이지만, 삼중수소는 반감기가 12.3년으로, 베타선을 내놓으며 헬륨의 동위원소인 헬륨-3으로 붕괴한다.

1917년에 러더퍼드는 알파입자가 공기 중 질소와 충돌해 수소 핵인 H-입자가 튀어나오는 것을 관찰했다. 러더퍼드는 1816년 윌리엄 프라우트가 주장했듯이 모든 원소의 원자량은 수소 원자량의 정수배로 나타낼 수 있을지도 모른다고 생각했다. 그리고 1920년 8월 24일, 영국 카디프에서 열린 학회에서 H-입자에 새 이름을 지어주었다. 그 이름은 양성자(proton)였다. 프로톤은 헬라어(고대 그리스어)로 첫 번째 혹은 일등을 뜻했다. 그 이름은 프라우트가 한때 사용했던 프로타일(protyle)을 뜻하기도 했고, 또 프라우트에 대한 존경의 의미도 들어 있었다. 1920년에 이르러 과학자들은 세상을 이루고 있는 입자 두 개를 찾아냈다. 그것은 전자와 양성자였다. 이제 원자 속으로 들어가는 문을 찾았고, 열쇠 두 개를 손에 넣었다. 하지만 핵이 무엇인지 알아내려면 가야 할 길은 여전히 많이 남아 있었다.

NUCLEAR
FORCE

3

물리학자,
하늘을 보다

우리가 이번 실험에서 얻은 관찰 결과는 투과 능력이 매우 강한 방사선이
대기권 바깥에서 들어온다는 가설로 가장 잘 설명할 수 있었다.

— 빅토르 헤스

빅토르 헤스(가운데)가 우주선을 측정할 기구를 시험하고 있다. 1911년경.
(VF Hess Society, Schloss Pöllau/Austria)

빅토르 헤스에게 그라츠는 고향이나 다름 없었다. 햇빛을 받아 베이지색이 도드라진 대학 본관 건물을 보며 잠시 감상에 빠졌다. 이제 빈으로 떠날 텐데 그전에 정든 그라츠를 한번 돌아보고 싶었다. 본관 옆 물리연구소를 지나 오른쪽 길로 걸어 나오자, 저 멀리 쉴로스베르크크산이 눈에 들어왔다. 산 정상 아래 시계탑은 쉴로스베르크크를 지키는 산지기처럼 묵묵히 서 있었다. 그는 고개를 들어 하늘을 쳐다보았다. 가을 하늘은 깨질 듯 파랗게 산 위에 펼쳐져 있었다. 그의 마음속에는 풀리지 않는 의문이 하나 있었다. 헤스는 그라츠 시내를 지나 쉴로스베르크크산으로 나 있는 길을 따라 걸으며 속으로 생각했다.

'불프의 실험도 그렇고, 고켈의 측정도 그렇고, 뭔가 찜찜해.'

며칠 전에 읽었던 불프와 고켈의 실험 결과를 떠올렸다.

'그래도 불프의 시도는 훌륭했어.'

쉴로스베르크크산 중턱을 지날 때 헤스는 몇 년 전에 읽었던 논문 한 편이 문득 떠올랐다. 그것은 엘스터와 가이텔이 쓴 논문이었다.

◦ 공기는 전기를 띠고 있다

그리스 신화에 나오는 카스토르와 폴리데우케스. 사이가 무척 좋았던 이들은 함께 죽어 하늘의 별이 되었다. 제미니(Gemini)라고도 부르는 쌍둥이자리가 바로 이들의 별자리다. 이들은 돛대에 파랗게 이는 '세인트 엘모의 불'로 나타난다고 하여 뱃사람들의 수호신이기도 했다. 이 불은 천둥 번개를 동반한 비가 올 때, 공기 중의 전기가 방전되어 나타나는 현상이었다. 과학자들 중에 이들 카스트로와 폴리데우케스를 닮은 두 사람이 있었다. 율리우스 엘스터와 한스 가이텔이 바로 그들이었다. 엘스터와 가이텔은 사십 년 넘게 쌍둥이처럼 공기 중의 전기 현상을 연구했다. 서로 집이 가까워 이 둘은 어릴 적부터 친하게 지냈다. 나이가 들수록 두 사람 사이는 더 각별했는데 둘 사이를 이어준 것은 물리학이었다.

엘스터와 가이텔은 1875년에 김나지움을 졸업하고 하이델베르크 대학에 함께 입학했다. 전공은 물리학과 수학이었다. 두 사람은 얼마 안 있어 구스타프 키르히호프와 헤르만 폰 헬름홀츠, 수학자인 카를 바이어슈트라스에게 배우려고 베를린 대학으로 옮겼다. 1878년에 엘스터와 가이텔은 잠시 떨어지게 되는데, 엘스터는 하이델베르크 대학으로 돌아가 박사 과정에 진학하고, 가이텔은 어머니가 사는 브라운슈바이크의 김나지움에서 물리학과 수학, 화학을 가르치는 교사가 되었다. 일 년 후에는 브라운슈바이크 인근의 볼펜뷔텔의 김나지움에서 학생들을 가르쳤다. 박사 학위를 마친 엘스터는 대학에 남을 수 있었지만 친구 가이텔이 보고 싶었다. 가이텔도 마찬가지였다. 엘스터는 1881년 4월에 가이텔이 근무하는 김나지움의 교사가 되었다. 가이텔은 엘스터가 무척 반가웠다. 이 년 만에 다시 만난 두 사람은 같은 곳에서 지내게 됐지만, 떨어져 있던 이 년은 두 사람에게 참 오랜 시간이었다.

엘스터는 1886년 4월에 은행장의 딸과 결혼했다. 엘스터 부부는 돈이 제법 넉넉해서 정원이 딸린 큰 집을 지어 이사했다. 엘스터는 가이텔에게 자기 집에서 같이 살면서 연구하자고 제안했다. 가이텔은 두말없이 "그러자"고 답했다. 그 집에서 두 사람은 같이 살면서, 엘스터가 죽는 날까지 평생을 함께 연구했다. 가이텔은 엘스터가 죽고 나서 이 년 뒤에 사촌과 결혼했다. 하지만 가이텔도 일 년 뒤 엘스터를 따라 세상을 떠났다.

엘스터와 가이텔은 관심사가 다양해서 이것저것 많은 실험을 했다. 처음에 두 사람의 관심을 끈 것은 대기 중에 있는 공기가 전기를 띠고 있다는 사실이었다. 그때까지만 해도 공기가 전기를 띠는 것은 지구 자체가 음전하를 띠고 있어 음전하가 공기 중으로 들어갔기 때문이라고 생각하고 있었다. 그러나 대기 중에는 양전하도 있었다. 두 사람은 공기 중의 전기를 연구하면서 지구 토양에서 나오는 방사선이 공기를 대전시켜 전하를 띠게 한다는 것을 알아냈다. 토양에서 나오는 방사선은 라듐이 붕괴하면서 내놓는 라돈 기체에서 나오는 것이었다. 이 연구는 훗날 우주선(cosmic rays) 연구를 촉발했다는 점에서 무척 중요했다.

엘스터와 가이텔이 실험에서 보인 것처럼, 지각의 토양과 암석에서 나오는 방사선에 의해 대기가 전기를 띤다면, 하늘 높이 올라갈수록 공기 속 전기의 양은 당연히 줄어들 것이었다. 1909년에 엘스터와 가이텔의 제자였던 카를 베르크비츠가 기구를 타고 고도 1300미터까지 올라가 대기의 전리량을 측정했다. 예상대로 지상에서 측정한 양의 25퍼센트 밖에 되지 않았다. 그러나 실험에는 문제가 있었다. 비행 도중에 그가 사용한 검전기의 압력이 일정하게 유지되지 않아, 장비에 변형이 생겼기 때문이었다.

엘스터와 가이텔의 연구에는 독일의 예수교 신부이자 과학자였던 테오도르 불프도 관심을 보이고 있었다. 그는 18세기 말부터 알려져 있던 검전기를 이용해 대기의 전기 현상을 연구하고 있었다. 검전기는 물체의 전하량을 측정할 수 있었다. 금박 두 쪽을 전선에 연결하고 전선에 전기를 통하게 하면, 같은 전하로 대전된 금박이 서로 멀리 떨어졌다가 전하가 방전되면 다시 붙도록 고안되었다. 원리와 생김새는 간단했지만, 금박이 대전된 것을 눈으로 확인할 수 있었고, 정밀도는 낮았지만 공기 중의 전리량(ionization)도 측정할 수 있었다. 그에게는 궁금한 것이 하나 있었다. 토양에서 나오는 방사선이 공기를 대전시키는 것이라면 하늘로 높이 올라갈수록 공기 속에 있는 전기의 양이 줄어들지 않을까 하는 것이었다. 불프는 고도에 따라 공기 중의 전리량이 얼마나 줄어들지 계산을 해봤는데,

80미터만 올라가도 그 양이 절반으로 줄어들었다. 그는 정말 그런지 확인하고 싶었다.

불프는 1910년 3월 부활절에 휴가를 냈다. 파리 시내 구경도 하고 높은 곳에 올라가 실험도 할 겸 자기가 개발한 검전기 몇 개를 챙겨 파리행 기차를 탔다. 파리에 도착한 불프는 마차를 타고 센강에 갔다. 가는 길은 혼잡했다. 센강에 도착한 불프는 강 너머 높이 솟은 에펠탑을 보았다. 멀리서는 거무스름한 철근 덩어리에 불과했는데, 가까이서 본 에펠탑은 그야말로 압도적이었다. 에펠탑 아래 도착한 불프는 고개를 들어 탑을 올려다보았다. 정말 높았다. 그는 짐 속에서 검전기 하나를 꺼냈다. 숨을 크게 한 번 내쉬고는 계단을 천천히 오르기 시작했다. 계단은 사각으로 돌며 에펠탑 꼭대기까지 뻗어 있었다. 계단의 방향이 꺾일 때마다 불프는 멈춰 서서 전리량을 측정하고 노트에 값을 기록했다. 잠깐 한눈을 팔아도 방전되는 전리량을 측정하느라 에펠탑 꼭대기까지 오르는 데는 시간이 제법 걸렸다.

그는 정상에서 노트에 적힌 숫자를 살펴보았다. 숫자가 좀 이상했다. 에펠탑 꼭대기는 지상에서 330미터 높이였다. 예상대로 공기 중 전리량은 에펠탑 위로 올라갈수록 줄어들었다. 그런데 자신이 계산했던 예측과는 달랐다. 그는 에펠탑을 오르기 전에 공기가 이온화되는 정도가 세제곱센티미터당 6개 정도가 되는 걸 확인했다. 그리고 80미터 정도 올라가면, 이 값이 절반으로 줄어들 것으로 예상했지만, 330미터나 되는 에펠탑 꼭대기에 이르러서야 그 값이 절반 가까이로 줄었다. 불프는 조금 당황했다. '지상에서 이렇게 많이 떨어진 곳에도 전기를 띠는 이온들이 이렇게나 많다니! 그럼 공기를 전리시키는 방사선이 지각말고 다른 곳에서도 오는 게 아닐까?' 하지만 결론을 내리기에는 측정값이 너무 적었다.

일 년 전인 1909년에 오스트리아의 잘츠부르크에서 학회가 열렸다. 프라이부르크 대학의 알베르트 고켈은 학회의 여러 주제 중에 "무엇이 공기에 전기를 띠게 하는가"에 특별히 관심이 갔다. 그 질문은 "대기에 전기를 띠게 하는 방사선은 어디에서 오는가"라는 질문과 같은 것이었다. 학회에서 고켈은 불프와 만나 이 질문을 놓고 열띤 토론을 벌였다. 그해 12월, 독일 브라운슈바이크에서 국제 기구 주간(International Balloon Week)이라는 행사가 열렸다. 기상학을 전공한 고켈은 12월 11일에 다른 기상학자 한 명과 기구를 조종할 공군 장교기체와 함께 열기구를 타고 4500미터 상공까지 올라갔다. 비행은 네 시간이 걸렸다. 고켈은 불프가 개발한 검전기로 공기 중의 전리량을 측정했다. 지표에서 측정했을 때보다 높이 올라왔을 때 전리량은 확실히 적었다. 공기를 대전시키는 방사선이 높이 올라갈수록 적다고 할 수 있었다. 하지만 예상보다 많이 줄지는 않았다. 공기가 전기를 띠는 것이 지각에서 나오는 방사선 때문이라면 하늘로 올라갈수록 전리량이 급격히 줄어야 했다. 뭔가 이상했다. 지각에서 나오는 방사선 외에 공기를 대전시키는 다른 방사선이 있을 거라는 생각이 들었다. 그러나 고켈의 실험에는 결정적인 문제가 있었다. 검전기의 밀폐 상태가 좋지 않아 고도에 따라 검전기의 내부

압력이 달라진 탓이었다. 높이 올라갈수록 기압이 낮아져 검전기의 공기가 바깥으로 새나갔고, 그러면서 검전기 안에서 전하량에 따라 간격이 달라지는 필라멘트가 영향을 받았다. 고켈의 측정값은 결론을 내릴 만큼 정확하지 못했다.

쉴로스베르크산 정상에 오른 헤스의 눈에 그라츠의 상징인 시계탑이 들어왔다. 산 아래에서 보던 것과 달리 시계탑은 작게만 보였다. 헤스는 시계탑 쪽으로 걸어갔다. 그는 빈으로 돌아가기 전에 오랫동안 봐왔던 시계탑을 한 번 더 보고 싶었다. 시계탑까지 걸어가면서 헤스는 불프와 고켈의 실험을 생각했다.

'두 사람 모두 검전기에 문제가 있었던 게 틀림없어. 분명히 검전기가 완전히 밀폐되지 않았을 거야.'

헤스는 쉴로스베르크산 가파른 면으로 굽은 길을 따라 산 아래 광장으로 내려갔다. 그는 산에서 내려가며 곧 문을 열게 될 라듐 연구소에서 불프와 고켈이 했던 실험을 꼼꼼히 되짚어 보기로 마음먹었다.

◦ 프란츠 엑스너와 빈 라듐 연구소

프란츠 엑스너는 20세기 오스트리아 물리학의 아버지라고 할 수 있다. 그는 1902년 빈 대학 제2 물리연구소의 소장이 되면서 학생들을 많이 길러냈다. 그에게 배운 제자들의 이름만 나열해도 엑스너가 얼마나 뛰어난 교육자였는지 알 수 있다. 브라운 운동을 이론적으로 설명한 마리안 스몰루호프스키, 양자역학의 기틀을 마련한 에르빈 슈뢰딩거, 방사선과 라듐 연구로 유명한 슈테판 마이어와 에곤 슈바이들러, 그리고 우주선을 발견한 빅토르 헤스가 있었다. 사람들은 엑스너에게 배운 과학자들을 "엑스너 서클"이라고 불렀다. 20세기 초 논리실증주의를 이끈 빈 학파(Wiener Kreis)를 본뜬 것이었다.

엑스너는 학문적으로도 뛰어났지만, 무엇보다 앞날을 내다볼 줄 아는 물리학자였다. 폴로늄과 라듐은 퀴리 부부가 발견했지만, 두 사람이 새로운 방사성 물질을 발견할 수 있었던 것은 프란츠 엑스너의 도움이 컸다. 앞에서도 이야기했지만, 피에르 퀴리가 빈 과학원 원장인 에두아르트 쥐스에게 요하임슈탈에 버려져 있는 피치블렌드를 가져다 사용할 수 있겠느냐고 물었을 때, 퀴리를 도와주어야 한다고 추천한 사람이 바로 엑스너였다. 그 덕에 퀴리 부부는 폴로늄과 라듐을 발견할 수 있었고, 감사의 표시로 빈 과학원에 자신들이 정제한 라듐의 일부를 보내 주었다. 퀴리가 보내준 라듐 외에도 엑스너의 제자인 슈테판 마이어가 독일의 프리드리히 기젤에게서도 라듐을 얻었는데, 이 라듐을 이용해 오스트리아의 물리학자들도 방사선 연구에 뛰어들 수 있었다.

슈테판 마이어와 에곤 슈바이들러는 이때 얻은 라듐으로 알파선과 베타선을 자기장에서 휘게 하는 실험을 수행했다. 엑스너는 이제 막 생겨난 방사선 연구가 매우 중요한 학문이 되리라고 예상했다. 그래서 마이어를 비롯한 여러 사람들이 희토류 금속을 연구하는 카를 아우어 폰 벨스바흐의 공장에서 라듐을 추출할 수 있게 주선하기도 했다. 그때 추출한 라듐 중 일부는 러더퍼드에게도 보내졌다. 가이거와 마스덴은 이때 받은 라듐을 알파입자의 소스로 사용해서 핵을 발견하는 실험을 했으니 러더퍼드는 오스트리아 과학자들에게 빚을 진 셈이었다. 그리고 제1차 세계 대전이 끝나고 오스트리아 과학자들이 다시 연구할 수 있도록 힘써 도운 사람이 바로 러더퍼드였다. 엑스너는 정말 먼 미래를 내다보고 일을 추진했던 것이다.

엑스너가 한 일 중 가장 위대한 일은 빈에 라듐 연구소를 세운 일이었다. 엑스너는 빈 과학원에 오스트리아에도 라듐을 연구하는 연구소가 하나쯤 있어야 한다고 제안했다. 문제는 연구소를 지을 돈이었는데, 다행히 사업가인 카를 쿠펠비저가 거금을 기부했다. 1910년 10월 28일에 라듐 연구소가 문을 열었다. 초대 소장은 엑스너였다. 연구소는 그 당시 최신 장비를 갖추고 있었다. 엑스선과 방사선을 연구할 수 있는 검출기와 성능이 뛰어난 현미경이 있었고, 탄탄한 전기 시설도 갖추고 있어서 강한 전자석도 돌릴 수 있었다.

빈의 라듐 연구소는 오스트리아의 젊은 학자들이 모이는 연구 중심지로 급부상했다. 슈테판 마이어는 방사선 연구를 주도하면서 탁월한 젊은 학자들을 이곳으로 불러 들였다. 빅토르 헤스도 그중 한 명이었다.

◦ 빅토르 헤스

빅토르 프란츠 헤스는 1883년 6월 24일 오스트리아의 슈타이어마르크 지방에서 태어났다. 그곳의 중심 도시는 그라츠였다. 헤스는 고등학교에서 대학까지 모두 그라츠에서 다녔다. 그라츠 대학은 볼츠만이 오랫동안 교수로 지낸 곳이기도 했으니, 그곳에는 빈과는 또 다른 학문의 전통이 있었다. 헤스는 1910년 6월에 그라츠 대학에서 레오폴트 파운들러의 지도로 박사 학위를 받았다. 학위 후에 베를린의 파울 드루데 교수 밑에서 연구할 요량으로 연구비까지 따놓았는데, 그해 7월 비보가 전해졌다. 드루데 교수가 자살을 한 것이었다. 헤스는 큰 충격을 받았고, 새로운 곳에서 연구할 계획도 틀어지고 말았다.

지도교수였던 파운들러는 헤스에게 빈 대학의 라듐 연구소에서 일할 수 있게 자리를 주선해 주었다. 그곳에서 헤스는 프란츠 엑스너의 지도를 받으며 슈바이들러와 연구를 시작할 수 있었다. 처음에는 라듐 방사선의 양이 온도에 따라 어떻게 변하는지 연구했고, 이후에는 엘스터와 가이텔이 다져 놓은 연구를 바탕으로 라듐에서 나오는 방사선이 공기를 어떻게 대전시키는지 살펴보았다. 헤스가 빈의 라듐 연구소에서 한 연구는 모두 다음 연구를 위한 전주곡이었다.

헤스는 그라츠에서 계속 품어 왔던 생각을 슈테판 마이어에게 이야기했다.

"교수님, 불프와 고켈이 틀렸을지도 모릅니다. 대기 중의 전리량을 정확히 측정해야만 고도에 따라 방사선이 정말로 줄어드는지 확실히 알 수 있습니다."

마이어는 헤스의 제안이 충분히 해볼 만하다고 생각했다. 헤스에게 실험을 진행할 수 있게 지원해 줄 테니 한번 연구해 보라고 말했다.

헤스는 우선 불프와 고켈이 사용한 검전기가 기압이 낮은 하늘 높은 곳에서 제대로 작동하지 않았을 거라고 추측했다. 그래서 그는 공기가 새지 않도록 검전기를 싸고 있는 케이스를 단단히 밀폐했다. 이것은 매우 중요한 작업이었다. 검전기를 완전히 밀폐해야 고도 상승에 따른 기압 변화에도 검전기 내 압력을 일정하게 유지할 수 있었다. 헤스는 라듐을 이용해서 테스트를 반복했다. 그는 스스로 만족할 때까지 끈질기게 정밀한 검전기 개발에 매달렸다. 신뢰할 만한 결과를 얻으려면 무엇보다 실험 장치의 성능이 우수해야 했다. 헤스는 몇 달에 걸쳐 공기 중 전리량을 큰 편차 없이 측정할 수 있는 검전기를 만들었다.

헤스는 하늘을 쳐다보며 중얼거렸다.

'이제 하늘로 올라가는 일만 남은 건가?'

헤스는 고켈처럼 자신이 개발한 검전기를 기구에 싣고 하늘로 올라가 방사선을 측정하기로 마음먹었다. 그러려면 먼저 열기구 비행에 익숙해져야 했다. 1912년 4월에는 열기구를 타고 2700미터 높이까지 올라갔다. 하지만 전리량은 지표에서 측정한 값보다 그리 낮지 않았다. 공기를 대전시키는 방사선이 지표 외에 다른 곳에서도 나올지 모른다는 확신이 더욱 강해졌다. 그 후에도 그는 여러 번 기구를 타고 하늘로 올라가 전리량을 측정했다. 지난 여섯 번의 측정 결과는 대부분이 지표에서 측정한 값보다 낮았거나 간혹 약간 높은 값이 나올 뿐이었다. 지표 외에 다른 방사선원이 있는 것 같았지만, 이 실험만으로는 결론을 내리기에 부족했다.

'불프와 고켈의 실험이 맞는 것 같기는 한데?'

만약 헤스가 여기서 실험을 멈췄더라면, 역사는 그를 기억하지 못했을지도 모른다. 하지만 헤스는 연구에 관해서는 정말이지 집요했다. 그는 좀 더 치밀하게 실험을 준비했다. 높이 올라갈수록 방사선이 더 많아지는지 아니면 더 적어지는지 결론을 내리려면, 헤스는 하늘로 더 높이 올라가야 했다. 당시 하늘 높이 올라가는 것은 정말 위험한 일이었다. 비행기가 1903년에 발명되었지만, 아직까지 하늘 높이 올라갈 수단은 기구밖에 없었다. 산소도 부족하고 낮은 기압을 견뎌낼 수단도 없는데다, 행여 돌풍이라도 불면 기구가 추락할 수도 있었다.

◦ 1912년 8월 7일

헤스는 짐을 챙겨 빈을 떠나 아우시히(현재 체코의 우스테츠키)에 도착했다. 그곳에 머물면서 타고 갈 기구와 실험 장비를 몇 번이고 확인했다. 무엇보다 안전하게 다녀와야 했다. 1912년 8월 7일, 날씨는 화창했다. 남풍만 약하게 불고 있었다. 이 정도 날씨면 생각했던 것보다 좀 더 높이 올라갈 수도 있을 것 같았다.

이번에는 제법 높이 올라가려고 열기구 대신 수소 기구를 준비했다. 다행히 아우시히 근처에는 수소를 생산하는 공장이 있었다. 수소가 새나가지 않도록 기구는 두꺼운 천으로 겹겹이 꿰매져 있었다. 동이 터왔다. 오전 6시 10분. 이제 떠날 시간이었다. 조종사는 이미 기구에 타서 떠날 채비를 하고 있었다. 기구에는 기상학자도 한 사람 타고 있었다. 헤스는 기구에 매달린 커다란 바구니 안에 들어갔다. 기구가 좌우로 크게 흔들렸다. 헤스는 밖을 내다보며 그 자리에 와준 동료들을 보며 손을 흔들고 멋쩍게 웃었다. 그는 몹시 떨렸다. 이번에는 아주 높이 올라가겠다고 마음먹었기 때문일까? 그는 큰소리로 조종사에게 말했다.

"자, 올라갑시다!"

조종사가 기구를 붙잡아 둔 밧줄을 풀어 밖으로 던지자, 기구가 둥실 떠올랐다. 열기구와 달리 수소 기구는 빠른 속도로 하늘 위로 올라갔다. 땅 위에서 손을 흔드는 사람들의 모습이 금세 작아져 보이지 않았다. 저 너머로 독일 국경이 보였다. 아침 햇살에 모습을 드러낸 독일의 산악은 장관이었다. 헤스는 가슴이 벅차 두려움도 잊었다.

'얼마나 오랫동안 준비한 비행인가!'

한여름이었지만 기구가 올라갈수록 바깥 공기가 싸늘했다. 바람도 세게 불었다. 그때마다 기구는 한 번씩 심하게 요동쳤다.

기구가 하늘로 솟는 동안, 헤스는 측정값을 부지런히 노트에 적어갔다. 손이 시렸다. 300에서 500미터에서는 15.4, 500에서 1000미터에서는 15.6, 3000에서 4000미터에서는 19.8, 4000에서 5000미터 사이에서는 34.4! 기구가 높이 올라가면 올라갈수록 검전기에서 검출되는 전리량이 급격하게 늘어났다. 헤스는 등에 소름이 돋았다.

'이럴 수가! 높이 올라갈수록 이온의 수가 많아지다니!'

바깥 공기가 차가웠지만, 헤스는 얼굴이 후끈 달아오를 정도로 흥분했다. 그는 상기된 표정으로 조종사를 쳐다보았다.

"정말 놀랍지 않아요?"

조종사는 바람 소리 때문에 헤스의 말이 잘 들리지 않았지만 고개를 끄덕이며 싱긋 웃었다.

헤스는 마음속으로 되물었다. '도대체 무슨 일이 일어나고 있는 거지? 아니, 하늘 높이 올라갈수록 이 수치가 왜 이렇게 커지는 거야?'

헤스는 검전기의 측정값을 교차 검증하려고 검전기를 두 개 더 가지고 올라갔다. 다른 검전기의 측정값도 살펴보았다. 두 번째와 세 번째 검전기도 측정값은 달랐지만, 그 값이 증가하는 추세는 비슷했다. 의심의 여지가 없었다. 대기 중 전하를 띤 이온의 수가 높이 올라가면 올라갈수록 급격하게 증가하고 있었다.

헤스는 오전 10시 45분에 5350미터 상공에 도달했다. 햇빛이 눈부셨다. 조금만 움직여도 숨이 찼다. 조종사가 헤스에게 말했다.

"더 높이 올라가면 위험합니다. 우린 이미 너무 높이 올라왔어요."

헤스는 무척 아쉬웠다. 그는 기구 바깥으로 머리를 내밀어 하늘을 올려다보았다. 바람이 칼날처럼 헤스의 뺨을 후비며 지나갔다. 이미 기구는 바람에 휩쓸려 북쪽으로 향하고 있었다.

헤스가 탄 기구는 북쪽으로 200킬로미터 이상 날아가, 베를린에서 동남쪽으로 50킬로미터 떨어진 피스코프 평원에 사뿐히 내려앉았다. 기구가 땅에 안착하자, 내려오는 걸 보고 있던 농부와 아이들이 기구 근처로 모여들었다. 헤스는 기구에 매달린 바구니에 기대 다가오는 사람들을 쳐다보며 활짝 웃었다. 역사적인 발견이었다. 그가 본 것은 우주에서 소나기처럼 지구로 쏟아져 들어오는 방사선이었다.

◦ 베르너 콜회르스터의 검증

과학에서는 한 사람이 위대한 발견을 했다고 그에게 바로 찬사를 보내지 않는다. 다른 사람이 그 발견을 검증해야 비로소 위대한 발견으로 인정받는다. 헤스의 발견이 틀리지 않았다는 것을 보여준 사람이 있었다. 그는 독일의 베르너 콜회르스터였다. 콜회르스터가 기구를 타고 올라가 대기 중 이온의 개수를 측정하겠다고 마음먹은 것은 순전히 헤스가 틀렸다는 사실을 보여 주고 싶어서였다.

콜회르스터는 뛰어난 과학자이면서 동시에 겁이 없는 사람이었다. 그는 1911년 봄 독일의 할레 대학에서 가장 우수한 성적으로 박사 학위를 마쳤다. 그의 스승은 라돈을 발견한 프리드리히 도른이었다. 학위를 받은 뒤 삼 년 동안 도른 연구실의 조교로 지도교수의 연구를 도왔다. 그가 우주선 연구에 강하게 끌리게 된 것은 불프와 헤스가 얻은 결과 때문이었다. 그는 헤스가 얻은 결과가 말도 안 된다고 생각했다. '외계에서 오는 방사선이라니, 그건 말이 안 되잖아?' 콜회르스터는 헤스가 얻은 결과는 순전히 온도의 영향 때문이라고 여겼다. 그는 헤스의 실험이 틀렸다는 것을 보여 주고 싶었다. 그래서 그 역시 기구를 타고 올라가 대기의 전리량을 측정해 보기로 마음먹었다. 그러려면 우선 불프와 헤스가 사용했던 것보다 정밀한 검전기가 필요했다. 불프의 검전기는 땅에서는 쓸 수 있어도 높은 고도에서는 불안정했다. 헤스도 그런 이유로 불프가 만든 검전기를 보강했다. 콜회르스터는 헤스가 만든 것보다 더 튼튼하고 정밀한 검전기 제작에 나섰다.

콜회르스터는 헤스의 검전기를 만든 회사에 자신이 설계한 검전기의 제작을 맡겼다. 헤스도 검전기가 높은 고도에서 버틸 수 있도록 신경을 많이 썼지만, 콜회르스터는 9000미터까지 올라가도 제대로 작동하는 검전기를 만들고자 했다. 그는 헤스가 했듯이 검전기에서 공기가 새지 않도록 접합 부위를 꼼꼼하게 점검했고, 시제품을 여러 차례 제작하며 성능을 향상시켰다. 콜회르스터의 검전기는 헤스의 것보다 여러 면에서 뛰어났다. 헤스의 검전기는 30분에 한 번씩 공기 중의 전리량을 측정할 수 있었다. 기구는 하늘로 계속 올라가는데, 측정은 30분마다 가능할 뿐이라서 고도에 따라 전리량이 어떻게 변하는지 제대로 파악할 수 없었다. 하지만 콜회르스터의 검전기는 1분마다 전리량을 측정할 수 있었고, 10분에 한 번 그동안

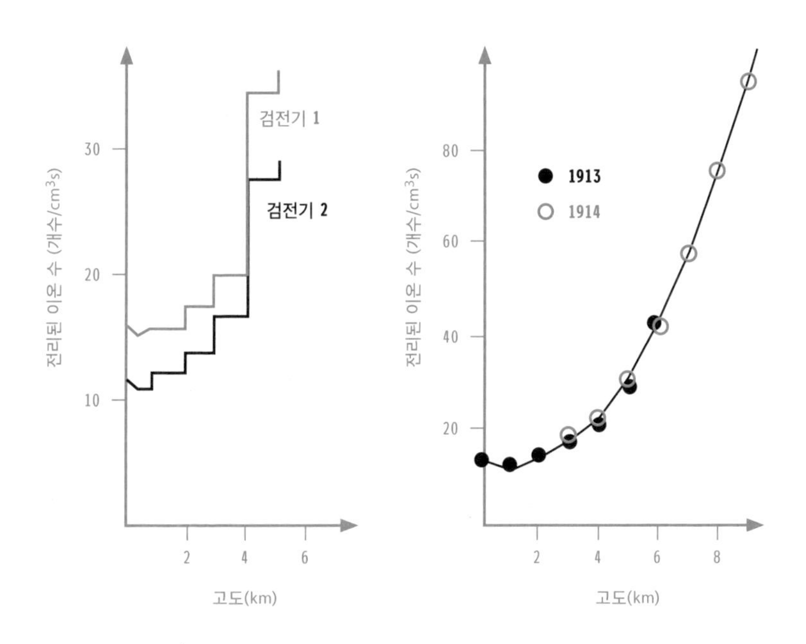

고도에 따른 대기 전리량의 변화

헤스(왼쪽, 1912년)와 콜회르스터(오른쪽, 1913/1914년)의 고도별 대기 전리량 측정값. 두 사람의 측정값 모두 고도가 높아질수록 대기 중에 전하를 띤 이온의 수가 급격하게 늘어나는 것을 보여 준다.
(V. F. Hess, *Phys. Z.* **13** (1912) 1084-1091; W. Kolhörster, *Phys. Z.* **14** (1913) 1153-1155; W. Kolhörster, *Verh. Deutsche Phys. Gesellschaft* **16** (1914) 719-721)

측정한 값의 평균도 낼 수 있었다. 이 검전기를 개발하는 데 2년이 걸렸다.

1913년 여름에 콜회르스터는 기구를 타려고 할레에서 북동쪽으로 30킬로미터 남짓 떨어진 비터펠트로 갔다. 한 번은 4100미터까지 올라갔고, 두 번째 비행에서는 4300미터, 세 번째 비행에서는 6300미터까지 올라갔다. 세 번째 비행에서 콜회르스터는 헤스보다 1000미터나 더 높이 올라갔다. 그가 6300미터까지 올라가서 얻은 결과는 놀라웠다. 헤스가 얻은 값보다 더 큰 값이 나왔다. 이 결과에 콜회르스터는 충격을 받았다. 그가 처음 생각했던 것과 반대의 결과를 얻은 것이었다. 콜회르스터는 여기서 멈추지 않았다. 그는 여전히 의심스러웠다. 헤스의 주장대로 공기가 전기를 띠는 이유가 우주선 때문이라는 결론을 내리려면 좀 더 확실한 증거가 필요했다.

1914년 봄에 콜회르스터는 할레를 떠나 베를린의 물리기술 제국연구소(Physikalisch-Technische Reichsanstalt) 방사선과에 자리 잡았다. 이곳의 방사선과는 1912년에 영국에서 돌아온 한스 가이거가 설립해 관련 연구를 이끌고 있었다. 가이거는 콜회르스터의 연구를 적극 지지했다. 1914년 6월 28일, 콜회르스터는 모험을 강행했다. 이번 비행은 목숨을 거는 일이었다. 그는 9300미터까지 올라가면서 대기 중의 전리량을 측정했다. 이번에 그가 얻은 값은 작년에 6300미터까지 올라가서 잰 값보다 무려 세 배 가까이나 높게 나왔다. 지상에서 잰 전리량과 비교하면 오십 배나 많았다. 낮과 밤, 또는 날씨의 변화에도 그 값은 크게 달라지지 않았다. 그제야 콜회르스터는 헤스의 주장이 맞다는 것을 인정할 수 있었다. 공기가 전기를 띠고 있는 것은 분명히 외계에서 오는 방사선 때문이었다.

콜회르스터가 9300미터까지 올라갔다 내려온 지 한 달 만에 제1차 세계 대전이 터졌다. 연구는 전쟁이 끝날 때까지 미뤄야 했다. 총을 들고 최전방으로 가지는 않았지만, 그도 어쩔 수없이 전쟁을 겪어야 했다. 전쟁 중 대부분의 기간을 기상 관측으로 보냈지만, 잠시 프리츠 하버를 도와 독가스 만드는 일에 참여하기도 했다. 콜회르스터는 뛰어난 과학자였지만, 과학자의 윤리에 대해서는 무지했다. 1933년 나치가 정권을 잡았을 때도 그는 별생각 없이 나치당에 가입했고, 나치가 정권을 잡자 그는 당원으로서 혜택도 받았다. 반면에 헤스는 아내가 유대인이라는 이유로 오스트리아가 독일에 합병될 때 조국 오스트리아를 떠나야 했다.

제1차 세계 대전이 끝난 후, 콜회르스터는 한동안 고등학교에서 학생들을 가르치며 지냈다. 연구는 1922년이 되어서야 물리기술 제국연구소에서 재개할 수 있었다. 그는 전쟁 전에 하던 우주선 연구를 다시 시작했다. 1930년에는 포츠담 연구소로 자리를 옮겨 우주선 연구를 이어갔다. 그곳에서 1만 2000미터까지 올라가 우주선을 측정하는 프로젝트를 지휘하면서 큰 사고가 있었다. 당시 실험은 성층권까지 올라가야 해서 지금까지 사용하던 기구보다 훨씬 더 튼튼해야 했다. 그래서 독일에서 가장 큰 수소 기구였던 바르취 폰 직스펠트(Bartsch von Sigsfeld)를 빌렸다. 이 기구를 다루려면 전문가가 필요했다. 독일에서 유명한 전투기 조종사이자 공학자였던 마르틴 슈렝크에게 조종을 부탁했다. 그리고 동료였던 빅토르 마주흐 교수에게 우주선 측정을 맡겼다. 야심 차게 진행한 기획이었지만, 이 비행은 비극으로 끝났다. 두 사람이 탔던 기구는 1400킬로미터나 떨어진 러시아까지 바람에 떠밀려갔다. 그리고 쉬렝크와 마주흐는 기구 안에서 주검으로 발견되었다. 콜회르스터는 이 사고로 포츠담을 떠나야 했다. 이듬해 콜회르스터는 베를린에 우주선 연구소를 열고 소장으로 취임했다. 물론 나치의 지원이 있었다.

◦ 밀리컨이 인정한 우주선

과학계는 보수적이다. 이론은 아무리 수학적으로 아름다워도 실험 결과를 설명할 수 있어야 하고, 실험은 재현 가능해야만 했다. 헤스와 콜회르스터가 발견한 외계에서 들어오는 방사선도 정설이 되려면 혹독한 검증 과정을 거쳐야만 했다. 많은 물리학자들이 헤스와 콜회르스터의 실험 결과를 믿었지만, 공기 중에 있는 방사선이 지구에서 나오는 것이라고 믿는 사람들도 여전히 있었다.

제1차 세계 대전이 발발하면서 우주선 연구는 잠시 주춤해졌다. 1918년 11월에 전쟁이 끝나자 피해가 적었던 미국은 유럽보다 빠르게 연구에 몰입할 수 있었다. 1920년대 초 미국에는 세계적으로 명성이 높았던 실험물리학자 로버트 밀리컨이 있었다. 그는 한 마디로 평가할 수 없는 몹시 복잡한 사람이었다. 그가 훌륭한 과학자였다는 걸 부정하는 사람은 없지만, 밀리컨은 명예욕과 공명심에 사로잡힌 과학자였다. 그래서 훗날 몇몇 과학사가들은 그를 남성우월주의자, 반유대주의자, 학생의 업적을 빼앗은 파렴치한이라고 부르며 인색하게 평가했다. 그래도 밀리컨은 뛰어난 물리학자였고, 캘리포니아 공과대학(칼텍)을 세계적인 대학으로 만든 행정가였다. 그는 아인슈타인이 설명한 광전 효과를 실험으로 처음 확인했고, 전자의 기본 전하량을 최초로 측정한 공로로 1923년에 노벨 물리학상을 받았다. 1921년에 그는 시카고 대학에서 캘리포니아 공과대학으로 자리를 옮기면서 대대적인 지원을 받고 대기 중의 방사선 연구에 몰두했다.

밀리컨은 처음부터 헤스와 콜회르스터의 측정 결과를 의심했다. 1922년에 밀리컨은 대학원생이던 아이라 보언과 함께 기구를 이용해 우주선 관측 실험을 시작했다. 이번에는 헤스와 콜회르스터가 했던 것과 달리 기상관측용 기구를 이용하기로 했다. 기상관측용 기구는 두 가지 장점이 있었다. 기구를 훨씬 더 높이 올릴 수 있어서 콜회르스터가 올라간 고도보다 더 높은 대기의 전리량을 측정할 수 있었고, 또 사람이 타지 않기 때문에 훨씬 안전했다.

밀리컨은 먼저 실험 장비를 정교하게 꾸몄다. 사람이 타지 않기 때문에 검전기에서 나오는 결과를 자동으로 기록할 수 있도록 사진을 한 장 찍고 나면 필름이 자동으로 감기게 했다. 거기에 온도계와 기압계를 같이 달아서 얼마나 높이 올라갔는지 측정할 수 있게 했다. 기상관측용 기구는 지름이 47센티미터로 작아서 거기에 맞게 검전기도 작게 만들어야만 했다. 이 장비는 크기가 약 15센티미터에 무게는 190그램 정도였다. 밀리컨과 보언은 똑같은 장비를 네 개 만들어서 두 개의 기구에 각각 두 개씩 부착시켰다. 1922년 봄, 텍사스에서 이 기구를 하늘로 올려 보냈다.

기구 두 개 중 하나는 추락을 했다. 다행히 나머지 하나는 3시간 11분 동안 비행을 하며, 1만 5500미터까지 올라갔다가 원래 장소에서 100킬로미터 정도 떨어진 곳에 무사히 착륙했다. 밀리컨은 필름을 꺼내 검출된 전하량을 확인했다. 헤스와 콜회르스터가 측정했던 것처럼 고도가 높아질수록 방사선량은 더 많아졌지만, 콜회르스터가 예측했던 것보다는 사 분의 일이나 적게 나왔다.

밀리컨은 여전히 공기 속에 있는 방사선은 외계에서 오는 것이 아니라 지구에 그 근원이 있다고 믿었다. 고도가 높아졌을 때 전리량이 예측보다 적게 나온 것은 일정 고도 이상에서는 방사선의 세기가 더 이상 커지지 않고 역전돼 줄어들기 때문이라고 보았다. 1923년에 기본 전하량을 발견한 공로로 노벨 물리학상을 받은 밀리컨의 권위는 하늘을 찌르고도 남았다. 대다수의 사람들은 밀리컨의 후광에 눌려 그의 말을 믿었다. 하지만 밀리컨이 측정한 결과가 콜회르스터의 결과와 달랐던 건 텍사스의 위도(북위 약 30도)가 독일의 위도(북위 약 50도)보다 낮았던 탓이었다. 우주선의 양이 위도에 따라 달라지는 이유는 조금 더 시간이 흐른 후에 밝혀진다.

과학에서 지나친 권위는 과학의 발전을 가로막기도 한다. 아이작 뉴턴은 과학 역사상 가장 위대한 업적이라고 불리는 『프린키피아』를 남겼지만, 빛을 연구하여 『광학』이라는 책도 썼다. 이 책에서 그는 빛은 입자라고 단언했다. 뉴턴과 동시대를 살았던 네덜란드의 과학자 크리스티안 하위헌스는 빛의 간섭과 회절을 설명하려면 빛은 파동이어야 한다고 확신했다. 그의 확신은 옳았지만, 하위헌스의 주장은 뉴턴의 명성에 가려져 사람들이 빛을 제대로 이해하려면 100년의 세월을 더 기다려야만 했다. 그러나 다행히 공기 속에 있는 방사선이 우주에서 날아온다는 사실이 밝혀지는 데는 그다지 오래 걸리지 않았다. 그것도 자신의 주장이 틀렸음을 밀리컨 스스로 보였다.

밀리컨은 기구 실험을 멈추지 않았다. 그리고 자기 학생이었던 러셀 오티스를 미국 본토에서 가장 높다는 해발 4400미터의 휘트니 산에 보내 우주선을 측정하게 했고, 해발 4300미터의 파이크스 피크(Pike's Peak)에 함께 가서 공기 중 방사선을 측정하기도 했다. 그러나 지구 대기를 관통하는 이 방사선의 원천이 우주인지 아니면 지구인지 명확한 결론을 내리기가 쉽지 않았다.

1925년 8월에 그는 장비를 챙겨 대학원생인 하비 캐머런과 함께 남캘리포니아의 모하비사막 인근 고산지대로 갔다. 그곳에는 실험에 적당한 호수가 여럿 있었다. 그중 하나는 서크 산봉우리 근처에 해발 3600미터 되는 곳에 있는 뮤어호수였다. 깊이가 30미터나 되었고, 지름은 700미터인 호수였다. 이 호수의 물은 대부분 눈 녹은 물이라 맑고 투명했다. 두 사람은 검전기를 호수 속으로 내려 보내면서 전리량을 측정했다. 검전기가 가장 깊이 내려간 곳은 수심이 20미터나 되었다. 밀리컨과 캐머런은 뮤어호수보다 2000미터 낮은 곳에 있는 또 다른 호수로 갔다. 그곳은 샌베르디나디노산맥에 있는 애로우헤드호수였다.

두 호수 모두 수심이 깊어질수록 전리량의 값이 낮게 측정되었다. 그리고 무엇보다 뮤어호수와 애로우헤드 호수에서 측정한 값 사이에는 일정한 차이가 있었다. 뮤어호수의 수심 3미터에서 측정한 전리량은 애로헤드 호수의 수심 1미터에서 측정한 값과 거의 같았다. 방사선이 대기 중 2킬로미터를 지나면서 잃는 세기가 수중에서 대략 2미터 정도 지날 때 잃는 세기와 거의 같게 나온 것이다. 칼텍이 있는 패서디나와 해발 1100미터에 있는 론파인(Lone Pine)이라는 마을에서 측정한 전리량 값의 차이도 이 기준에 맞았다. 패서디나 인근의 여러 지역에서 고도를 달리해 측정해도, 또 고도와 수심을 바꿔 대기와 수중 어디에서 측정해도 방사선의 세기가 일정 비율로 감소한다면, 그것은 방사선이 모든 방향에서 하늘로부터 내려온다고밖에 볼 수 없었다. 밀리컨은 그제야 헤스와 콜회르스터의 측정이 옳았다는 걸 인정했다.

방사선이 우주에서 온다는 확신이 들자마자 밀리컨은《네이처》에 발표한 논문에서 이 방사선에 '우주선(cosmic ray)'이라는 이름을 지어 주었다. 그리고 신문과 방송에 자신의 업적을 대대적으로 선전하기 시작했다. 그는 대중 매체를 다루는 데 귀재였다. 그의 극적인 표현과 몸짓은 사람들의 이목을 끌었다. 밀리컨은 지구로 쏟아져 들어오는 우주선은 우주에 있는 수소 원자들이 합쳐져 헬륨을 만들 때 나오는 감마선이라고 추측했다. 훗날 이 추측은 틀린 것이라고 판명이 났지만, 그는 기자들 앞에 서서 시를 읊듯 자신이 발견한 걸 묘사했다.

"우주 저편에서 지구로 날아오는 우주선은 우리 은하에서 원자가 태어나면서 부르짖는 울음소리(birth cries of atoms)입니다."

태어나는 모든 것은 소리로 자신의 탄생을 알리듯, 우주선 역시 원자가 태어나며 부르짖는 울음소리라는 은유는 기자들에게 감동을 줬다. 미국의 신문들은 일제히 밀리컨의 업적을 미국 과학의 승리라며 추켜올렸다. 몇몇 신문들은 한술 더 떠 우주선을 '밀리컨 광선'이라고 불렀다.

하지만 밀리컨이 우주선이 '원소 탄생의 울음소리'라며 낭만 넘치는 말로 표현했지만, 아직 그렇게 단정 지을 수는 없었다. 우주선이 지구 안으로 들어오고 있다는 건 사실이었지만, 그리고 그 우주선이 지구 공기가 전하를 띠도록 하는 것도 사실이었지만, 이 우주선이 감마선인지 아니면 입자인지는 아직 아무도 몰랐다. 밀리컨은 우주선이 감마선이라는 주장을 했지만, 그건 전혀 검증되지 않은 설익은 주장이었다. 우주선의 정체가 무엇인지 아직은 아무도 몰랐다.

잊혀진 물리학자, 도메니코 파치니

밀리컨은 자기가 쓴 우주선 논문에서 헤스와 콜회르스터의 업적을 인용하지 않았다. 그건 의도적이었다. 그는 자신이 우주선을 가장 먼저 발견하고 그 존재를 설명했다고 못을 박고 싶었던 것이다. 그러나 과학자들이 자기보다 앞선 연구를 인용하는 것은 과학자로서의 덕목을 넘어 반드시 지켜야 하는 불문율이다. 밀리컨이 의도적으로 헤스를 인용하지 않은 것은 아주 심각한 문제였다. 그것은 밀리컨이 헤스의 업적을 중간에서 가로챈 것이나 다름없었다. 헤스는 자신이 쓴 논문에서 밀리컨이 자신이 먼저 우주선을 측정했다는 사실을 인용하지 않았다고 불평했다. 그러나 헤스보다 억울한 사람은 정작 따로 있었다.

도메니코 파치니. 그는 1902년에 로마 대학에서 학위를 받고 1905년부터 로마에 있는 기상학 및 지구 동역학 사무국에서 연구를 시작했다. 1907년에 파치니는 제노바 만에서 수백 미터 떨어진 바다로 나가 전리량을 측정했다. 육지에서 멀리 떨어진 배 위에서 전리량을 측정했는데, 지상에서 측정한 전리량에 비해 30퍼센트 밖에 줄어들지 않았다. 방사선이 토양이나 암석에 의한 것이라면 바다 위에서는 전리량이 급격하게 줄어야 했는데, 그렇지가 않았다. 1911년에는 훗날 밀리컨이 했던 것처럼 호수와 바다에 검전기를 넣어 대기 중 방사선의 양이 물속에서는 얼마나 줄어드는지 살펴보았다. 연구 결과는 1912년 2월 이탈리아의 학술지 《누오보 시멘토(Nuovo Cimento)》에 실렸다. 파치니는 관찰 결과를 종합해 보면 공기 중 방사선은 지구의 토양이나 암석과는 상관이 없다고 말했다. 이 결과는 밀리컨과 캐머런이 얻은 것보다 십사 년이나 앞선 것이었다. 파치니가 쓴 논문은 결정적 발견이 들어있는 헤스의 논문보다도 몇 개월 앞선다. 사실 헤스는 논문을 쓸 때 파치니의 논문이 있다는 것을 몰랐다. 파치니는 학계에 잘 알려진 사람이 아니었다. 1920년에 파치니는 헤스에게 편지를 썼다.

"저는 전쟁 중에 당신이 쓴 우주선에 관한 논문을 읽을 기회가 없었습니다. 이 중요한 문제를 제대로 설명한 당신께 축하의 인사를 드립니다. 하지만 유감스럽게도 당신과 고켈, 콜회르스터에 앞서 이탈리아에서 측정하고 관찰한 결과가 인용에서 빠졌습니다. 아쉽습니다. 저는 논문을 쓸 때 잊지 않고 다른 사람의 논문을 인용합니다."

1920년 3월 17일에 헤스는 파치니에게 답장을 보냈다.

"지난 3월 6일 편지는 제게 특별히 값지고 소중했습니다. 전쟁으로 끊어졌던 관계를 이제라도 다시 맺을 수 있다는 사실이 제게는 무엇보다 중요합니다. 제가 먼저 연락을 드렸어야 했는데 교수님의 주소를 알 수 없었습니다. 1911년에 제가 쓴 논문은 완전한 논문이 아니라 열기구 실험으로 얻은 첫 번째 결과를 학회 발표용으로 정리한 것이라서 당신이 바다에서 한 실험을 인용하지 못했습니다. 그 부분에 대해 사과드립니다."

그 후에도 파치니와 헤스는 이 문제로 몇 차례 편지를 주고받았다. 파치니가 헤스에게 쓴 편지에도 나와 있듯이 대기 중에서 발견되는 방사선이 우주에서 날아오는 것이라는 것을 결정적으로 보여준 사람은 헤스였다. 그러나 바다 속으로 내려갈 때 방사선이 얼마나 감소하는지 보여준 실험 역시 중요했다. 더구나 파치니가 1912년 논문에서 내린 결론은 정확했다.

1936년 헤스가 노벨상 최종 후보로 추천되며 노벨상 위원회에 제출된 아홉 쪽의 보고서에는 헤스의 발견이 왜 노벨상을 받을 정도로 중요한지 그 설명이 나온다. 보고서에는 파치니의 업적도 짧게 언급되어 있다. 하지만 헤스가 1936년에 노벨상을 받을 때 파치니는 이미 이 세상 사람이 아니었다. 1934년 로마에서 급성폐렴으로 세상을 떠난 뒤였다.

1950년대에 우주선을 설명하는 책들이 많이 출간됐지만, 파치니의 업적을 설명한 책은 없었다. 그는 오랫동안 잊혀진 물리학자였다. 몇몇 이탈리아 물리학자들만이 그를 기억할 뿐이었다.

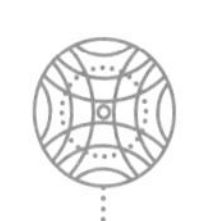

밀리컨과 플레처

밀리컨이 캘리포니아 공과대학으로 옮겨 오기 전, 시카고 대학에서 조교수로 일하고 있을 때였다. 이제 막 3년제 대학교를 졸업하고 시카고로 온 하비 플레처는 시카고 대학에서 박사 학위를 하고 싶었다. 하지만 그가 졸업한 대학이 3년제라 시카고 대학의 입학 허가를 받을 수 없었다. 그는 밀리컨의 도움을 얻고자 하룻밤을 꼬박 걸려 그를 찾아가 입학을 부탁했다. 플레처는 밀리컨의 도움으로 가까스로 시카고 대학에 입학할 수 있었다. 조건부 입학이었기 때문에 그는 시카고 대학에서 학부 과정을 일 년 더 들어야 했다. 플레처는 대학원을 다니려면 첫 일 년 동안은 돈을 빌려 학교에 다녀야 했지만, 이듬해부터는 밀리컨의 도움으로 학비와 생활비 걱정을 덜 수 있었다.

플레처는 대학원 2년 차였던 1909년부터 밀리컨, 베그먼과 함께 박사 학위 논문과 관련된 실험을 시작했는데, 그것은 역사에 길이 남을 실험이었다. 밀리컨은 이 연구로 훗날 노벨 물리학상을 받게 되는데, 그 실험은 기본 전하량을 측정하는 일이었다. 이 실험은 지금도 대부분의 대학교 물리학과 학부 과정에서 학생들이 배우는 실험이다. 밀리컨과 베그먼은 밀폐된 조그만 상자 끝에 그 안을 들여다볼 수 있는 현미경을 단 뒤, 그 속에 들어 있는 공기를 갑자기 팽창시켜 구름처럼 뽀얗게 미세한 물방울이 생겨나게 했다. 거기에 전기장을 알맞게 걸어주면, 중력을 받아 아래로 떨어져야 할 물방울이 전기장 때문에 딱 중력만큼의 힘을 반대로 받으면서 그 자리에 그대로 멈춰 있게 된다. 이런 식으로 두 사람은 물방울에 있는 전하량을 측정하려고 시도했다. 그러나 이 물방울이 기껏해야 2, 3초 정도 보이다가 증발해버린다는 게 문제였다. 전하량을 정확하게 측정하려면 다른 방도가 필요했다.

밀리컨은 베그먼, 플레처와 함께 물방울 말고 어떤 물질을 쓰면 좋을지 의논하였다. 물방울 대신에 수은이나 기름방울을 쓰면 되지 않을까 의논했는데, 플레처는 기름방울을 쓰면 어떻겠냐고 제안을 했다. 밀리컨이 말했다.

"하비, 이 실험이 당신의 박사 학위 논문 주제가 될 겁니다. 가서 증발하지 않는 물질을 찾아서 계속 실험을 해보세요."

플레처는 지도교수인 밀리컨의 말대로 상자 안에 기름방울을 뿌려 실험을 했다. 플레처는 아주 밝은 등을 켜서 상자 안이 잘 보이게 했다. 그리고 상자 끝에 매달려 있는 망원경을 통해 그 안을 들여다보았다. 상자 안에서는 빛을 받은 기름방울이 하늘에 박힌 촘촘한 별들처럼 빛을 반사하고 있었다. 그건 만화경 속처럼 아름다웠다. 기름방울은 어지럽게 스스로 움직이고 있었다. 플레처는 빛을 받아 반짝거리는 기름방울의 모습에 감탄하며 상자에 걸려 있는 배터리의 스위치를 눌렀다. 그러자 어떤 방울은 아래로, 어떤 방울은 위로 천천히 움직이기 시작했다. 플레처는 그 광경을 보고 놀라 소리를 질렀다. "우와!" 기름방울은 물방울처럼 시간이 지나도 없어지지 않고 또렷하게 보였다.

실험 결과에 잔뜩 흥분한 플레처는 밀리컨을 찾으러 뛰어다녔다. 밀리컨을 찾을 수 없었던 플레처는 실험실로 돌아와 오후 내내 같은 실험을 반복하며 전하량을 계산했다. 다음날 밀리컨은 플레처에게 실험에 성공했다는 말을 듣고 깜짝 놀랐다. 밀리컨은 실험의 정확도를 높이려고 기술자를 불러 보다 정교한 실험 장비 제작에 나섰다. 새로 만든 실험 장비로 플레처와 밀리컨은 거의 2년 동안 매일 이 실험에 매달렸다. 두 사람은 이 실험으로 전자의 전하량을 찾아내는 데 성공했다.

밀리컨은 플레처와 함께 발견한 이 사실을 알리려고 실험실로 기자들을 불렀다. 플레처는 기자들이 이해할 수 있도록 쉬운 말로 실험 장치를 설명하며, 기름방울로 전자의 전하량을 측정하는 실험을 기자들 앞에서 시연했다. 다음날 신문에 밀리컨과 플레처의 실험 결과가 실렸다. 얼마 지나지 않아 이 실험을 보려고 미국 전역에서 저명인사들이 밀리컨의 실험실을 방문했다. 플레처는 그들에게 새로운 발견이 왜 중요한지 자세하게 설명했다.

두 사람은 이 실험으로 얻은 결과를 바탕으로 같이 논문을 쓰기로 하였다. 그러는 사이에 플레처에게 딸이 새로 태어났다. 1910년 6월의 어느 날, 플레처는 아내가 잠깐 집을 비운 동안 태어난 지 한 달 남짓 된 딸을 돌보고 있었다. 문에서 노크 소리가 났다. 플레처가 문을 열자 밀리컨이 서 있었다. 플레처는 조금 당황했다. 지도교수가 자기가 사는 집까지 왜 찾아왔는지 이유를 짐작할 수 없었다. 두 사람은 식탁에 가서 서로 마주 보고 앉았다. 밀리컨은 멋쩍게 웃으며 이야기를 꺼냈다.

"하비, 우리 대학에서는 박사 학위를 받을 때 학위논문 대신에 혼자서 쓴 논문

한 편만 있으면 된다는 사실을 잘 알고 있지요? 그래서 제안을 하나 할까 해요. 우리가 같이 한 실험으로 다섯 편 정도의 논문을 쓸 수가 있을 겁니다. 기름방울이 제멋대로 운동하는 걸 관찰한 결과는 하비, 당신의 학위논문으로 충분할 겁니다. 그리고 두 편은 나와 같이 논문을 쓰면 될 겁니다. 그런데 전하량을 측정한 결과는 나 혼자서 논문을 써서 냈으면 해요."

이건 불공평한 처사였지만, 플레처는 딱히 뭐라고 할 말을 찾지 못했다. 내키지 않았지만, 플레처는 밀리컨의 제안을 마지못해 받아들였다. 밀리컨은 플레처에게 이번에 같이 나눈 대화는 둘만의 비밀로 하자고 했다. 플레처도 그렇게 하겠다고 대답했다.

밀리컨은 기본 전하량을 측정한 공로로 1923년에 노벨상을 단독 수상했다. 플레처는 밀리컨의 말이 무척 서운했을 것이다. 그러나 밀리컨이 없었다면 대학원에 진학해 박사 과정을 마칠 수도 없었을 테니 그는 밀리컨을 늘 은인이라고 여겼다. 그는 밀리컨에게 약속한 대로 이 사실을 평생 비밀로 지켰다. 그리고 자기가 죽기 몇 달 전 친구였던 마크 가드너에게 편지를 한 통 건네면서 부탁했다.

"내가 죽거든 이 편지를 개봉해서 사람들에게 보여줘."

그 편지에는 기름방울 실험을 둘러싸고 벌어졌던 자신과 밀리컨의 이야기가 잘 정리되어 있었다. 플레처는 생전에 그 일로 밀리컨의 명성에 흠집이 생기지 않도록 애썼지만, 마음 한구석에 자리 잡은 섭섭함은 지울 수가 없었다.

NUCLEAR
FORCE

4

안개 상자

원자 구조의 전반적인 문제에서 근본적으로 중요한 정보는
윌슨의 안개 상자 방법으로 수행한 체계적인 우주선 연구에서 비롯되었다.

— 칼 데이비드 앤더슨

1929년 찰스 윌슨(맨 오른쪽)이 (왼쪽부터) 패트릭 블래킷, 표트르 카피차, 폴 랑주뱅, 어니스트 러더퍼드와 케임브리지 대학에서 찍은 사진이다.
(Cavendish Laboratory, University of Cambridge)

안개는 고양이처럼 살금살금 다가와 세상을 뒤덮고 눈앞을 가리지만, 가끔 세상의 비밀을 드러내기도 한다. 물리학에서 보이지 않는 것을 보이게 만든 것은 안개였다. 온 신경을 곤두세워 안개를 들여다보면, 그곳에 유령처럼 지나가는 입자들의 발자취가 있었다.

◦ 고독한 물리학자

찰스 윌슨이 구름과 번개와 전기에 관심이 생긴 건 순전히 자신의 경험 때문이었다. 그는 스코틀랜드의 에든버러 출신이었다. 항구도시인 에든버러는 북해에서 밀려드는 안개에 자주 휩싸이곤 했다. 해변의 안개는 지독하게 짙어서 바로 앞사람도 구분할 수 없을 정도였다. 에든버러 출신인 윌슨이 안개 상자를 만든 것은 운명이었는지도 모른다.

윌슨은 열다섯 살에 맨체스터 대학교의 전신인 오언스 칼리지에 입학했다. 원래는 의사가 되고 싶었다. 의학을 배우기 전에 먼저 동물학과 식물학, 물리학과 화학을 공부했는데, 그중에서 특히 물리학에 끌렸다. 오언스 칼리지를 졸업하면서 성적이 좋았던 윌슨은 케임브리지 대학교에 갈 수 있는 장학금을 받았고, 케임브리지에 가서는 물리학을 전공했다. 그가 박사 학위를 받을 즈음, 인도에서 회사를 세워 돈을 잘 벌고 있던 그의 이복형 윌리엄이 영국으로 돌아오는 길에 급성폐렴으로 세상을 떠났다. 아버지도 윌슨이 어렸을 때 세상을 떠난 터라 돈을 벌어올 사람이 없었다. 어머니와 형제들은 맨체스터를 떠나 원래 살던 곳으로 돌아와야만 했다. 윌슨도 학위를 마치고 스코틀랜드로 돌아갈 수밖에 없었다. 가족들의 형편이 좋지 않아 돈을 벌어야 했다. 에든버러 근처의 고등학교에서 학생들을 가르치며 지냈지만, 마음은 불안했다. 이대로 시간이 가버리면 연구는 영원히 할 수 없을 것만 같았다. 더 늦기 전에 뭐라도 해야만 할 것 같았다.

윌슨은 근무하던 학교를 그만두고 무작정 케임브리지로 갔다. 수중에 돈도 별로 없었지만, 케임브리지 대학 근처의 싼 하숙집에 세를 들었다. 취직할 곳도 딱히 없었지만 그래도 고향으로 돌아가기는 싫었다. 다행히 의대생에게 물리학 실험을 시연하는 조교 자리를 얻을 수 있었다. 조교 월급으로는 근근이 먹고 살 수 있는 수준밖에 되지 않았다. 그래도 조교 일을 하면서 캐번디시 연구소에 자연스레 드나들 수 있었다. 얼마 지나지 않아 윌슨은 자기 인생에서 가장 중요한 경험을 하게 된다. 그 경험은 자신이 앞으로 무슨 연구를 해야 할지 방향을 정해 주었다.

윌슨은 1894년 9월부터 몇 주 동안 스코틀랜드 고산지대의 벤네비스산(Ben Nevis)에 있는 관측소에서 대기를 관측했다. 벤네비스산은 스코틀랜드 북부에 있는 높이 1345미터의 산으로, 영국에서는 가장 높은 산이다. 산꼭대기에서는 대서양이 훤히 내려다보였다. 윌슨은 벤네비스산에 올라가 신비로운 경험을 했다. 산꼭대기는 흐릿하게 구름에 싸여 있었고, 그 위를 비추는 빛은 무지개 같은 후광을 산꼭대기 위에 펼쳐냈다.

이듬해 6월에는 벤네비스산 옆에 있는 카른모데라그산(Carn Mor Dearg) 꼭대기에서 대기 습도를 조사했다. 그 날 산 정상에는 구름이 짙게 드리워져 있었다. 그냥 구름이 아니라 금방이라도 소나기가 쏟아질 것만 같은 잿빛 구름이었다. 윌슨이 산꼭대기에서 구름의 습도를 재는 동안 멀리서 천둥소리가 들려왔다. 윌슨은 갑자기 몸이 오싹한 느낌이 들었다. 머리카락이 실제로 곤두섰다. 대기 중에 있는 전기 때문이었다. 천둥 번개와 함께 큰 비가 내릴 거라는 직감이 들었다. 그는 하던 실험을 멈추고는 겁에 질려 정신없이 좁은 산길을 내달았다. 아니나 다를까 윌슨 바로 뒤에서 번개가 내리쳤다. 정신이 아찔했지만, 멈추지 않고 달렸다. 산 밑에 다다라서야 가쁘게 숨을 내쉬며 뒤를 돌아봤다. 그러자 번개가 하늘을 두 쪽으로 가르듯 내리쳤다. 조금 전만 해도 그토록 소름 끼치던 번개가 마치 계시처럼 다가왔다. 벤네비스산과 카른모데라그산에서 겪은 일로 윌슨은 기상 현상에 깊은 관심이 생겼다.

윌슨은 클러크 맥스웰 장학금을 받게 되어 캐번디시 연구소에서 일을 할 수 있었다. 그는 구름이 어떻게 생기는지, 공기가 전기를 띠는 이유는 무엇인지 깊이 파고들었다. 1895년에는 구름을 인공적으로 만드는 방법을 연구했다. 그는 억척스러운 데가 있었다. 한번 파고든 문제는 답을 얻을 때까지 정말이지 쉬지 않고 몰두했다. 윌슨은 연구소의 다른 사람들과 달리 혼자 연구했다. 실험 장치도 모두 혼자서 만들었다. 사람들은 대부분 간단한 유리 기구는 자신이 만들어도 복잡한 플라스크나 유리관은 유리 세공업자에게 맡겼는데, 윌슨은 이조차도 직접 만들었다. 벌겋게 달군 유리 덩어리를 부는 일은 쉽지 않았다. 잘못 불면 구멍이 나기 일쑤였고, 형태가 어그러지는 것이 열에 아홉이었다. 윌슨은 유리를 불다가 모양이 어긋나면, "이런, 왜 이래?"라고 중얼거리고는 원하는 모양이 나올 때까지 끈질기게 유리를 불었다. 캐번디시 연구소의 학생들이 윌슨을 유리 세공업자로 착각할 정도였다. 그는 유리로 된 실험 장치 제작에 집요하게 매달렸다. 윌슨은 오 년 넘게 인공 구름의 생성과 과포화된 기체의 응결 과정을 연구했다.

윌슨 전에도 구름이 어떻게 생기는지 연구한 과학자들이 있었다. 그들은 구름이 생기려면 대기에 있는 먼지에 수증기가 붙어 응결이 일어나야 한다는 걸 잘 알고 있었다. 1897년에 윌슨은 그전까지 몰랐던 사실을 하나 발견했다. 공기를 압축했다가 팽창시키면, 먼지 뿐 아니라 전하를 띤 입자도 응결핵으로 작용한다는 것을 알아냈다. 이 발견은 훗날 윌슨이 안개 상자를 만드는 데 중요한 실마리가 되었다. 이 년 후에는 공기를 팽창시키며 엑스선이나 방사선을 쪼여줘도 구름이 생겨난다는 것을 알아냈다. 방사선은 공기를 대전시켰다. 윌슨은 구름이 형성된 상자에 강한 전기장을 쪼여주면 이내 구름이 사라지는 것을 관찰했다. 대전된 이온이 구름을 생성하는 데 관여하는 것이 분명했다. 이것이 안개 상자를 만드는 데 필요한 두 번째 실마리였다.

1900년에 윌슨은 휴가를 받아 에든버러에서 남쪽으로 조금 떨어진 피블스로 갔다. 그곳에 머물며 기상위원회에서 의뢰한 실험을 수행했다. 엘스터와 가이텔이 했던 실험과 크게 다르지 않았다. 검전기를 이용해서 공기가 어떻게 이온화되는지 알아보는 실험이었다. 윌슨이 얻은 실험 결과도 엘스터와 가이텔이 얻은 결과와 비슷했다. 하지만 그가 내린 결론은 완전히 달랐다. 엘스터와 가이텔은 공기가 전하를 띠는 건 지각의 암석들에서 나온 방사선 때문이라고 설명했다. 윌슨의 생각은 달랐다. 1901년에 발표한 논문에서 엘스터와 가이텔과 달리 공기 중의 원자가 이온화되는 것은 지구 바깥에 방사선을 내놓는 어떤 원천이 있어서라고 짐작했다. 그 방사선은 엑스선이나 음극선과 비슷하지만, 투과하는 힘은 그보다 엄청나게 클 것이라고 주장했다. 헤스가 우주선이 존재한다는 것을 1912년에 알아냈으니 윌슨의 추측은 예언이나 다름없었다. 게다가 윌슨은 이 우주선이 감마선인지 전하를 띤 입자인지를 두고 논쟁이 있으리라는 것을 미리 아는 듯이 말했다. 공기가 전기를 띠는 것은 공기의 성질이 원래 그래서가 아니라, 외부의 다른 요인 때문이라고 여겼다.

그리고 그건 지구 바깥에서 오는 방사선이었다.

◦ 안개 상자

윌슨은 1900년대 초부터 1910년까지는 공기가 어떻게 전하를 띠게 되는지 연구했다. 1910년부터는 안개 상자라고 불리게 될 실험 장치를 개발하는 일에 나섰다. 1910년에는 방사선이 이미 많은 사람들에게 알려져 있었다. 윌슨은 전하를 띤 입자가 구름을 생성하는 데 영향을 준다는 것을 잘 알고 있었다. 이 원리를 이용하면 눈에 보이지 않는 방사선을 눈에 보이게 할 수 있을 것 같았다.

상자 안에 순수한 물과 알코올의 혼합 용액을 넣고 기화시킨 후, 피스톤으로 단열팽창을 시키면 그 안에 있는 기체가 응결된다. 무더운 날에 차가운 콜라병을 꺼내 놓으면 거기에 이슬이 맺히는 것과 같은 원리였다. 윌슨은 1911년부터 안개 상자를 만들기 시작했다. 시험용 안개 상자를 몇 개 만들어 테스트를 해 본 후 1912년에 정교한 안개 상자를 만들었다. 윌슨은 라듐에서 나오는 알파선이 안개 상자를 통과하도록 라듐 시료를 안개 상자 안에 두었다. 그러자 마치 비행기가 하늘을 날며 비행운을 만들 듯, 알파입자가 직선으로 뻗어가며 구름을 만들었다. 역사상 처음으로 이제껏 볼 수 없었던 방사선을 눈으로 볼 수 있게 되었다. 베타선을 통과시키면 베타선이 지나가는 게 눈에 보였고, 엑스선이나 감마선을 통과시켜도 날아가는 입자의 궤적을 볼 수 있었다. 윌슨의 안개 상자는 방사선의 정체를 현현하게 드러냈다. 러더퍼드는 훗날 이 안개 상자를 일컬어 이렇게 말했다.

"윌슨이 만든 안개 상자는 과학의 역사상 가장 창의적이고 놀라운 장치다."

안개 상자에 찍힌 방사선

찰스 윌슨이 1911년에 안개 상자를 이용해 촬영한 라듐 알파선의 궤적이다.
(Cavendish Laboratory, University of Cambridge)

정말 그랬다. 윌슨이 만든 안개 상자로 우주선 연구는 급속하게 발전했다. 훗날 과학자들은 안개 상자를 "물리학의 최고 법원(final court of appeal in physics)"이라고 부르기도 했다. 어떤 이론이든 안개 상자에서 그 이론의 운명이 결정된다는 의미였다. 안개 상자는 정말이지 극적인 실험 장치였다. 게다가 안개 상자에 자기장을 강하게 걸어주면, 입자의 전하가 양이냐 음이냐에 따라 오른쪽 혹은 왼쪽으로 도는데, 안개 상자는 이 입자들의 회전 궤적까지 모두 그려낼 수 있었다.

윌슨이 만든 안개 상자는 매우 정교했다. 한 과학자는 윌슨의 안개 상자로 찍은 사진이 그 후에 만든 안개 상자에서 찍은 사진보다 해상도가 훨씬 좋다는 말을 하기도 했다. 윌슨이 안개 상자를 만드는 데 들어간 돈은 당시 돈으로 5파운드, 현재 기준으로 약 570파운드(약 88만원)였다. 윌슨은 안개 상자를 만든 공로를 인정받아 1927년에 노벨 물리학상을 받았다. 안개는 우리의 눈을 가리지만, 안개 상자는 우주선의 정체를 우리 눈앞에 드러냈다.

◦ 안개 상자와 자기장

헤스를 비롯해 그 많은 사람들이 본 우주선의 정체는 무엇이었을까? 우주선은 엑스선과 같은 감마선이었을까, 아니면 전하를 띤 입자였을까? 밀리컨은 은하 속을 떠도는 수소 원자끼리 결합하여 헬륨으로 바뀌면서 내놓는 감마선이 우주선이라고 생각했다. 그는 이것을 새로운 원자가 탄생하며 부르짖는 울음소리라고 표현했다. 감마선은 파장이 매우 짧은 전자기파다. 실제로 1929년까지 우주선은 울트라 감마선이라고 불리기도 했다. 우주선 분야에서 밀리컨의 영향력이 워낙 커서 당시 대부분의 과학자들은 그 말을 믿었지만, 밀리컨의 주장이 전혀 근거 없는 것은 아니었다. 당시 사람들도 방사성 물질에서 나오는 방사선 중에서 전하를 띤 알파입자와 베타입자는 얼마 가지 못하고, 감마선만이 직진한다는 것을 알고 있었다. 많은 사람들이 우주선이 전하를 띤 입자일리는 없다고 생각했다. 그러나 우주선이 감마선인지, 아니면 전하를 띤 입자인지 판가름하려면 결정적인 증거가 필요했다.

윌슨의 안개 상자에 자기장을 강하게 걸어주면 전하를 띤 입자는 자기장의 영향을 받아 휜다. 안개 상자에 자기장을 걸어준 뒤 입자가 얼마나 휘는지 가장 먼저 연구한 사람은 러시아 출신 표트르 카피차였다. 1922년에 그는 러더퍼드와 함께 알파입자를 연구하고 있었다. 카피차는 자기장을 건 다음, 안개 상자를 통과하면서 휘는 알파입자의 에너지를 측정했다. 안개 상자에서 짧은 시간 동안 형성된 궤적을 사진으로 찍어서 살펴보면 지나간 입자의 개수와 에너지를 알 수 있다. 입자가 휘는 방향을 보면 입자의 전하가 음인지 양인지도 판단할 수 있다.

1927년에 러시아의 드미트리 스코벨친이 윌슨의 안개 상자를 이용해서 우주선을 눈으로 본 것은 순전히 우연이었다. 스코벨친은 라듐의 동위원소에서 나오는 감마선을 안개 상자에 통과시켜 상자 안에 있던 기체 분자가 이온화하며 내놓는 전자의 궤적을 연구했다. 예상한 대로 전자들은 자기장의 영향으로 원형의 궤적을 그렸다. 그 중에 이상한 궤적이 눈에 들어왔다. 자기장의 영향을 받지 않고 지나간 궤적이 있는 듯 했다. 전하를 띤 입자는 맞는데, 속도가 워낙 빨라 자기장의 영향을 거의 받지 않았다. 이 입자는 라듐의 동위원소에서 나오는 베타선보다 에너지가 열 배 이상 컸다. 스코벨친은 이 입자를 울트라 베타입자라고 불렀다. 울트라 베타입자는 울트라 감마선인 우주선이 안개 상자 내부의 기체 분자를 이온화시킬 때 나오는 2차 베타입자라고 생각했다. 스코벨친 역시 우주선은 에너지가 매우 큰 감마선이라고 믿었다. 하지만 스코벨친의 측정 결과를 본 몇몇 사람은 우주선이 어쩌면 감마선이 아닐지도 모른다고 의심하기 시작했다.

◦ 발터 보테

발터 보테는 1913년에 베를린 대학을 졸업한 뒤, 물리기술 제국연구소의 가이거 연구실에 조수로 들어갔다. 그가 가이거를 만난 것은 정말이지 엄청난 행운이었다. 그의 인생에 가장 큰 영향을 끼친 사람이 가이거였다. 게다가 보테의 지도교수는 당시 영향력이 엄청났던 막스 플랑크였다. 그러나 행운이 있으면 불운도 한 번씩 따라온다. 그리고 그 불행은 때로 새옹지마가 되기도 한다. 보테의 삶도 그랬다. 보테는 1914년 베를린 대학에서 박사 학위를 받았는데, 그해에 제1차 세계 대전이 일어났다. 그는 군에 들어가 동부전선에 투입되어 러시아군과 싸웠다. 동부전선은 서부전선과는 또 다른 지옥이었다. 겨울에는 추위와 사투를 벌여야 했고, 봄에는 질척이는 진흙탕에서 지내야 했다.

1915년 7월의 어느 날, 보테는 전투 중에 러시아군에 포로로 잡히고 말았다. 그는 러시아로 끌려가 시베리아의 포로수용소에서 갇혀 지냈다. 그곳에서 그는 러시아어를 배우면서 학위 논문에서 미처 다루지 못했던 문제를 계속 연구했다. 원래부터 시간을 효율적으로 사용하고 집중력이 뛰어났던 보테는 포로수용소에 갇혀 있으면서도 빈둥거리지 않고 여러 가지를 배웠다. 그렇게 이 년이 흘렀는데, 1917년에 볼셰비키 혁명이 일어나면서 포로수용소는 정부의 관리를 받지 못하고 내팽개쳐졌다. 지원이 끊긴 포로들은 스스로 살아갈 방도를 구해야 했다. 보테는 알고 있던 화학 지식을 이용해 근처 작은 공장에서 성냥을 만들어 팔았다. 거기서 번 돈으로 보테와 포로들은 근근이 생활을 이어갈 수 있었다.

1920년에 드디어 오 년의 포로 생활을 끝내고 보테는 고향으로 돌아갈 수 있었다. 돌아가는 길에 베를린에 있을 때부터 알고 지냈던 러시아 여인 바바라 벨로바를 다시 만나 모스크바에서 결혼식을 올렸다. 보테는 포로수용소에 지낼 때도 벨로바와 편지를 주고 받았다. 그때 결혼한 아내 벨로바와 죽는 날까지 행복하게 살았으니,

포로 생활은 힘들었지만 러시아에서 지냈던 세월이 보테에게 헛된 것만은 아니었다.

베를린으로 돌아온 보테는 물리기술 제국연구소의 가이거 연구실에 다시 들어갔다. 실험실을 떠난 지 오 년이 넘었지만 보테의 실험 실력은 여전했다. 처음에 보테는 같은 연구소에 있는 아인슈타인의 이론을 검증하는 실험을 했다. 아인슈타인이 오래전에 설명했던 광전 효과에도 관심이 있었다. 광전 효과는 빛이 입자라는 사실을 보여줬다. 그런데 광전효과에 견줄 만큼 놀라운 실험이 하나 더 있었다. 1923년에 미국의 아서 콤프턴이 전자와 엑스선 산란을 실험했는데, 그 결과는 당시 많은 사람들을 혼란에 빠뜨렸다. 맥스웰 방정식에 따라 행동하는 엑스선이 파동이 아니라 입자라니, 이 모순된 상황을 어떻게 받아들여야 할지 사람들은 크게 당황했다. 이때는 양자역학이 세상에 나오기 전이라 사람들이 느낀 혼란은 엄청났다. 이 모순을 극복하려고 닐스 보어와 한스 크라메르스, 존 슬레이터는 이런 주장까지 했다.

"원자 층위에서 일어나는 반응은 굳이 에너지 보존을 만족하지 않아도 된다. 에너지는 거시적인 관점에서 통계적으로 보존될 뿐이다."

에너지 보존, 그것은 과학자들에게 함부로 손댈 수 없는 성배였다. 파울리는 이런 생각에 격렬하게 반대하며, '코펜하겐 반란(Copenhagen putsch)'이라고 비판했다. 보테는 이 주장을 실험으로 확인해볼 필요가 있다고 여겼다. 보테가 가이거 밑에서 일하면서 몇 년 동안 한 실험은 대부분 '빛은 입자인가'를 확인하는 것이었다. 그러니 보테가 콤프턴 산란에 관심이 간 것은 당연했다.

보테는 가이거와 함께 일 년 가까이 실험했다. 우선 유리로 된 공 모양의 반응기에 바늘 계수기 두 개를 서로 마주 보게 달았다. 그리고는 수소 기체로 반응기를 채우고, 계수기 사이로 엑스선을 조준해서 보냈다. 바늘 계수기는 가이거가 자신이 개발한 계수기를 발전시킨 것으로 알파입자 외에 전자도 측정할 수 있었다. 계수기 하나는 엑스선이 수소 원자와 충돌해 내놓는 전자를 측정하도록 했고, 다른 하나는 산란된 엑스선을 측정할 수 있게 했다. 그런데 바늘 계수기로 전자는 측정할 수 있어도, 엑스선은 측정할 수 없었다. 그래서 이들은 엑스선을 측정할 계수기 앞쪽에 백금박을 붙였다. 산란된 엑스선이 백금박과 부딪쳐서 두 번째 콤프턴 산란을 일으켰고, 거기서 다시 전자가 튀어나왔다. 그러니까 이 전자를 측정하면 콤프턴 산란을 일으킨 엑스선을 측정하는 것이나 마찬가지라고 할 수 있었다. 이건 정말이지 영리한 착안이었다. 보테와 가이거는 여러 번의 실패 끝에 두 전자가 '동시'에 발생했다고 할 수 있는 시간차를 만분의 일 초 수준까지 줄일 수 있었다. 이 방법은 '동시 방법(coincidence method)'이라고 알려져 있는데, 보테가 가장 먼저 제안한 방법이었다.

만약에 보어와 크라메르스, 슬레이터의 생각이 맞다면, 두 개의 바늘 계수기로 동시에 들어오는 전자의 수는 매우 적어야 했다. 보테와 가이거는 에너지 보존 법칙과 운동량 보존 법칙은 콤프턴 산

보테와 가이거의 동시 방법 실험

수소 기체를 채운 공 모양의 유리 기구 안에 두 개의 바늘 계수기를 붙지 않게 마주 놓고, 계수기 사이로 엑스선을 보내 엑스선과 수소 원자 사이에 콤프턴 산란이 일어나도록 했다. 한쪽 계수기에서는 되튀어나온 전자를 검출하고, 맞은편 계수기에서는 산란된 엑스선이 계수기 입구에 설치한 백금 박막과 충돌하면서 발생한 전자를 검출했다. 두 계수기에서 측정한 시간을 비교해 전자와 광자의 발생이 동시에 일어났다는 것을 보일 수 있었다. 보테가 제안한 '동시 방법'은 우주선 실험에서 큰 역할을 하게 된다.

(W. Bothe, H. Geiger, *Z. Phys.* **32** (1925) 639 – 663)

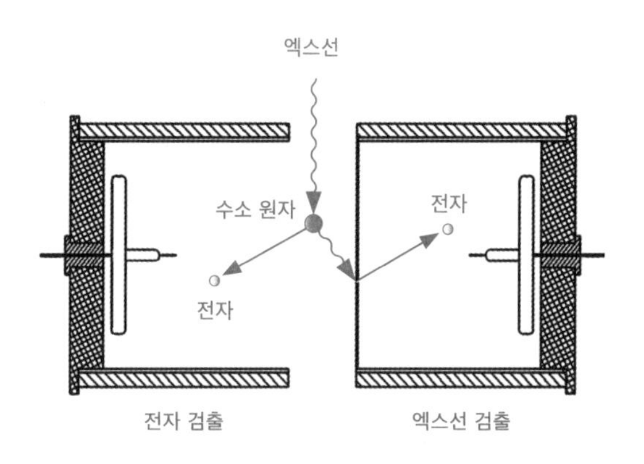

란과 같이 원자 수준에서 미시적으로 일어나는 반응에서도 똑같이 지켜진다는 것을 보였다. 무엇보다 중요한 건, 광자가 단순히 현상을 이해하기 위한 수단이 아니라 실재하는 입자라는 사실을 실험으로 확인했다는 것이다. 이론물리학자가 멋진 아이디어를 내놓는다고 해도 최종 판단을 내리는 건 보테와 가이거 같은 실험물리학자의 몫이었다. 이론물리학자는 자연의 법정 앞에서 자신의 이론을 변호하지만, 그 이론이 맞는지 틀리는지 재판봉을 두드리는 건 실험물리학자였다. 이 동시 방법은 우주선 연구에서 제대로 진가를 발휘하게 된다. 발터 보테는 동시 방법을 발명한 공로로 1954년에 노벨물리학상을 받았다. 가이거는 1945년에 사망해서 함께 노벨상을 받지 못했다.

◦ 동시 방법

1927년이 되자 보테는 관심을 우주선과 방사선 연구로 돌렸다. 그건 가이거에게서 받은 영향 때문이기도 했다. 가이거는 보테에게 언제나 이런 말을 하곤 했다.

"과학자는 여러 실험 중에서 가장 긴급한 실험을 가능한 가장 간단한 장비로 해야 한다."

보테는 지금 자신이 최우선으로 해야 할 일이 우주선에 관한 연구라고 생각했다. 그리고 1928년 콜회르스터와 같이 우주선 연구에 집중했다. 보테가 제안한 동시 방법은 우주선 연구에서 위력을 발휘했다. 보테는 동시 방법을 이용하면 밀리컨의 주장처럼 우주선이 감마선인지 여부를 확실하게 확인할 수가 있다고 생각했다.

그 동안 바늘 계수기는 발전을 거듭했다. 가이거는 보테와 했던 실험을 마무리하고 키일 대학으로 갔고, 그곳에서 박사 과정 학생인 발터 뮐러와 함께 가이거-뮐러 계수기를 완성했다. 가이거-뮐러 계수기의 생김새는 이랬다. 원통형 유리관에 헬륨이나 네온, 아르곤 같은 비활성 기체를 넣고 축 방향으로 양극(anode) 역할을 하는 전선을 끼웠다. 유리관 바깥쪽은 아연과 같은 금속으로 감싸 음극(cathode)을 만들어 주었다. 양극과 음극 사이에 1000볼트 정도의 높은 전압을 걸어 주었는데, 원통의 한쪽 끝으로 들어온 방사선이 안쪽에 있는 기체를 이온화시키면 양전하를 띠는 기체 이온은 음극으로, 음전하를 띠는 전자는 양극 방향으로 이동했다. 이때 발생하는 전류의 크기를 측정하면 이온이 얼마나 발생했는지 알 수 있었다.

보테와 콜회르스터는 가이거-뮐러 계수기와 동시 방법을 이용하면 우주선이 감마선인지 확인할 수 있을 것 같았다. 그들은 우선 가이거-뮐러 계수기 두 개를 위아래로 나란히 놓고, 계수기 사이에 4.1센티미터 두께의 금판을 넣을 수 있도록 실험 장치를 꾸몄다. 금은 밀도가 높아서 감마선 때문에 생긴 전자의 에너지로는 통과할 수가 없었다. 그리고는 다른 방사선이 들어오지 못하도록 이 장치를 두께 5센티미터의 철 상자에 넣고 다시 두께 6센티미터인 납 상자로 감쌌다. 이제 우주선이 감마선이라면 계수기 안의 기체 원자와 콤프턴 산란을 일으켜 전자를 내놓을 것이고, 이 전자는 다시 계수기 외벽을 뚫고 또 하나의 계수기로 넘어가 거기서도 신호를 만들어 낼 것이었다.

우주선은 계수기 두 개에 동시 신호를 일으켰다. 이제 계수기 사이에 금판을 끼워 넣었다. 그런데 결과는 예상과 달랐다. 놀랍게도 두 계수기 사이에 금을 넣어도 76퍼센트의 입자가 계수기에서 동시에 검출되었다. 이건 무얼 의미하는 것일까? 감마선 때문에 튀어나온 전자라면 두 개의 계수기에 동시에 신호를 만들어 낼 수가 없었다. 왜냐하면 되튀어 나온 전자가 이 정도 두께의 금을 뚫고 지나갈 만큼 에너지를 가질 리가 없기 때문이었다. 그러니까 이 두 개의 계수기에서 동시에 신호를 만들어낸 입자는 감마선 때문에 생겨난 전자가 아니라 우주선 자체가 전하를 띤 입자라는 사실을 암시하였다. 이건 밀리컨의 주장을 정면으로 반박하는 발견이었다. 게다가 두 사람은 이 실험에서 그때까지 알려지지 않았던 입자도 발견했는데, 아쉽게도 그 입자가 무엇인지 당시에는 해석해 내지 못했다. 그들이 본 입자는 1936년에 앤더슨과 네더마이어가 발견한 메조트론이었다.

보테와 콜회르스터의 실험은 우주선 연구에 커다란 전환점이 되었다. 또한 밀리컨이 "수소 원자들이 합쳐져 탄생하는 헬륨이 부르짖는 울음이라는 주장"에 일격을 날린 실험이기도 했다. 보테와 콜회르스터가 발견한 사실은 이 년 전 네덜란드의 야콥 클라이가 본 것과도 관련이 있었다.

◦ 우주선의 위도 효과

1927년에 야콥 클라이는 네덜란드 식민지였던 인도네시아의 한 대학에서 근무하고 있었다. 그는 매년 네덜란드를 방문했다. 그가 타고 다녔던 배는 네덜란드의 증기선, 슬라마트호였다. 이 배는 암스테르담을 떠나 영국 사우샘프턴과 프랑스 마르세유를 거쳐 수에즈 운하를 통과하고 싱가포르를 지나 자바섬으로 항해했다. 클라이는 이 배를 타고 네덜란드로 돌아오는 동안 우주선을 측정했다. 1928년과 1929년에도 자바섬과 네덜란드를 오가며 같은 실험을 반복했는데 결과가 이상했다. 우주선의 세기가 적도 근처에서는 네덜란드에서 측정한 값보다 10에서 15퍼센트 정도 작았다. 이 소식을 들은 보테와 콜회르스터는 자신들이 실험에서 확인했던 것처럼 우주선이 전하를 띤 입자라서 그렇다고 말했다.

밀리컨과 캐머런도 이 사실을 듣고는 비슷한 실험을 했다. 두 사람은 볼리비아로 내려갔다. 볼리비아는 위도가 남위 17도였고, 캘리포니아 공과대학이 있는 패서디나는 북위 34도였다. 이 두 곳에서 측정한 우주선의 세기는 큰 차이가 없었다. 두 사람은 다시 캐나다 북쪽 끝에 있는 처칠이라는 도시로 갔다. 북위 59도에 쏟아지는 우주선의 세기도 패서디나에서 측정한 값과 별반 다르지 않았다. 만약에 두 사람이 얻은 실험 결과처럼 위도에 따라 우주선의 세기가 변하지 않는다면, 밀리컨의 주장처럼 우주선이 전하를 띤 입자가 아니라 감마선이라는 말이 맞게 된다. 빛의 속도에 가깝게 빠른 속도로 지구로 들어오는 우주선이 전하를 띤 입자라면 지구 자기장의 영향을 받아 휘게 된다. 그래서 지구로 들어오는 우주선은 전하가 양이냐, 음이냐에 따라 북극 또는 남극 쪽으로 방향을 틀 것이다. 그리고 클라이가 측정했던 것처럼 우주선이 휘기 때문에 적도에서 측정되는 우주선의 세기는 다른 곳보다 줄어들 것이다. 반면에 우주선이 감마선이라면, 전하가 없으므로 지구 자기장의 영향을 받지 않고 지구로 들어올 것이고, 지구 어디에서 측정하든 상관없이 우주선의 양은 비슷하게 측정될 것이었다. 그리고 고도만 같다면 우주선의 세기가 위도에 따라 다르게 측정될 이유도 없었다.

하지만 만만치 않은 적수가 밀리컨을 기다리고 있었다. 바로 아서 콤프턴이었다. 그는 1923년에 전자와 광자가 부딪히면 광자의 에너지가 줄어든다는 사실을 실험적으로 입증했다. 이 실험은 빛은 파동이기도 하지만, 입자로 볼 수도 있다는 사실을 보여 주었는데, 이 현상을 콤프턴 효과라고 부른다. 이 실험으로 콤프턴은 1927년에 노벨 물리학상을 받았다.

콤프턴은 우주선이 감마선이라는 밀리컨의 주장에 반기를 들었다. 1932년부터 1933년까지 콤프턴은 당시에는 상상하기 힘들 정도로 큰 실험 그룹을 꾸려 여덟 차례에 걸쳐 전 세계를 돌아다니며 우주선의 세기를 측정했다. 콤프턴과 동료들이 다닌 거리는 8만 킬로미터가 넘었다. 그들은 다섯 대륙을 다녔고 적도를 다섯 번이나 넘나들었다. 콤프턴은 자신이 직접 만든 이온화 체임버를 우주선 측정에 사용했다. 그 후에도 배를 타고 캐나다의 밴쿠버에서 오스트레일리아의 시드니와 태즈메이니아까지 다니면서 수십 차례에 걸쳐 우주선의 세기를 측정했다. 당시 교통편이라는 게 지금과 달리 무척 느리다는 점을 감안하면 우주선을 정확하게 측정하려고 콤프턴이 쏟은 열정은 대단했다.

콤프턴이 얻은 결과는 밀리컨의 주장을 완전히 뒤집었다. 해발

4360미터에서 위도를 바꿔가며 우주선의 세기를 측정했는데, 북위 60도 지점에서는 적도보다 우주선의 세기가 33퍼센트나 더 높게 측정되었다. 해수면에서 측정했을 때도 위도 60도 이상 지점의 우주선 세기는 적도에서 잰 것보다 14퍼센트나 더 강했다. 콤프턴은 자신이 측정한 결과를 이용해서 우주선은 전하를 띤 입자라는 사실을 밝혔다. 그러니까 콤프턴의 발견은 밀리컨이 말한 "우주선은 수소 원자들이 합쳐져서 다른 원소를 만들면서 내는 울음소리"라는 주장은 그저 낭만적인 말에 불과하다는 걸 보인 것이었다. 우주선은 감마선이 아니었다.

그러나 이 소식에 손을 놓고 있을 밀리컨이 아니었다. 밀리컨은 대학원생 빅터 네허와 함께 검전기와 이온화 체임버를 결합한 새로운 검출기를 만든 다음, 자신은 탐험팀을 꾸려 북극으로 가고, 네허는 남아메리카로 보냈다. 이번 실험에서도 그는 위도에 따라 우주선의 세기가 변하지 않았다는 결과를 얻었다. 밀리컨은 미국으로 돌아와 바로 기자 회견을 했다.

"우주선의 세기는 위도에 따라 변하지 않았습니다."

기자 회견은 콤프턴에게 보내는 도전장이나 다름없었다. 두 사람 사이에 오고 간 논쟁은 《패서디나 스타 뉴스》라는 지역 신문에 두 사람의 사진과 함께 크게 실렸다. 기사 제목은 '우주 방사선의 앙숙, 방사선의 근원에 대해 다투다'였다. 두 명의 노벨상 수상자 사이에 벌어진 스타워즈였다. 누가 이 전투에서 승리했을까? 남아메리카에서 돌아온 네허가 밀리컨에게 말했다.

"유감스럽지만 결과를 얻고 확인하니 측정 장비가 어긋나 있었어요."

그 말을 들은 밀리컨은 화가 머리끝까지 났다. 밀리컨은 네허의 부정확한 측정 결과로 기자 회견을 한 셈이었다. 기자 회견은 이미 끝났고 되돌리기에는 너무 늦어 버렸다. 1933년 봄에 밀리컨은 팀을 꾸려 다시 실험에 착수했다. 이번에는 비행기를 타고 위도를 바꿔가며 우주선의 세기를 측정했다. 콤프턴이 얻었던 것처럼 밀리컨이 잰 우주선의 세기도 위도에 따라 변했다. 밀리컨은 콤프턴이 옳았다는 것을 인정할 수밖에 없었다. 우주선은 감마선이 아니라 전하를 띤 입자였다.

◦ 브루노 로시

1928년 피렌체의 초봄은 제법 쌀쌀했다. 볼로냐 대학에서 박사학위를 막 마친 브루노 로시는 아르체트리 언덕배기에 있는 피렌체 대학 물리연구소로 걸어가고 있었다. 길 양옆으로는 올리브 나무가 빽빽이 들어차 있었다. 언덕에 올라서자 멀리 아르노강이 눈에 들어왔다. 로시의 눈앞에는 토스카나 지역의 아름다운 경치가 펼쳐졌다. 가슴이 탁 트이는 것만 같았다. 아르체트리. 이곳은 갈릴레오 갈릴레이가 가택 연금을 당한 채 말년을 보냈던 곳이기도 했다. 베네치아 출신인 로시에게 아르체트리의 풍경은 새로웠다. 그곳은 그가 몇 년을 보냈던 볼로냐와도 사뭇 달랐다. 로시는 아르체트리 물리 연구소의 소장인 안토니오 가르바소 교수의 조수로 채용되었다. 피렌체의 시장이자 상원의원이기도 했던 가르바소는 아무리 바빠도 일주일에 세 번은 아르체트리 연구소에 나와 강의를 하고 연구원들과 토론했다.

연구소는 작고, 실내는 서늘했다. 운영비가 많지 않아 겨울이면 땔감이 부족해 연구원들은 늘 추위에 떨어야 했다. 그래도 가르바소가 피렌체 시장이었던 덕에 전기료를 제때 못 내도 전기가 끊어지는 일은 없었다. 로시는 연구소에 있는 사람들과 인사를 나눴다. 그곳에는 훗날 유명한 물리학자로 이름을 남길 주세페 오키알리니와 줄리오 라카도 있었다.

로시는 아르체트리에 와서 보낸 일 년 동안 이런저런 실험에 손을 대봤지만, 신통한 결과를 얻지는 못했다. 그래서 성과를 낼 만한 다른 연구 주제를 찾아보고 있었다. 1929년 가을, 로시는 보테와 콜회르스터가 쓴 논문을 보았다. 로시는 우주선이 감마선이라고 밀리컨이 주장했다는 이야기 정도는 알고 있었지만, 우주선에 그다지 큰 관심이 있진 않았다. 그러나 보테와 콜회르스터의 논문을 읽으면서 로시는 눈이 번쩍 뜨였다. 그는 우주선이 감마선이 아니라 전하를 띤 입자일 수도 있다는 생각을 한 적이 없었다. 하지만 만약에 이 두 사람 발견한 것이 사실이라면, 그건 밀리컨의 주장에 정면으로 맞서는 것이었다. 이건 어쩌면 정말 흥미진진한 일이 될 것 같았다. 로시는 먼저 보테와 콜회르스터가 한 실험 결과를 확인해 보아르체트리 물리 연구소에서 우주선 실험 장치를 점검하고 있는 브루노 로시.
(B. Rossi, *Momenti nella vita di uno scienziato*(1987))

기로 했다. 그러려면 먼저 가이거-뮐러 계수기가 필요했다. 로시는 계수기를 직접 만들기로 했다. 그러나 계수기의 원통은 음극 역할을 하므로 아연으로 만들어야 했는데, 당시 이탈리아에서는 그걸 만들 수 있는 곳이 없었다. 로시는 하는 수 없이 진공관에 얇은 아연판을 감아서 쓰기로 했다. 그는 우여곡절을 겪으며 가이거-뮐러 계수기를 만들어 냈다.

로시가 볼 때 발터 보테가 제안한 동시 방법은 지나치게 단순해 보였다. 실제로도 보테가 제안한 회로는 우주선을 동시 측정할 때 정확도가 떨어졌다. 그래서 로시는 가이거-뮐러 계수기에 진공관을 여러 개 달아 동시 측정을 제대로 할 수 있도록 회로를 꾸몄다. 사실 보테도 진공관을 써서 회로를 만들기는 했지만 로시가 만든 것보다 성능이 떨어졌다. 로시가 제안한 방법은 오늘날 물리학 뿐 아니라 컴퓨터 공학에서 사용되는 논리 회로의 원조 격이었다. 이제 가이거-뮐러 계수기에 신호가 동시에 들어올 때만 우주선을 관측하는 회로가 마련된 셈이었다.

로시의 연구를 흥미롭게 지켜보던 가르바소는 로시에게 베를린에 있는 물리기술 제국연구소에 연수를 다녀오면 어떻겠냐고 제안했다. 그러면서 로시에게 베를린에 다녀올 여비를 마련해 주었다. 그는 1930년 여름에 물리기술 제국연구소에 있는 방사선의 연구실을 방문했다. 당시 베를린은 물리학의 중심지였다. 그곳에서 그는 막스 플랑크, 알베르트 아인슈타인, 오토 한, 리제 마이트너, 막스 폰 라우에, 발터 네른스트, 베르너 하이젠베르크 같은 위대한 과학자들을 만날 수 있었다. 그러나 로시에게 그보다 더 큰 행운은 보테에게서 제대로 된 실험을 배울 수 있었다는 것이었다. 보테는 성격이 차가운 편이었지만 로시에게는 친절하게 대했다. 로시는 연구실에 있는 가이거-뮐러 계수기가 자기가 만든 것보다 훨씬 안정적이고 성능이 좋다는 것을 알게 되었다. 그는 그 이유를 알 수 없었다. 가이거는 자신이 개발하고 있는 계수기의 상세한 제작 내역을 공개하지 않았다. 함께 연구했던 사람들 정도만 그 제작법을 알고 있었다. 그런데 하루는 보테가 로시를 불러내더니 구석진 곳으로 데리고 갔다.

"내가 비밀을 하나 알려 줄게요. 지금부터 내가 하는 말은 다른 사람에게는 알려주면 안 됩니다."

"네."

"내가 만든 계수기의 양극(anode)은 철사로 만든 게 아니라 가느다란 알루미늄선으로 만든 겁니다!"

베를린에 머무는 동안 로시는 보테에게 정말 많이 배웠다. 그리고 보테와 콜회르스터가 북해와 북대서양을 오가며 위도에 따라 우주선의 세기가 어떻게 달라지는지 측정하고 있다는 사실도 알게 되었다.

보테에게는 비밀을 지키겠다고 약속했지만, 피렌체로 돌아온 로시는 동료들에게 보테가 일러준 비밀을 알려 주었다. 로시도 보테처럼 계수기 제작의 비법을 알려주며 비밀로 해달라는 말까지 보탰다. 하지만 조금이라도 정밀한 실험 장비를 갖고 싶은 과학자들에게 공공연한 비밀은 있어도 진짜 비밀은 없었다.

로시는 1933년에 우주선이 입자인지 여부를 확인하려고 보테와 콜회르스터가 썼던 것보다 좀 더 발전된 방법을 고안했다. 두 개의 계수기를 나란히 놓고 사이에는 납판을 넣을 수 있게 했다. 위쪽 계수기와 아래쪽 계수기에 동시에 신호가 잡히면, 우주선이 이 두 계수기를 동시에 통과했다고 할 수 있었다. 처음에 계수기 사이에 넣은 납판의 두께는 25센티미터였다. 이 납판은 투과한 우주선의 60퍼센트를 통과시켰다. 나중에는 납판의 두께를 1미터까지 증가시켜 측정했는데, 우주선 중에서 약 40퍼센트는 1미터의 납판을 통과할 만큼 에너지가 컸다. 이건 우주선의 에너지가 최소 1기가전자볼트 이상이라는 것을 의미했다. 우주선이 감마선이나 전자였다면, 이 정도 에너지를 지닌 채 1미터나 되는 납판을 투과할 수는 없었다. 로시가 발견한 사실 역시 우주선이 감마선이라는 밀리컨의 주장을 정면으로 반박하고 있었다.

1931년 10월 11일부터 18일까지 로마에서 국제 핵물리학회가 열렸다. 학회의 가장 큰 관심사는 단연 우주선의 정체였다. 학회 내내 '우주선은 원자들이 탄생하며 내놓는 감마선이라는 울음소리'라는 주장과 '우주선은 전하를 띤 입자'라는 주장 사이에 격렬한 충돌이 있었다.

학회의 압권은 베를린에서 온 보테의 발표와 당시 스물여섯 살이던 로시의 발표였다. 10월 14일 수요일, 이탈리아 물리학자로는 유일하게 연사로 초청받은 로시가 '투과하는 우주선 문제'라는 제목

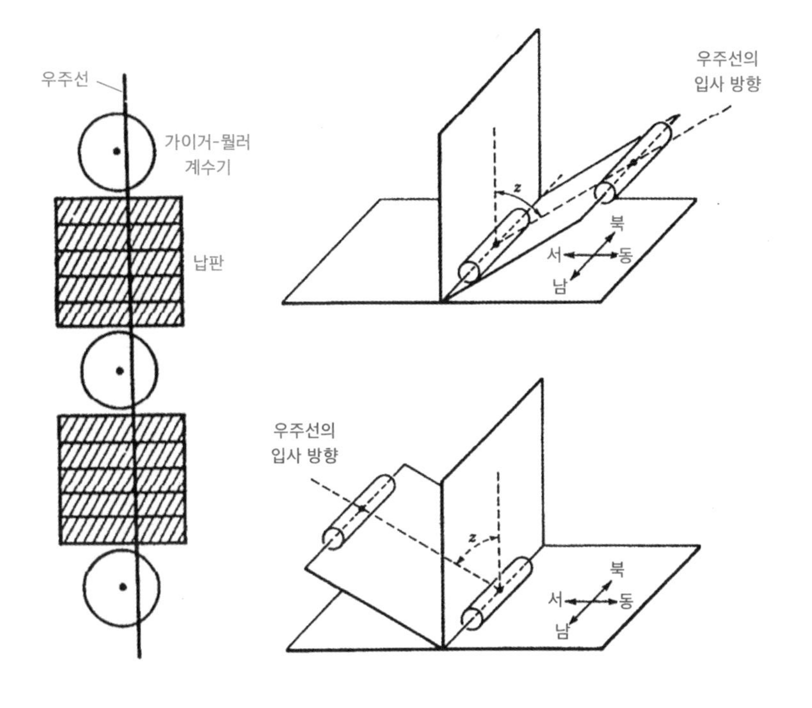

로시의 동시 방법을 이용한 우주선 측정

로시는 가이거-뮐러 계수기를 동시 회로로 연결해 다양한 우주선 실험을 했다. (왼쪽) 우선 계수기를 위아래로 배치하고 그 사이에 납판을 끼워 넣고는 두 개의 계수기를 동시에 지나가는 우주선의 신호를 측정했다. 납판을 1미터까지 늘렸는데도 우주선의 40퍼센트가 관통했다는 결과를 얻었다. 이는 우주선이 감마선이 아니라 입자라는 사실을 보여주는 증거였다. 납판을 둘로 나눠 사이에 세 번째 계수기를 사이에 넣어 원치 않는 우연적 동시 신호를 대폭 줄일 수 있었다. (오른쪽) 역시 로시가 우주선의 동서 효과를 측정하기 위해 1933년 에리트레아에서 사용한 실험 장치다. 가이거-뮐러 계수기 두 개를 나란히 놓고, 두 계수기에 신호가 동시에 잡히면 계수기 두 개를 관통하는 축 방향으로 우주선이 들어왔다고 보았다. 서쪽 방향으로 우주선이 많이 측정되었고, 이는 우주선이 양전하를 띤 입자라는 사실을 잘 보여 주었다. (B. Rossi, *Cosmic Rays* (1964) 46, 70)

으로 발표를 했다. 그는 "우주선은 전하를 띤 입자이지 감마선이 아니"라고 주장했다. 발표를 듣고 있던 밀리컨의 얼굴은 굳어졌고, 콤프턴의 표정에는 미소가 흘렀다. 두 사람은 서로에게 반감이 있던 터라 학회에서도 데면데면하게 대했다. 밀리컨으로서는 나이 어린 로시가 감히 자신의 주장을 비판하는 걸 듣고 편할 리 없었다. 밀리컨은 로마 학회 이후 몇 년 동안 로시의 결과와 논문을 애써 무시했다. 그러나 대세는 이미 '우주선은 전하를 띤 입자'라는 쪽으로 기울고 있었다. 다음날에는 베를린에서 온 보테의 발표가 있었다. 보테 역시 로시가 발표한 것처럼 우주선은 전하를 띤 입자라는 사실을 강조했다.

◦ 우주선의 동서(東西) 효과

우주선이 감마선이 아니라 전하를 띤 입자라면, 전하가 양이냐 음이냐에 따라 지구 자기장에 의해 휘는 방향이 달라진다. 로시는 지구로 들어오는 양전하 입자와 음전하 입자의 개수가 다르다면, 동쪽에서 측정한 우주선의 세기와 서쪽에서 측정한 세기가 같지 않을 거라고 예상했다. 로시는 베를린에 머물면서 전하를 띤 입자가 지구 자기장에서 어떻게 움직이는지 설명한 카를 스퇴르머의 이론을 알게 되었다. 1930년에 그는 우주선이 만약 입자라면 전하의 종류에 따라 지구에 들어와 휘는 방향이 달라질 것이라는 예측을《피지컬 리뷰》에 발표했다.

베를린에서 아르체트리로 돌아온 로시는 1931년에 우주선의 동서 효과를 측정하려고 가이거-뮐러 계수기를 이용한 실험을 시작했다. 계수기 두 개를 축 방향에 일직선이 되도록 놓고, 입자가 계수기 두 개를 동시에 통과하면 신호가 발생하도록 했다. 이 장비는 나중에 '우주선 망원경(cosmic ray telescope)'이라고 불렸다. 로시는 자신의 예측을 입증하려고 이 장비를 지구 자기장 자오선의 동쪽과 서쪽 방향에 놓고 측정을 했지만, 우주선의 동서 효과를 확인할 만한 결과를 얻지는 못했다. 그래서 다시 한 번 당시 이탈리아의 식민지였던 아프리카의 에리트레아에서 실험할 준비를 하고 있었다. 그건 적도에 가까이 갈수록 동서 효과를 좀 더 확실하게 볼 수 있기 때문이었다. 그 사이에 파도바 대학의 교수가 된 로시는 연구소 세우는 일로 바빠 아프리카로 떠나는 일을 미뤄야 했다.

로시가 대학 일로 바쁘게 지내는 동안, 토머스 존슨 그룹과 루이 앨버레즈와 아서 콤프턴 그룹은 1933년에 각각 멕시코시티에서 우주선의 동서 효과를 측정하고 있었다. 이들은 30~60도 올려다 본 각도에서 동쪽과 서쪽에서 들어오는 우주선을 측정했다. 결과는 서쪽으로 들어오는 우주선의 양이 동쪽보다 더 많았다. 또한 위도가 높아지면 동서 효과의 세기도 약해졌다. 이것은 지구로 들어오는 우주선에는 양전하를 띤 입자가 많다는 것을 의미했다.

존슨도 그랬지만 앨버레즈와 콤프턴도 실험 결과를 발표하며 조르주 르메트르와 마누엘 바야르타가 동서 효과를 계산한 1933년 논문을 인용했다. 1930년에 발표한 로시의 논문은 인용하지 않았다. 이 사실을 안 로시는 크게 실망했다. 자신이 원래 계획했던 대로 아프리카에 좀 더 일찍 갔더라면 우주선의 동서 효과는 자신이 발견할 수도 있었을 테지만 후회하기엔 이미 늦었다. 하지만 로시는 1933년에 그들보다 몇 달 늦게 계획대로 아프리카 동부에 있는 에리트레아의 아스마라에서 우주선의 동서 효과를 실험했다. 이곳은 북위 15도로 위도가 낮고 해발 2300미터의 고지대라 우주선을 측정하기에 안성맞춤인 곳이었다. 로시가 얻은 결론도 분명했다. 우주선은 전하를, 그것도 양전하를 띠고 있는 게 분명했다. 우주선은 밀리컨이 주장하던 헬륨이 탄생하며 내놓는 감마선도 아니었고, 전자도 아니었다. 지구로 들어오는 우주선이 대부분 양성자로 이루어졌다는 사실은 1941년에 마르셀 샤인 그룹의 실험에서 명확하게 밝혀졌다.

우주에서 지구로 쏟아져 들어오는 우주선은 곧 사람들에게 그전에는 상상할 수 없었던 세계를 보여 주었다. 우주선의 동서 효과가 발견되기 몇 개월 전, 미국의 한 젊은 과학자는 우주선을 관찰하다가 지금까지 본 적이 없는 입자를 발견했다. 그건 태초에 물질이 탄생할 때 함께 생겨났던 반물질의 존재를 암시하는 입자였다. 그 새로운 입자가 발견되기 전, 그걸 먼저 예언한 사람이 있었다. 그의 이름은 폴 디랙이었다.

NUCLEAR
FORCE

5

디랙의 바다

과학의 목표는 어려운 일을 더 간단하게 이해하는 것이다. 반면에 시의 목적은 단순한 것을 이해할 수 없는 방식으로 표현하는 것이다. 이 둘은 서로 양립할 수 없다.

— 폴 디랙

폴 디랙이 베르너 하이젠베르크, 에르빈 슈뢰딩거(왼쪽부터)와 함께 있다.
닐스 보어가 시작한 양자역학은 이 세 사람에 의해 제대로 된 모습을 갖추었다. 1933년.
((cc) Tekniska museets)

은유가 문학에만 존재하는 것은 아니다. 문학과 물리학, 아무 연관이 없어 보이는 이 두 학문도 깊이 들여다보면 서로 실타래처럼 얽혀 있다. 시인은 중력을 노래하고, 빅뱅을 은유로 쓰고, 빛의 속력을 시에 적기도 한다. 철학자는 아인슈타인의 상대성 이론에서 생의 의미를 찾아내고, 열역학 제2 법칙에서 인생의 허무함을 발견한다. 소설가는 과학자에 앞서 세상의 파멸을 예언한다. 원자폭탄이 세상을 망하게 하리라는 걸 가장 먼저 예언한 사람은 『타임머신』을 쓴 허버트 조지 웰스였다.

문학에 관심이 없던 디랙의 입에서 은유가 나왔다는 건 역설적이다. 그는 전자로 가득 찬 세계를 '바다'라고 불렀다. 디랙은 오래전 데모크리토스가 공허라고 불렀던, 아무것도 없는 그곳이 실은 입자들로 가득 찬 복잡하기 짝이 없는 세상이라는 것을 보여 주었다. 그것이 디랙의 바다였다.

◦ 조용한 물리학자

물리학에는 디랙(dirac)이라는 단위가 있다. 한 시간에 한 단어를 말하면 1디랙이라고 부르고, 열 단어를 말하면 10디랙이라고 부른다. 물론 이 단위는 농담이다. 폴 디랙이 얼마나 말수가 적었으면, 친구들이 디랙이라는 단위를 고안했을까. 디랙은 정말이지 말이 없었다. 한번은 미국 지역신문의 한 기자가 디랙을 인터뷰했는데, 디랙의 대답은 대부분 "아니요"나 "네"로 끝났다. 아무리 길어야 두세 단어를 넘지 않았다. 디랙이 기자에게 대답한 말 중에서 그나마 길었던 단어는 "감자"였다. 기자가 어떤 음식을 가장 좋아하느냐고 물었을 때였다. 이 이야기가 지어낸 것이라고 하지만, 만약에 이 인터뷰가 사실이었더라도, 디랙은 그리 대답을 했을 것이다.

그러나 폴 디랙이 조용한 사람이라는 말에는 그가 어렸을 때 겪은 아픔이 담겨 있다. 디랙은 어려서부터 말이 없었고, 성격도 내향적이었다. 디랙의 아버지는 자녀에게 엄하게 대했다. 디랙이 기억하고 있는 아버지는 오직 엄하기만 한 사람이었다. 식탁에 앉아 자녀들과 식사할 때에도 아버지 찰스 디랙은 불어로만 이야기하라고 명령하듯 말했다. 아이들이 불어로 말하다 틀리기라도 하면, 아버지는 질책을 하며 꾸짖었다. 식탁에서는 밥을 남겨서도 안 되었다. 디랙은 불어로 말하다 틀리느니 차라리 말을 하지 않는 편이 더 낫다고 여겼다. 그는 어려서부터 감정을 잘 드러내지 않았지만, 엄한 아버지 밑에서 그의 성격은 점점 내향적으로 굳어져 갔고, 다른 사람에 대한 공감 능력도 무디어 갔다.

디랙이 고등학교에 들어갈 때쯤 제1차 세계 대전이 터졌다. 디랙의 아버지는 학교에서도 엄하기로 소문 난 사람이었지만, 불어를 정말 잘 가르치는 교사였다. 그는 아버지가 불어 교사로 있는 머천트 벤처러스 대학에 들어갔다. 그의 형 펠릭스도 이 학교에 다녔다. 디랙은 입학한 지 얼마 되지 않아 역사와 독일어만 빼면 모든 과목에서 최고 점수를 받는 학생이 되었다. 이 학교는 실용적인 지식을 가르치는 데 중점을 두었다. 헬라어나 라틴어는 가르치지 않았다. 문학에 관심이 없던 그에게 오히려 다행이었는지도 모른다. 고학년 중에는 전쟁에 참전하려고 입대한 학생들이 많았다. 그래서 디랙처럼 뛰어난 학생은 쉽게 고학년으로 올라갈 수 있었다. 전쟁은 그에게 교과 과정을 빨리 끝낼 기회를 준 셈이었다. 그는 수학과 과학 과목에서 두각을 나타냈다. 그가 워낙 뛰어나서 그를 가르치던 선생은 도서관에 가서 혼자 책을 보며 공부해도 된다고 허락할 정도였다. 그 선생은 리만 기하학을 공부해보라고 권하기도 했다. 공부는 무척 잘했지만, 학교에서도 워낙 말수가 적어 또래 친구들은 그를 이상한 친구라고 여겼다.

폴에게는 형 펠릭스가 있었고, 동생 베티가 있었다. 문제는 그의 형이었다. 형은 아버지와 사이가 좋질 않았다. 하지만 아버지의 권위에 눌려 제대로 대들지도 못했다. 펠릭스는 원래 의학을 공부하고 싶었지만, 아버지는 맏아들이 공학자가 되길 원했다. 당시에도 의사가 되려면 대학에서 공부해야 하는 시간이 길었다. 어쩌면 그의 아버지는 교육비에 부담을 느꼈을지도 모른다. 아버지 찰스는 펠릭스에게 머천트 벤처러스 대학에서 공학을 공부하라고 말했다. 그곳은 무엇보다도 학비가 쌌다. 펠릭스에게는 문제가 또 하나 있었다. 그는 자기보다 월등히 공부를 잘하는 동생 폴에게 열등감을 심하게 느꼈다. 어릴 때는 둘이 같이 놀기도 했지만, 펠릭스가 대학에 들어갈 즈음에는 둘 사이가 남남처럼 서먹해졌다. 폴이 사람들의 감정에 무딘 영향도 있었을 것이다.

디랙은 고등학교를 졸업하고 공학 외에는 딱히 다른 데 관심이 없었던 터라 아버지의 뜻을 따라 형 펠릭스처럼 전기공학을 전공하기로 마음먹었다. 그는 남들보다 두 살 이른 열여섯 살의 나이에 머천트 벤처러스 대학 전기공학과에 입학하였다. 그가 대학에 들어간 지 얼마 지나지 않아 제1차 세계 대전이 끝났다. 그리고 전쟁에 참전했던 학생들도 다시 학교로 돌아왔다. 머천트 벤처러스 대학도 마찬가지로 전쟁터에서 돌아온 학생들로 붐볐다. 그들은 학교 공부를 얼른 끝내고 취업하길 원했다. 학교 공부도 어느 정도는 그들의 요구에 맞춰졌다. 머천트 벤처러스 대학은 원래부터 실용적인 걸 더 많이 가르치는 학교이기도 했지만, 전쟁터에서 학교로 돌아온 학생들의 뜻을 존중해서 좀 더 실용적인 내용을 가르쳤다. 이건 디랙에게는 오히려 좋지 않았다. 그는 이론 공부에는 뛰어났지만, 손재주는 보잘것없었다. 기계를 만지는 일에는 무척 서툴렀다. 게다가 그곳에서는 공학만 가르치는 것이 아니라 특허를 내는 법, 회사를 경영하는 법, 세금을 계산하는 법 같은 것도 가르쳤다.

이듬해 여름에는 형 펠릭스가 대학을 졸업했다. 졸업 성적은 그다지 좋지 않았다. 동생과 그야말로 비교가 되었다. 펠릭스는 열등감이 더욱 심해졌다. 동생과 사이도 나빠졌다. 하지만 디랙은 누구에게 따뜻한 말을 건네거나 위로할 줄 몰랐다. 펠릭스는 대학을 졸업하고 집을 떠나 럭비에 있는 톰슨-휴스턴 전기회사에 취직했다.

1919년 11월 7일, 런던에서 간행되는 신문인 《타임스》의 12면에 머리기사 하나가 굵직하게 떴다.

"과학에서의 혁명, 우주의 새 이론, 뉴턴의 생각이 뒤집혔다!"

1919년 5월 29일, 1416년 개기일식 이후 가장 긴 개기일식이 6분 51초 동안 남반구에서 일어났다. 영국의 천문학자 아서 에딩턴은 장비를 꾸려 아프리카 남단의 프린시페섬으로 갔다. 그는 아인슈타인이 일반 상대성 이론에서 "빛은 중력장에서 휜다"라고 예측한 것을 검증하고 싶었다. 에딩턴은 1918년 일식 때 실험에 실패했던 터라 이번만큼은 치밀하게 준비했다. 프린시페섬에 도착한 에딩턴은 먼저 개기일식이 일어날 곳의 밤하늘 사진을 찍어 두었다. 그리고 개기일식이 일어날 때 사라진 태양 주변에 보이게 될 별들도 사진으로 찍었다. 아인슈타인의 예측이 맞는다면, 별빛은 태양을 지나면서 아주 약간 휘어야 했다. 그러니까 태양 근처에 보이는 별들의 위치가 개기일식 동안에는 살짝 이동한 것처럼 보일 거라고 예상했다. 에딩턴은 개기 일식이 끝난 후 두 사진을 비교했다. 결과는 아인슈타인이 예측한 것과 크게 다르지 않았다. 아인슈타인이 일반 상대성 이론으로 예언한 것처럼 빛은 정말이지 중력장에서 휘었던 것이다. 《타임스》의 머리기사는 빛의 속도로 전 세계에 퍼졌다. 뉴스마다 아인슈타인을 이야기했다. 에딩턴의 발견으로 아인슈타인은 하룻밤 사이에 세계적인 스타로 떠올랐다.

물리학자의 사진이 영화배우나 가수처럼 신문 전면에 크게 난 건 처음 있는 일이었다. 아인슈타인의 친구 야노시 플레쉬가 전한 이야기가 있다. 1931년에 아인슈타인은 아내와 할리우드에 있었는데, 그 소식을 들은 찰리 채플린이 아인슈타인 부부와 친구를 초대해서 저녁 식사를 같이했다. 그들은 찰리 채플린의 영화 〈시티 라이트〉를 함께 감상했다. 영화가 끝나고 채플린은 손님들을 차로 집에 데려다 주었다. 채플린과 아인슈타인을 본 사람들이 환호성을 지르자 채플린이 아인슈타인에게 조용히 말을 건넸다.

"사람들이 당신에게 환호하는 이유는 아무도 당신을 이해하지 못해서지만, 내게 환호하는 이유는 누구든 나를 이해할 수 있다고 생각하기 때문입니다."

에딩턴이 전한 뉴스는 전쟁에 지친 유럽 사람들에게 잠시 일상의 고통을 잊게 해주었다. 이제 공간과 시간은 따로 떼놓을 수 없게 되었고, 별들과 별빛은 아무 의미 없이 그저 자신이 가야 할 길을 가고 있을 뿐이었다. 인간의 우주관이 역사가 시작된 이래 이렇게까지 넓고 깊어진 적은 없었다. 아인슈타인의 헝클어진 머리와 콧수염이 천재 과학자의 상징처럼 자리 잡은 것도 이즈음이었다.

디랙도 이 뉴스를 들었다. 디랙에게 이 뉴스는 그의 삶을 송두리째 바꿀 정도로 충격적이었다. 머천트 벤처러스의 학생들 입에서도 아인슈타인과 일반 상대성 이론이라는 말이 동네 친구 얘기하듯 자연스레 흘러나왔다. 신문 기사와 에딩턴이 쓴 글을 읽고 디랙은 일반 상대성 이론이 무엇인지, 우주가 어떻게 작동하는지 알고 싶었다. 폴에게 그것은 계시와 같았다. 하지만 당분간은 마음을 접고 전기공학 공부에 열중할 수밖에 없었다. 3학년이 되자 폴도 회사로 실습을 나갔다. 그가 실습하러 간 곳은 럭비에 있는 전기회사였다. 그의 형 펠릭스가 다니는 회사였다. 폴은 살면서 처음으로 집을 떠나 낯선 곳으로 가게 되었다.

1920년 9월 디랙은 졸업 시험을 준비하면서 운 좋게 상대성 이론 강의를 들을 수 있었다. 전기공학을 배우면서도 디랙에게는 상대성 이론을 공부하고 싶은 마음이 있었다. 다행히 그해에 케임브리지에서 과학과 철학을 공부한 철학자 찰리 브로드가 브리스틀 대학에 왔다. 그는 물리학자는 아니었지만 브리스틀에 있는 누구보다 상대성이론을 잘 알고 있었다. 디랙은 그에게 상대성 이론을 배울 수 있었다.

디랙은 1921년 여름에 머천트 벤처러스 대학을 졸업했다. 전기공학을 공부하면서 '근사(approximation)'의 중요성을 깨달았다. 그리고 올리버 헤비사이드가 세워놓은 방법도 익혔다. 헤비사이드는 독특한 사람이었다. 그는 혼자서 연구하며 논문을 발표해 근근이 먹고 살았지만 뛰어난 업적을 많이 남겼다. 맥스웰 방정식을 처음 내놓은 사람은 제임스 맥스웰이지만, 벡터 해석을 이용해 오늘날 사람들이 쓰고 있는 형태로 맥스웰 방정식을 표현한 사람은 헤비사이드였다. 그는 연산 미적분(operational calculus)이라는 걸 만들어 쓰기도 했는데, 당시 수학자들은 헤비사이드가 제멋대로 수학을 만들어 쓰는 게 못마땅했다. 헤비사이드는 개의치 않았다. 그는 자신을 공격하는 수학자들에게 "소화의 원리를 모른다고 저녁 식사를 할 수 없는 건 아니다"라고 응수했다. 디랙은 전기공학을 공부하면서 익힌 헤비사이드의 방법을 나중에 양자역학에 적용한다.

디랙은 아버지의 뜻대로 케임브리지 대학에 가고 싶었지만, 장학금을 충분히 받을 수 없었다. 어쩔 수 없이 취직하기로 마음먹었지만, 이도 여의치 않았다. 그때 영국을 휩쓸던 불경기는 산업혁명 이래 최악이었다. 디랙을 받아주는 곳은 아무 데도 없었다. 그러나 디랙에게 이것은 또 하나의 계시였다. 만약 그가 취직을 했더라면, 물리학의 발전은 한참 늦어졌을 것이다. 그를 잘 아는 몇몇 교수들은 "놀고 있느니, 대학에 편입하는 게 어떻겠느냐"고 제안했다. 디랙 생각에도 그 편이 나아 보였다. 브리스틀 대학 수학과에서는 디랙이 학비 없이 편입할 수 있게 해주었다.

디랙은 그곳에서 공부하면서도 수학을 공부하는 다른 학생들에게 깊은 인상을 남겼다. 그는 아침 9시 수업에 가장 먼저 왔고, 교실에서는 아무런 말도 하지 않았다. 한 번씩 이야기해야 할 때도 감정이 실리지 않은 메마른 말투로 말했다. 학생들 중 그의 이름을 아는 사람은 아무도 없었다. 그해 12월에 성적이 공지되고서야 다른 학생들은 그의 이름이 폴 디랙인 줄 알았다. 디랙은 거기서 2년 동안 공부하며 본인도 깨닫지 못하는 사이에 앞으로 연구하게 될 물리학의 기초를 탄탄히 닦았다. 디랙은 이곳에서 해밀턴이 이뤄 놓은 새로운 해석역학도 완벽하게 익혔다. 해밀턴 역학은 디랙의 머릿속 깊숙이 자리 잡았고, 때가 되면 디랙을 전율에 휩싸이게 할 터였다. 디랙은 앞으로 자신이 전공하게 될 물리학을 연구하는 데 가장 필요한 두 개의 무기를 갖춘 셈이었다. 그건 머천트 벤처러스 대학에서 전기공학을 전공하며 배운 근사와 응용수학, 그리고 브리스틀 대학 수학과에서 익힌 순수수학이었다.

1923년 가을, 디랙에게도 기회가 왔다. 케임브리지에서 박사 과정을 할 수 있는 장학금을 받게 되었다. 그 돈으로 케임브리지에서 생활하기엔 빠듯했지만, 근근이 생활할 수 있을 정도는 되었다. 그는 아인슈타인의 상대성 이론을 연구하고 싶었다. 그래서 당시 영국에서 가장 앞선 상대성 이론 전공자인 에베네저 커닝엄을 찾아가서 학생으로 받아달라고 부탁했지만 거절당했다. 커닝엄은 더는 학생을 받지 않고 있었다. 하는 수 없이 디랙은 랠프 파울러 밑에서 공부하게 되었다. 이것이 디랙에게 다가온 세 번째 계시였다. 커닝엄은 구시대의 물리학자였지만, 파울러는 물리학자들이 이제 막 알아가기 시작한 원자물리학을 연구하고 있었다.

케임브리지에서 디랙의 생활은 단순했다. 월요일부터 토요일까지는 도서관의 구석진 곳에 앉아 온종일 꼼짝하지 않고 물리학 서적과 최신 원자물리학 논문을 공부하며 지냈다. 그리고 일요일 하루는 케임브리지 근처를 산책하며 보냈다. 1924년에 디랙은 두 개의 물리 클럽에도 가입했다. 워낙 비사교적이고 내성적인 성격이었지만, 브리스틀에서 지낼 때보다는 조금 더 나아졌다. 두 클럽 중 하나는 카피차 클럽(Kapitza Club)이었다.

◦ 카피차 클럽

표트르 카피차, 그는 여든네 살이 되던 1978년에 저온물리학에서 이룬 업적으로 노벨 물리학상을 받았다. 그는 물리학만 잘했던 게 아니라 세상을 보는 안목도 남달랐다. 유머와 재치도 넘쳐 주위를 늘 밝게 했다. 러시아 출신으로 제1차 세계 대전 중에는 폴란드 전선에서 구급차 운전병으로 활약했고, 그 후에는 러시아 물리학을 다시 세운 아브람 이오페 밑에서 연구했다. 그는 러시아에서 볼셰비키 혁명이 일어난 지 얼마 지나지 않아 병으로 아버지와 아들, 아내와 갓 태어난 딸까지 모두 잃고 한동안 실의에 빠진 채 지냈다. 이오페는 세상 사는 즐거움을 다 잃은 그에게 외국에 나가서 물리학을 더 공부하라고 권했다. 카피차는 스승의 조언을 따랐다. 원래는 네덜란드의 파울 에렌페스트 밑에서 공부하고 싶었다. 그러나 네덜란드 정부는 젊은 공산주의자가 자기네 나라로 들어오는 걸 좋아하지 않았다. 비자를 받을 수 없었던 카피차는 어쩔 수 없이 영국으로 가야 했다.

1921년부터 카피차가 케임브리지의 캐번디시 연구소 소장이던 러더퍼드 밑에서 일하게 된 것도 우여곡절 끝의 일이었다. 카피차는 러더퍼드에게 캐번디시에서 일할 수 있도록 허락해 달라고 부탁했다. 러더퍼드는 짧게 대답했다.

"안 됩니다. 여기는 이미 서른 명이나 있어서 한 사람을 더 고용할 여력이 없습니다."

그러자 카피차는 꾀를 하나 냈다.

"그러면 실험할 때 오차는 어느 정도면 결과로 받아들이나요?"

뚱딴지같은 카피차의 질문에 러더퍼드는 의아해하며 대답했다.

"2~3퍼센트 정도면 받아들입니다."

그러자 카피차는 재치 있게 말했다.

"그러면 서른 명에 저 하나 더 있다고 해서 표시 날 건 없을 것 같습니다만."

러더퍼드는 카피차의 대답을 듣고 호탕하게 웃었다. 러더퍼드 옆에 있던 채드윅이 한마디 거들었다.

"카피차가 이오페 제자입니다. 이오페가 추천했다면 연구소에서 제법 큰 역할을 할 겁니다."

러더퍼드는 채드윅의 말을 듣더니 카피차에게 내일부터 연구소로 출근하라고 말했다. 카피차는 그곳에서 십 년 넘게 일하면서 러더퍼드가 가장 아끼는 제자가 되었다.

카피차는 러더퍼드를 악어라고 불렀다. 그 별명은 카피차가 러더퍼드를 얼마나 존경하는지를 잘 보여 주는 말이다. 어떤 사람은 러더퍼드의 별명이 악어라는 말을 들으면, 『피터팬』에서 자명종을 삼킨 뒤에 재깍재깍 소리로 후크 선장을 공포에 떨게 했던 악어를 떠올릴지도 모르겠다. 러더퍼드는 실험실에서 학생과 연구원에게 매번 똑같은 질문을 했다.

"지금 실험이 어떻게 진행되고 있습니까?"

이 질문은 마치 후크를 좇는 악어가 내는 자명종 소리 같았다. 카피차는 나중에 왜 러더퍼드를 악어라고 불렀는지 그 이유를 설명했다. 그가 악어라고 부른 건 두 가지 의미가 있었다.

"러시아에서 악어는 한 집안의 아버지를 상징합니다. 또 악어는 고개가 뻣뻣해서 뒤를 돌아보지 않지요. 입을 크게 벌리고 먹잇감을 향해 앞만 보고 달려가지요. 그게 과학이고, 그게 러더퍼드예요."

실제로 러더퍼드는 연구에 관해서는 저돌적이었다. 악어는 오늘날 캐번디시 연구소의 상징으로 남아 있다. 러더퍼드는 카피차가 자신을 악어라고 불렀어도 그를 정말 아꼈다. 카피차가 워낙 실험에 뛰어나서 그가 실험 장비를 꾸리는 데 돈이 필요하다고 하면 따지지 않고 그의 말을 들어줄 정도였다.

카피차가 케임브리지에 온 지 얼마 지나지 않았을 때, 그가 보기에 영국 학생들은 권위에 과도할 정도로 맹종하는 것처럼 보였다. 선배들이나 교수들이 하는 말이라면, 비판 없이 따르는 학생들이 못마땅했다. 카피차는 이래서는 젊은 학생들에게서 새로운 물리학이 나올 수 없다고 여겼다. 학생들에게 권위나 격식은 내려놓고 오직 물리학만을 논하자며 세운 게 카피차 클럽이었다. 이 클럽은 좀 비밀스러운 구석이 있었다. 클럽 회원이 되려면 다른 회원들의 동의를 구해야 했고, 회원의 수도 엄격히 제한하였다. 카피차는 이 클럽에서만큼은 선배나 교수 같은 직위 같은 건 다 내려놓고 오직 지금 논의하고 있는 것이 옳은가 만을 따지고 들었다. 클럽의 모임을 시작하기 전에 근사한 저녁을 같이 먹는 것도 클럽 회원이 누릴 수 있는 권리였다. 1924년 가을부터 디랙도 회원들의 동의를 얻어 카피차 클럽에 회원이 될 수 있었다. 이 클럽에서 디랙은 닐스 보어와 제임스 프랑크 같은 거물 물리학자들의 강연을 들을 수 있었다. 디랙은 그후 계속 카피차와 친하게 지냈다.

1925년 3월, 디랙은 형 펠릭스가 자살했다는 소식을 들었다. 디랙이 대학에 입학하면서 소원해진 관계는 회복될 기미가 보이지 않았는데 형이 자살한 것이었다. 펠릭스는 아버지와 관계가 좋지 않았지만 아버지는 그의 죽음에 건강이 나빠질 정도로 큰 충격을 받았다. 권위적인 아버지였지만, 아들의 죽음 앞에서는 어쩔 수 없이 한 아들의 아버지였다. 디랙은 자신의 감정을 표현하지 않았다. 지도교수 외에는 케임브리지의 그 누구에게도 소식을 전하지 않았다. 그건 디랙 역시 형의 죽음에 깊이 슬퍼하고 있다는 의미였다. 무엇보다 아쉬운 건 두 형제 사이에 화해할 기회가 영원히 사라졌다는 것이었다.

◦ 양자역학의 탄생

1925년은 인류 역사의 연대기에 굵은 선을 하나 그어 표시할 만큼 중요한 해였다. 그해 5월 하이젠베르크는 꽃 알레르기로 고생하다가 막스 보른에게 이 주 정도 쉬겠다고 말하고는 북해에 있는 작은 섬 헬골란트로 떠났다. 그 섬은 바위가 많아서 알레르기 걱정 없이 지낼 수 있었다. 거기엔 꽃가루도 없었지만 연구를 방해할 다른 그 무엇도 없었다. 매일 산책과 수영을 하고 나머지 시간에는 연구에 몰두했다. 계산은 자꾸 틀렸지만 역사적인 결과에 점점 다가가고 있었다. 헬골란트에서 머물던 어느 날 새벽 세 시, 하이젠베르크는 자신이 세운 이론이 에너지 보존 법칙을 비롯한 물리학의 주요 조건과 아귀가 딱 맞아떨어지는 것을 확인했다. 그는 너무 흥분해서 잠을 잘 수가 없었다.

하이젠베르크는 집 밖으로 나왔다. 세상은 어둠에 잠겨 있었고 별들은 칠흑 같은 하늘에서 찬란히 빛나고 있었다. 섬 끝 언덕까지 걸어갔다. 언덕 끝에는 바위가 하나 솟아 있었다. 그는 바위 꼭대기로 올라갔다. 그리고 바다를 내려다보았다. 파도 소리가 들렸다. 파도가 바위에 부딪치며 하얗게 흩어지는 것이 보였다. 하이젠베르크는 한참 동안 바위에 앉아 있었다. 어둠은 조금씩 물러나고 있었다. 어스름하던 바다에 햇귀가 살짝 비치자 바다는 윤슬로 넘실거렸다. 그리고 이내 새벽 갓밝이의 기운이 사라져갔다. 해가 서서히 떠올랐다. 떠오르는 태양은 마치 양자역학의 탄생을 알리는 것만 같았다.

하이젠베르크가 물리학에서 일어나고 있는 양자역학 혁명을 주도하고 있을 때, 디랙은 무명의 대학원생이었다. 여러 편의 논문을 발표하긴 했지만, 영국 밖에서 이 어린 대학원생을 아는 사람은 없었다. 1925년 7월 28일에 디랙과는 생일이 겨우 팔 개월 정도 차이나는 하이젠베르크가 카피차 클럽에 와서 강연했다. 디랙은 그때 케임브리지에 없었다. 나중에야 스승인 파울러에게서 하이젠베르크가 무슨 이야기를 했는지 전해 들을 수 있었다. 지도교수에게 하이젠베르크의 논문을 건네 받아 읽었지만 논문 내용에 그리 끌리지 않았다. 여름방학이 끝나고 브리스틀의 고향 집에서 케임브리지로 돌아온 디랙은 논문을 다시 찬찬히 살펴보았다. 이번에는 문장 하나가 디랙의 눈에 들어왔다.

"위치와 운동량을 나타내는 두 변수의 곱에서 두 변수를 서로 교환해서 곱하면 값이 달라진다. 그러니까 이 두 변수는 서로 교환할 수 없다."

이 말을 어디서 본 적이 있었는데, 어디서 봤는지 머릿속에 쉽게 떠오르지 않았다. 디랙은 1925년 10월의 어느 일요일 오후에도 여느 일요일과 마찬가지로 산책을 하고 있었다. 일요일 산책 동안만이라도 디랙은 물리를 생각하지 않고 머릿속을 비우고 싶었다. 그런데 그 '교환할 수 없다'라는 말이 머릿속에서 계속 맴돌았다. 디랙의 눈에 케임브리지의 고즈넉한 시골 풍경이 눈앞에 들어왔다. 그 순간 번개처럼 지나가는 생각이 있었다.

"푸아송 괄호(Poisson bracket)!"

그는 서둘러 집으로 돌아왔다. 그리고는 자기가 가지고 있는 고전역학 책을 찾아 급하게 페이지를 넘겼다. 푸아송 괄호는 어디에도 나오지 않았다. 디랙이 가지고 있던 책은 입문서라 해석역학을 깊게 다루지 않았다. 그는 집을 나서 도서관으로 향했지만 일요일 저녁이라 도서관이 닫혔다는 사실을 깨닫고는 방으로 돌아왔다. 저녁을 먹을 때도 푸아송 괄호만 머릿속에 어른거렸다. 다른 어떤 생각도 들지 않았다. 침대에 누웠지만 잠이 오지 않았다. 뜬눈으로 밤을 새우다시피 한 디랙은 아침 일찍 도서관으로 향했다. 거기서 에드먼드 휘태커가 쓴 교과서 『입자와 강체의 해석역학』을 찾은 뒤 도서관 한 구석의 책상에 앉았다. 디랙의 손가락은 부지런히 휘태커의 책 11장을 찾아가고 있었다. 그 장의 제목은 '동역학의 변환 이론'이었다.

푸아송 괄호는 휘태커의 책 130절에 나오는 첫 번째 식이었다. 디랙은 자신이 고민하던 양자역학의 단서 하나를 찾아냈다. 푸아송 괄호와 하이젠베르크의 교환자는 모든 게 같고 눈썹 정도만 다른 쌍둥이처럼 서로 닮아 있었다. 이 푸아송 괄호에 허수를 나타내는 문자를 곱하고 거기에 플랑크 상수를 곱하자, 푸아송 괄호는 하이젠베르크의 교환자로 탈바꿈했다. 디랙에게는 이제 해밀턴과 푸아송이 이뤄놓은 고전 역학의 체계를 고스란히 양자역학으로 가져오는 일만 남은 셈이었다.

조금 늦었지만 디랙은 하이젠베르크, 요르단, 보른, 파울리 같은 유명한 사람들과의 경쟁에 뛰어들었다. 영국에는 양자역학을 제대로 연구하는 사람이 디랙밖에 없었다. 디랙은 혼자였다. 그는 그저 눈앞에 있는 문제를 하나씩 해결해 갈 뿐이었다. 이렇게 가다 보면 어느새 가장 선두에 서게 될 터였다. 디랙이 푸아송 괄호에 기대서 구한 양자역학 공식도 이미 독일 괴팅겐의 요르단과 보른이 먼저 찾은 것이었지만, 디랙은 개의치 않았다. 다른 사람들이 얻은 결과와 자기가 구한 게 같다는 건 적어도 자신이 올바른 방향으로 가고 있다는 걸 의미했다. 결과는 같았지만 이미 완성된 고전 역학 위에서 양자역학을 세워갈 수 있다는 것은, 디랙이 이 경주에서 앞설 수 있는 강력한 무기를 손에 넣었다는 말이기도 했다. 그때 그의 나이 스물셋이었다. 아직 박사 과정을 마치지 않은 대학원생에 불과했지만, 그는 '영국 사람'이라는 별명으로 유럽에 서서히 알려졌다. 1926년에 디랙은 수소 원자를 연구했지만, 결과는 파울리가 구한 것과 같았다. 디랙의 방법은 훨씬 정교하고 보다 일반적이었다. 디랙은 자신의 방법으로 각운동량이 어떻게 양자화되는지 보이기도 했다.

그 사이에 오스트리아의 에르빈 슈뢰딩거는 신의 위치에 있던 양자역학을 인간 세계로 끌어오려고 안간힘을 쓰고 있었다. 1920년대에는 아직 대부분의 물리학자에게 하이젠베르크, 보른, 요르단, 디랙이 완성한 행렬역학이 어렵게 느껴졌다. 당시 행렬은 물리학자들에게 낯선 수학이었다. 행렬역학을 알려면 먼저 행렬부터 익혀야 했다. 행렬이라는 새로운 수학을 배우는 것은 쉽지 않았다. 하이젠베르크와 디랙이 이십 대 초반의 나이에 행렬역학을 완성했지만, 슈뢰딩거는 이제 마흔을 바라보는 삼십 대 말이었다. 그는 괴팅겐의 젊은 친구들이 연구했다는 행렬역학이 꺼림칙했다. 추상 수학의 기운을 스멀스멀 풍기는 행렬에도 도통 마음이 가지 않았다. 슈뢰딩거가 보기에는 루이 드브로이가 내놓은 물질파라는 개념이 훨씬 더 자연스러웠다. 어쩌면 그가 빈 대학에서 박사 학위를 할 때, 실험물리학으로 연구를 시작했던 경험 때문일 수도 있었다. 빛을 의미하는 광자는 파동이기도 했지만, 입자처럼 행동하기도 했다. 마찬가지로 전자는 입자였지만, 파동처럼 다룰 수 있다는 것이 물질파의 개념이었다. 슈뢰딩거에게 이 물질파는 실재로 다가왔다.

슈뢰딩거는 1925년 겨울, 성탄절을 앞두고 이 주 동안 알프스로 휴가를 떠났다. 그곳에서 자신이 머릿속에 그리고 있던 생각을 펼쳐나갔다. 잘 알려진 파동방정식에 드브로이의 물질파를 도입해 보았다. 파동방정식의 모양이 이상하게 바뀌었다. 시간에 대해 미분을 한 항에 허수가 붙어 있었다. 슈뢰딩거는 조금 더 나아갔다. 모양은 이상했지만 이 방정식은 에너지 보존을 잘 만족하고 있었다. 이 방정식으로 수소 원자의 에너지 스펙트럼을 계산해 보았다. 결과는 대성공이었다. 슈뢰딩거는 자신이 구한 결과가 믿기 힘들 정도로 완벽하다는 사실에 스스로도 몹시 놀랐지만, 이 방정식이 행렬역학이라는 낯선 수학에 창백해져 가던 물리학을 구원할 것이라는 확신이 들었다. 슈뢰딩거는 1926년에 "고유값 문제로서 양자화"라는 제목의 논문 네 편을 연달아《아날렌 데어 피직(Annalen der Physik)》에 발표하였다. 논문의 제목이 암시하듯이 파동방정식을 사용해서 원자를 다뤘으므로, 사람들은 이를 파동역학이라고 불렀다. 그리고 이 방정식에는 자연스레 슈뢰딩거 방정식이라는 이름이 붙었다. 슈뢰딩거는 전자가 물질파라고 가정하면, 고전 역학에서 출발해서 슈뢰딩거 방정식을 유도할 수 있다는 것도 보였다. 그는 자신이 구한 미분방정식이 알고 보면 하이젠베르크와 요르단, 보른이 구한 행렬역학과 같다는 사실도 증명했다.

당시 물리학자들에게 행렬은 낯설었지만 미분방정식은 밥 먹을 때 쓰는 포크나 나이프 같은 것이었다. 그러니까 슈뢰딩거는 하이젠베르크와 디랙의 방법을 잘 이해하지 못해 골머리를 앓던 물리학자들 앞에 원자의 세계로 들어가는 관문을 활짝 열어준 것이나 다름없었다. 처음에 디랙은 슈뢰딩거 방정식이 마뜩잖았지만, 하이젠베르크와 서신을 교환하며, 곧 이 방정식이 대단히 중요하다는 사실을 감지했다. 디랙은 슈뢰딩거 방정식을 공부하면서, 이 방정식이 행렬을 쓴 방법과 다를 게 없다는 사실을 알아냈다. 일단 슈뢰딩거 방정식이 매우 편리하다는 것을 알고 난 다음부터는 디랙도 양자역학 문제를 푸는 데 이 방정식을 자주 썼다.

1926년 8월 말, 드디어 디랙은 선두 그룹에 당당히 들어섰다. "양자역학 이론에 관하여." 디랙의 논문 제목이었다. 오만함이 살짝 느껴지지만, 그 누구도 저자가 교만하거나 거만하다고 여기지 않았다. 이 논문이야말로 디랙이 당대에 가장 뛰어난 이론물리학자라는 사실을 만천하에 드러냈다. 여기서 디랙은 오늘날 페르미-디랙 통계라고 알려진 이론을 제안했다. 하지만 이 위대한 논문에도 문제가 하나 있었다. 디랙의 논문에서 일부는 페르미가 지난봄에 연구한 내용이었지만, 디랙은 페르미가 한 연구를 모르고 있었다. 그런 탓에 그는 페르미의 논문을 제대로 인용하지 않았다. 논문을 내면서 그보다 앞서 발표된 연구를 인용하지 않는 것은 동료에 대한 큰 결례다. 만약에 고의로 앞선 연구를 인용하지 않았다면 저자의 윤리의식까지 의심받을 수 있었다. 페르미는 디랙에게 편지를 보냈다.

"제 논문을 읽지 않은 것 같은데, 제 논문을 꼭 읽어보세요."

이런 편지는 오늘날 학자들 사이에도 자주 주고받는다. 디랙은 바로 페르미에게 사과하는 답장을 보냈다. 비록 이런 실수가 있긴 했지만, 이 논문으로 디랙은 양자역학이라는 학문을 이끌고 가는 학자로 자리매김하게 되었다. 물론 이 논문은 무척 어려웠다. 오죽하면 슈뢰딩거조차도 "이 논문은 정말 가치 있는 논문이지만, 나 같은 일반인이 읽기에는 너무 어렵다"라며 투덜거렸을까.

이제까지 디랙이 한 일은 하이젠베르크나 파울리, 보른이나 슈뢰딩거가 한 일과 겹치는 부분이 많았다. 하지만 그는 곧 어느 누구도 하지 못했던 일을 해내게 된다. 디랙에게 아인슈타인의 상대성 이론은 물리를 전공하게 된 계시나 다름없었다. 이제 그 계시를 이룰 때가 다가오고 있었다. 지금까지 사람들이 연구한 양자역학에는 중요한 조각 하나가 빠져 있었다. 슈뢰딩거 방정식도, 하이젠베르크, 요르단, 보른이 세운 행렬역학도, 디랙 자신이 연구한 양자역학도 아인슈타인의 특수 상대성 이론과 어긋났다. 이걸 마냥 무시할 수는 없었다.

◦ 디랙 방정식

1927년 10월, 유명해진 디랙은 벨기에의 사업가 에른스트 솔베이가 후원하는 다섯 번째 솔베이 학회에 초청을 받았다. 브뤼셀에서 열린 솔베이 학회는 그야말로 별들의 모임이었다. 스물아홉 명의 참석자 중에서 열일곱 명이 노벨상을 받았으니 이 학회는 하나의 성단이나 마찬가지였다. 이 학회에서 아인슈타인과 보어가 양자역학을 두고 벌인 사고실험 논쟁은 양자역학의 역사에서 두고두고 이야깃거리가 되기도 했지만, 보어가 이끄는 코펜하겐 학파의 양자역학 해석이 자리 잡게 된 것도 이 다섯 번째 솔베이 학회에서였다.

이제 스물다섯 살이 된 디랙은 솔베이 학회에서도 자기 생각에 골몰했다. 커피를 마시며 잠깐 쉬는 동안에도 디랙은 어떻게 하면 특수 상대성 이론의 틀 안에 양자역학을 담을 수 있을까를 고민하고 있었다. 강연장 바깥 구석진 곳에 앉아 있는 디랙을 본 보어는 그에게 다가갔다.

"지금 무슨 생각하고 있어요?"

"슈뢰딩거 방정식을 상대성 이론에 맞게 바꾸고 싶은데, 쉽지 않네요."

"아, 그거? 그건 클라인과 고르돈이 이미 해결하지 않았나요?"

"네. 하지만 두 사람이 한 건 여전히 아귀가 잘 안 맞아요."

회의 시작을 알리는 종이 울리는 바람에 두 사람은 더 깊게 이야기를 할 수 없었다.

보어가 디랙에게 말한 방정식은 클라인-고르돈 방정식이었다. 1926년에 슈뢰딩거 방정식이 나오자 스웨덴의 오스카르 클라인과 독일의 발터 고르돈은 재빨리 슈뢰딩거 방정식을 확장해 상대론적 방정식을 내놓았다. 그러나 이 식에는 심각한 결함이 있었다. 슈뢰딩거 방정식을 제곱해서 얻은 이 방정식을 풀면 에너지가 음인 해가 나왔다. 에너지가 음이 된다는 말은 가장 낮은 에너지 상태가 끝도 없이 낮아져서 결국은 음의 무한대가 된다는 걸 의미했다. 무한대! 그것은 모든 물리학자에게 악몽과도 같은 것이었다. 디랙도 마찬가지였다. 디랙이 보기에 이 식은 제대로 된 상대론적 양자역학 방정식이 아니었다.

그리고 문제가 하나 더 있었다. 그것은 전자의 스핀이었다. 1922년에 독일의 오토 슈테른과 발터 게를라흐가 은 원자 빔을 균일하지 않은 자기장에 통과시켰더니, 은 원자들이 아래위로 갈라져 스크린에 달라붙었다. 이 실험 결과는 물리학자들의 평화로운 놀이터에 떨어진 가공할 폭탄이었다. 스크린에 고르게 퍼져 붙을 것이라고 생각했던 은 원자가 자기장을 통과하면서 위아래 둘로 나뉘어 붙었던 것이다. 이때가 1922년이었으니까, 아직 양자역학이 제대로 세워지기 전이었다. 아서 콤프턴과 랄프 크로니히는 전자가 스핀을 지니고 있을지도 모른다고 조심스레 가정했다. 당시 크로니히는 스핀이라는 개념을 파울리에게 제안한 적이 있었다. 당시 파울리는 "그것은 불가능합니다"라며 크로니히의 주장을 일축했다. 하지만 얼마 지나지 않아 그는 원자 내에서 전자는 자신이 주장한 배타 원리에 따라 자리를 잡는다고 말했다. 파울리도 겉으로는 스핀을 받아들일 수 없다고 말했지만, 속으로는 스핀이 있어야 한다고 믿었는지 모른다. 실제로 슈뢰딩거 방정식에 스핀의 효과를 집어넣은 사람은 다름 아닌 파울리였다.

1925년에 레이든 대학의 대학원생이던 헤오르허 윌렌벡과 사무엘 호우트스미트는 전자가 회전하고 있다고 가정하고 전자에 스핀을 도입했다. 두 사람은 에렌페스트의 제자였다. 에렌페스트는 두 사람의 결과를 보더니 사람들에게 알리는 게 좋겠다며 먼저 헨드릭 로런츠와 이야기를 나눠보라고 했다. 윌렌벡과 호우트스미트는 논문을 써서 로런츠에게 보냈다. 로런츠는 당대 가장 존경받는 원로 물리학자였다. 그는 두 대학원생이 써온 논문을 찬찬히 읽은 후 두 사람에게 말했다.

"이건 불가능합니다. 전자에 스핀이 있다면, 전자 표면에서는 회전 속도가 빛보다 빨라져요. 그러니 이건 불가능합니다."

윌렌벡과 호우트슈미트는 주눅이 들었다. 논문을 포기해야겠다며 로런츠와 나눈 이야기를 지도교수에게 전했다. 그러자 에렌페스트는 "너무 늦었어. 내가 두 사람 논문을 벌써 투고했어. 두 사람은 아직 젊으니까 바보 소리 좀 들어도 괜찮아"라고 말했다. 훗날 디랙은 두 가지 이유로 에렌페스트에게 고마워해야 한다고 말했다. 첫 번째는 에렌페스트가 성급하게 논문을 투고한 것, 두 번째는 에렌페스트가 늙은이의 말을 일축해버린 것. 아마도 그러지 않았다면, 윌렌벡과 호우트슈미트의 논문은 세상에 나오지 못했을 것이다. 이 논문은 1925년에 물리학계를 뜨겁게 달궈 놓았다.

디랙도 스핀을 잘 알고 있었다. 파울리가 슈뢰딩거 방정식에 스핀을 갖다 붙인 데는 어딘가 억지스러운 면이 있었다. 브뤼셀에서 케임브리지로 돌아온 디랙은 오직 한 가지 생각뿐이었다. 특수 상대성 이론을 만족하는 양자역학 방정식, 그것 하나였다. 그 사이에 디랙은 젊은 나이였지만, 케임브리지 대학 세인트존스 칼리지의 펠로(Fellow)가 되었다. 펠로는 여러 특권을 누릴 수 있었다. 디랙에게 그런 것들은 거추장스럽기만 했다. 그래도 특권 중에서 한 가지는 마음에 들었는데, 조용히 연구에 집중할 수 있는 개인 공간이 생긴 것이었다.

상대성 이론을 만족하는 방정식을 찾아내는 것은 쉽지 않았다. 게다가 전자의 스핀에는 성분이 두 개 있다는 것도 디랙에게는 고민거리였다. 아무래도 근본 원리에서 방정식을 유도하는 것은 요원해 보였다. 디랙은 아인슈타인의 특수 상대성 이론과 자신이 세운 양자역학 이론에 맞춰 여러 가능성을 추측하며 문제를 조금씩 좁혀 나갔다. 특수 상대성 이론을 만족하려면 시간에 대한 미분 차수와 공간에 대한 미분 차수가 같아야 했다. 별다른 고민 없이 제곱을 취하면, 얻는 것은 클라인과 고르돈이 구한 방정식일 뿐이었다.

1927년 11월 말, 디랙은 눈앞이 환해지는 걸 느꼈다. 아무래도 제대로 된 방정식을 찾은 것 같았다. 디랙이 찾은 방정식은 슈뢰딩거 방정식이나 클라인-고르돈 방정식과는 영 딴판이었다. 먼저 식의 해가 하나가 아니라 네 개였다. 가장 놀라운 것은 전자의 스핀을 식 안에 억지로 넣지 않았는데도 전자의 스핀을 나타내는 항이 툭 튀어나오는 것이었다. 그건 마법 같았다. 눈을 비비고 모자 속을 들여다봐도 토끼의 자취라곤 찾을 수 없는데, 손을 모자에 넣으면 토끼가 손에 잡히는, 그런 마법 말이다. 디랙은 아무 말 없이 종이 위에 쓴 식을 바라보았다. 물리학을 연구하면서 지금껏 느낀 감정과는 다른 무언가가 디랙을 덮쳐왔다. 기쁘기 바이없었지만, 동시에 불안감이 온몸을 휘감았다. 디랙은 자리에서 일어나 여러 번 들썽거렸다. '혹시 이 식이 틀린 건 아닐까?' 다시 앉아 식을 깔끔하게 정리해 놓고 나니, 자신이 보기에도 이 식은 숨이 막힐 정도로 아름다웠다. 그 자신도 지금까지 이토록 품격 있는 방정식은 본 적이 없었다. 단 한 줄의 깔끔한 식이었지만, 풀어 쓰면 네 개의 연결된 식이 나왔다. 디랙은 이 식을 이용해서 수소 원자 문제를 풀어 보았다. 몇 가지 근사(approximation)를 이용하긴 했지만, 이 식은 수소 원자의 에너지를 슈뢰딩거 방정식보다 정확하게 나타냈다. 솔베이 학회에서 돌아온 지 두 달만의 일이었다. 그가 구한 것은 사람들이 앞으로 디랙 방정식이라고 부르게 될 위대한 식이었다.

곧 크리스마스였다. 브리스틀로 내려가기 전에 디랙은 대학을 같이 다녔던 친구 찰스 다윈을 우연히 만났다. 디랙은 다윈에게 자신이 발견한 내용을 전했다. 이 소식을 들은 다윈은 바로 닐스 보어에게 편지를 보냈다. "디랙이 지금까지 얻은 방정식하고는 완전히 다른 식을 얻었답니다. 이 식은 시간에 대해 두 번 미분하지 않고 한 번만 미분했다고 합니다." 디랙은 브리스틀에서 케임브리지로 돌아오자마자 방정식 유도 과정을 정리해 왕립협회 학술지에 투고했다. 1928년 1월 2일의 일이었다.

1928년 2월 논문이 발표되자 유럽 전역의 물리학자들은 깜짝 놀랐다. 디랙 방정식을 본 막스 보른은 이렇게 말했다.

"물리학은 이제 앞으로 육 개월이면 끝날 것이다."

물론 과장된 말이었지만, 당시에 디랙 방정식을 본 사람이라면 누구나 그 식과 해의 아름다움에 깜짝 놀랐을 것이다. 유럽의 과학자들과 양자역학을 두고 벌인 경쟁에서 영국의 디랙이 단연 선두로 나섰다. 하이젠베르크조차도 이 방정식을 본 뒤로는 디랙과 경쟁하는 건 무리라고 여겼다. 디랙은 아무도 하지 못한 일을 오직 혼자 힘으로 해냈다. 그러나 사람들은 디랙이 분명히 뭔가 큰일을 해냈다고 생각하면서도, 그 식을 자세히 뜯어보며 한 가지 꺼림칙한 부분이 있다고 느꼈다. 이 식의 해 네 개 중 두 개는 스핀까지 고려하면서 전자의 움직임을 잘 설명하지만, 에너지가 음인 나머지 두 개의 해가 문제였다. 디랙 방정식에도 클라인-고르돈 방정식처럼 여전히 에너지가 음인 해가 존재하는 것이었다. 디랙 방정식을 보며 감탄했던 하이젠베르크도 에너지가 음인 해는 마음에 들지 않았다. 그러나 에너지가 음인 이 해는 곧 물리학에서 여태까지 상상할 수도 없었던 자연의 비밀을 드러낸다.

◦ 디랙의 바다

디랙 방정식이 세상에 나오자 1928년은 그에게 엄청나게 바쁜 해가 되었다. 유럽으로, 소련으로, 미국으로 떠나야 했다. 그리고 1929년 8월 중순 미국에서 하이젠베르크를 만나 증기선을 타고 일본까지 같이 가기도 했다. 샌프란시스코에서 증기선을 타면 일본까지 2주가 걸렸다. 배 안에서 하이젠베르크는 여행을 즐겼지만, 디랙은 조용히 앉아 하이젠베르크가 노는 걸 지켜보기만 했다. 한번은 하이젠베르크가 아가씨들과 춤을 추고 있었고, 디랙은 그런 하이젠베르크를 유심히 쳐다보았다. 나중에 디랙이 하이젠베르크에게 물었다.

"너는 춤을 왜 춰?"

"좋은 아가씨들이 많으면, 같이 춤추는 게 즐겁지."

"춤도 추기 전에 그 아가씨들이 좋은지는 어떻게 알 수 있어?"

하이젠베르크는 이 어려운 질문에 딱히 대답할 말을 찾지 못했다.

두 사람은 일본에서 성대한 환대를 받았다. 두 사람이 일본에서 한 강의는 일본어로 번역 되어 훗날 노벨상을 받게 되는 유카와 히데키와 도모나가 신이치로에게 큰 영향을 미쳤다.

일본에서 하이젠베르크와 헤어진 디랙은 유럽으로 돌아오는 길에 시베리아 횡단 열차를 타기로 마음먹었다. 일본에서 블라디보스토크까지 간 다음, 9월 24일에 기차를 타서 아흐레 만에 모스크바에 도착했다. 거기서 러시아의 이론물리학자 이고리 탐을 만나 모스크바를 구경하고 레닌그라드*로 갔다. 그리고 다시 베를린으로 가는 비행기를 탔다. 오랜 여행이었다.

디랙이 떠나 있는 동안 에너지가 음인 해가 있다는 사실 때문에 유럽의 과학자들은 디랙 방정식에 의심의 눈초리를 보내고 있었다.

* 지금의 상트페테르부르크.

감정이 격해진 파울리도 디랙 방정식을 두고 투덜거렸다.

"골칫덩어리 디랙 방정식은 맞을 이유가 없어. 실험과 잘 맞는다는 것도 그저 요행일 뿐이었어!"

디랙도 이제 이 문제를 마냥 미뤄둘 수는 없었다. 이 음의 에너지가 무엇인지 답을 해야만 했다. 1928년 말 대공황의 전조가 전 세계를 침습하고 영국도 파업으로 시끄러웠지만, 디랙은 세상 돌아가는 일은 쳐다보지도 않고 음의 에너지 문제에 집중했다. 케임브리지에 있는 연구실에 틀어박혀 수 주 동안 음의 에너지가 무엇인지 고민했다. 그에게 필요한 것은 상식을 뛰어넘는 상상력이었다.

'만약에 이 음의 에너지 영역에 있는 모든 에너지 레벨이 전자로 채워져 있다고 하면 어떨까? 그러면 에너지가 양인 전자가 음의 에너지가 되는 일은 없지 않을까?'

디랙은 파울리가 주장한 배타 원리를 에너지가 음인 해에 적용해 보았다. 그리고 음의 무한대까지 전자가 가득 차 있는 걸 상상하며, 그걸 '바다'라고 불렀다. 그건 이미지와 메타포가 깃든 시적 표현이었다. 물리학자가 시를 읽거나 쓸 일은 없다고 말했던 디랙치고는 제법이었다. 전자가 무한히 가득 차 있는 바다는 오늘날 '디랙의 바다(Dirac sea)'라고 부른다. 그 바다 속에 있는 전자가 에너지를 받아 양의 에너지 상태로 들뜨면, 전자가 있던 자리에 빈자리가 하나 생기는데, 디랙은 그걸 홀(hole)이라고 불렀다. 디랙이 상상해낸 '전자의 바다'는 디랙 방정식에 남아있던 마지막 흠을 지워버렸다. 이제는 에너지가 음인 전자는 존재하지 않는다는 걸 이 바다로 설명할 수 있었다. 디랙이 생각하기에 이 홀은 에너지가 양이고, 전하도 양이어야만 했다. 하지만 그때만 해도 양성자를 제외하고는 전하가 양인 입자는 어디에서도 발견된 적이 없었다. 그래서 디랙은 이 홀이 양성자일지 모른다고 제안했다. 그러나 디랙의 이 추측에는 무리가 있었다. 양성자는 전자보다 거의 2000배나 무거웠다. 디랙과 무척 친했던 오펜하이머는 수소 원자를 예로 들어 재빨리 계산해보고는 이렇게 말했다.

"디랙의 주장이 맞는다면, 수소 원자는 눈 깜짝할 사이에 양성자와 전자가 만나 붕괴해 버릴 거야."

'신의 채찍(Die Geissel Gottes)'이라고 불릴 정도로 독설가였던 파울리는 한술 더 떠 1932년에 쓴 『물리 핸드북(Handbuch der Physik)』에서 디랙의 주장을 신랄하게 비판했다. 전하가 양이고 에너지도 양인 이 입자는 무엇이었을까? 디랙은 구석으로 몰렸지만, 용기를 내 한 발짝 더 내디뎠다. 그는 에너지가 양이고 전하가 양인 입자는 전자의 반입자인 양전자라고 주장했다. 그때가 1931년 5월이었다.

◦ 첫 번째 예언

디랙이 "반입자가 존재해야만 한다"라고 말한 것은 물리학 역사상 첫 번째 예언이었다. 디랙 이전에는 누구도 발견되지 않은 입자의 존재를 예언한 적이 없었다. 그런 점에서 디랙은 물리학의 첫 선지자라고 부를 수 있다. 그는 보이지 않는 걸 가장 먼저 본 사람이었다. 단 한 줄로 표현할 수 있는 디랙 방정식은 앞날의 예언을 담고 있는 선지자들의 책과 맞먹을 정도로 장엄했다. 빈 출신의 파울리가 그를 신랄하게 비난한 건 역설적이었다. 빈은 논리실증주의의 중심지가 아니던가? 디랙의 예언은 과연 이루어질 것인가? 디랙의 예언이 실현되면 논리실증주의자들에게는 엄청난 치명타가 될 것이었다. 그의 예언이 이루어지려면 실험물리학자들의 세심하고 엄정한 손길이 필요했다. 그의 예언이 이루어지는 데는 그리 오래 걸리지 않았다. 1년 3개월쯤 지나 한 실험물리학자가 디랙의 예언이 참이었음을 밝혀낸다.

NUCLEAR FORCE

6

기적의 해

1932년에 입자의 수가 갑자기 두 배로 늘어났다.
두 번의 멋진 실험에서 채드윅은 중성자가 존재한다는 것을 보여 주었고,
앤더슨은 틀림없는 양전자의 궤적을 사진으로 포착했다.

— 루이 앨버레즈

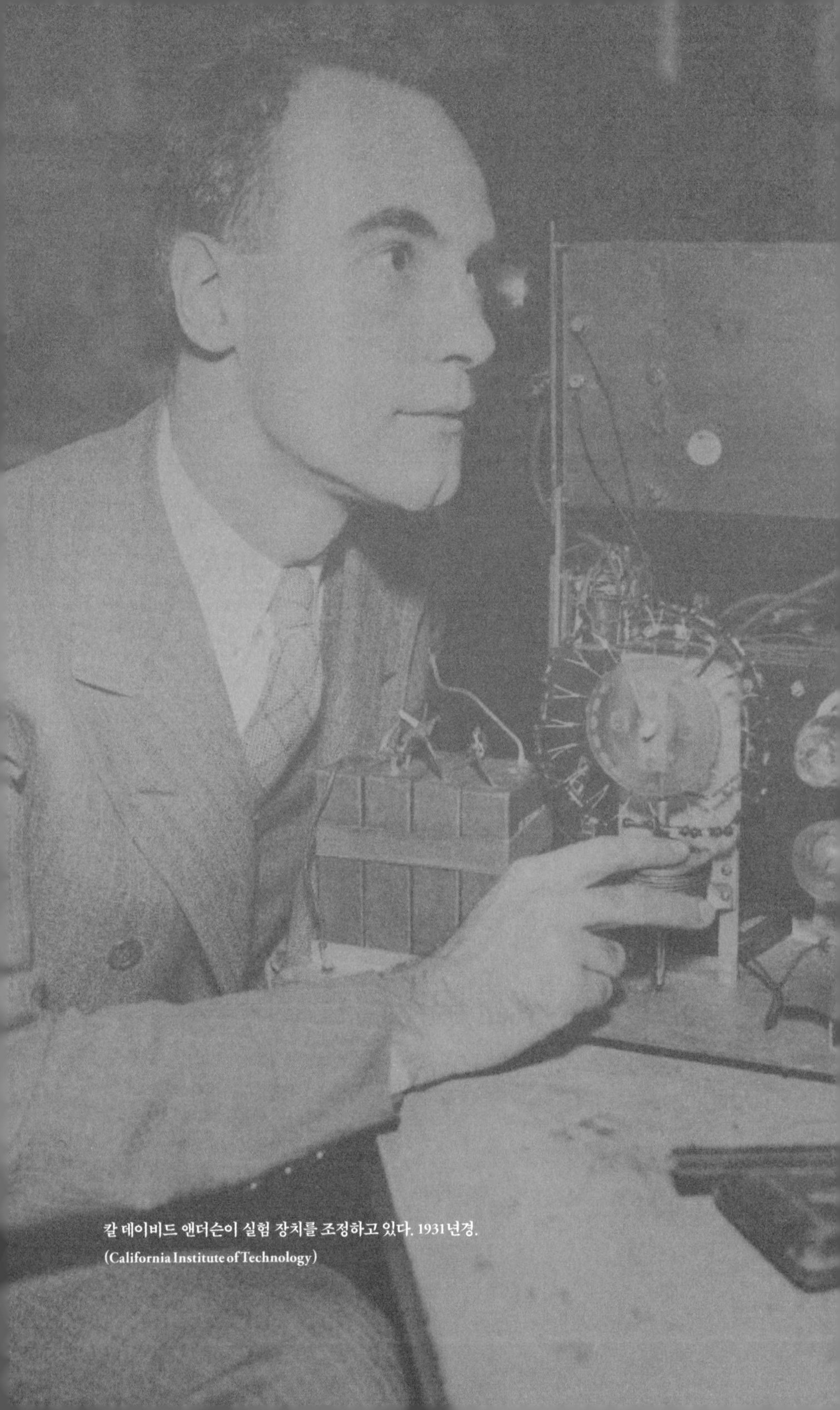

칼 데이비드 앤더슨이 실험 장치를 조정하고 있다. 1931년경.
(California Institute of Technology)

1929년 10월 24일, 뉴욕 월스트리트는 충격에 빠졌다. 주가가 끝도 없이 폭락했다. 폭락은 멈추지 않았다. 기업과 공장은 연쇄 반응처럼 파산했다. 은행도 연이어 문을 닫았다. 미국에서 시작된 대공황의 공포는 전 세계로 퍼져 나갔다. 영국도, 프랑스도, 독일도 대공황을 피하지 못했다. 거리마다 실업자가 넘쳐났고 물가는 살인적으로 올랐다. 그중에서도 독일은 대공황의 피해를 가장 크게 입었다. 화폐 가치는 땅에 떨어져 돈을 여행 가방 가득 들고 나가도 하루 끼니를 때우는 게 쉽지 않았다. 에리히 레마르크가 쓴 소설 「검은 오벨리스크」에 이런 장면이 나온다.

"루트비히 보드머는 담배를 피우고 싶었다. 보드머는 담배를 꺼내 입에 물고 불을 붙이려고 성냥을 뒤졌다. 성냥이 없었다. 다행히 오븐에 지펴놓은 불이 있었다. 그는 10마르크 지폐를 꺼내 돌돌 말고는 오븐에 넣어 불을 붙여 담배에 갖다 댔다."

한때 10마르크면 제법 쓸 만한 돈이었지만 이제는 불쏘시개로 쓸 만큼 가치가 형편없었다. 독일은 대공황 전부터 고통을 겪고 있었다. 그건 이유가 있었다. 제1차 세계 대전이 끝나고 패전국인 독일은 연합군과 베르사유 조약을 맺었다. 조약에는 독일이 연합국에 엄청난 액수의 전쟁배상금을 지급해야 한다는 조항이 들어 있었다. 독일은 연합국에서 요구하는 배상금을 지급할 능력이 없었다. 1924년에 독일은 하이퍼인플레이션을 겪었고 회사는 줄지어 도산했다. 은행도 마찬가지였다. 미국은 독일이 전쟁배상금을 낼 능력이 안 된다고 생각했다. 미국의 재무부 장관 찰스 도스는 도스 플랜(Dowes Plan)을 독일에 제안했다. 독일이 부담해야할 전쟁배상금을 낮추는 대신 차관을 제공해 독일 경제를 안정시키는 게 목적이었다. 도스 플랜과 그 뒤를 이은 영 플랜(Young Plan)은 독일을 재건하는 데 큰 도움이 됐지만, 대공황이 닥치자 독일 경제는 또 나락으로 떨어졌다. 히틀러와 나치가 이런 기회를 놓칠 리 없었다. 1933년 히틀러는 독일의 경제 부흥을 약속하며 권력을 움켜쥐었다.

어둠은 때로 빛을 더욱 밝게 드러내는 법이다. 인간의 지성이 고통을 뚫고 나와 빛을 발한 것도 이때쯤이었다. 대공황이 시작되면서 사람들은 세상의 이면을 보기 시작했다, 초현실주의가 꽃을 피웠고, 인간의 상상력은 속박에서 풀려나 훨훨 날았다. 물리학도 다르지 않았다. 양자역학은 유럽에서 가장 고통 받던 독일에서 태어났다. 양자역학 혁명을 이끈 사람들은 젊디젊은 독일의 물리학자들이었다. 그리고 얼마 지나지 않아 물리학에서 눈부신 기적이 일어났다.

◦ 스코벨친이 찾아낸 궤적

역사는 자주 역설적이다. 디랙이 양전자를 예언하기 몇 년 전에 러시아의 드리트리 스코벨친은 라듐 C*에서 나오는 감마선을 전자에 쏘는 실험을 하고 있었다. 우선 라듐 C에서 나오는 감마선 중 에너지가 높은 것만 골라내려고 납판에 에너지가 낮은 감마선은 다 흡수시켰다. 그리고 당시 기준으로 가장 세다고 할 수 있는 1테슬라의 자기장을 안개 상자에 걸었다. 감마선은 안개 상자를 통과하며 상자 속 기체 원자와 부딪쳐 전자를 발생시켰다. 전하를 띤 입자는 자기장에서 진행 방향의 직각 방향으로 힘을 받아 나선운동을 한다. 물론 입자의 전하가 음이냐 양이냐에 따라 휘는 방향은 서로 반대가 된다. 스코벨친은 이렇게 자기장에서 회전하는 전자의 궤적을 분석해 전자의 에너지를 얻을 수 있었다. 그런데 어느 날 스코벨친은 전자보다 에너지가 큰 입자가 생겨나는 것을 관측했다.

디랙이 양전자가 존재해야 한다는 걸 예측하기 1년 전인 1927년 어느 날, 스코벨친은 자기장에서 기존의 궤도와 반대 방향으로 휘는 입자를 보았다. 휘는 정도로 봐서는 질량이 전자와 비슷했는데, 휘는 방향이 반대였다. 신기하게도 거의 같은 지점에서 두 개의 선이 나와 하나는 오른쪽으로, 다른 하나는 왼쪽으로 휘었다. 그는 두 궤적 중에서 전자의 궤적과 반대로 휘는 궤적은 입자가 아니라 잡

* 원자량 214인 비스무트의 동위원소라는 사실이 알려지기 전에 불리던 명칭이다.

음 같은 것일 거라고 여겼다. 스코벨친은 1927년에 쓴 논문에서도 감마선의 에너지 분포만 집중적으로 살폈지 자신이 관측한 이상한 궤적은 다루지 않았다.

디랙이 자신의 이름을 단 방정식을 세상에 내놓은 1928년에 케임브리지에서 러더퍼드가 주관한 학술대회가 열렸다. 디랙도 참가했지만 스코벨친도 참가해 자신의 실험 결과를 발표했다. 스코벨친은 전자와 반대로 휘는 입자를 봤다고 이야기했지만 별다른 반응을 보인 사람은 없었다. 디랙조차도 스코벨친이 한 발표를 들으며 그 궤적이 양전자에 의한 것이라고는 생각하지 못했다.

진리가 자신을 드러낼 때는 먼저 그림자만 살짝 보여준다. 형태를 알 수 없는 희뿌연 진리를 보려면 그 그림자를 따라가야 한다. 눈앞을 더듬으며 조금씩 나아가다 보면 진리의 그림자가 희미하게나마 자신의 모습을 보여준다. 하지만 진리를 손아귀에 움켜쥐려면 딱 한 움큼 더 집요해야 한다. 아쉽게도 스코벨친은 길을 가다 마지막에 머뭇거리고 말았다. 이 새로운 입자가 무엇인지 제대로 찾아낸 사람은 미국의 젊은 물리학자였다.

◦ 칼 데이비드 앤더슨

캘리포니아 공과대학은 애모스 트룹이라는 정치인이 1891년에 세운 작은 기술학교였지만, 1921년이 되면서 제대로 된 공과대학으로 자리 잡았다. 이곳은 훗날 칼텍(Caltech)이라는 이름으로 전 세계에 명성을 날리게 된다. 이곳이 세계적인 대학이 되는 데는 로버트 밀리컨의 공이 가장 컸다. 그는 1921년에 시카고 대학에서 캘리포니아 공과대학으로 옮겨 오면서 노먼브리지 물리연구소 소장과 대학 총장을 겸임하게 되었다. 밀리컨은 1945년 은퇴할 때까지 총장을 하면서 캘리포니아 공과대학을 세계적인 대학으로 우뚝 세웠다. 이미 이야기했듯 그는 무척 복잡한 사람이지만, 캘리포니아 공과대학이 어떻게 세계적인 대학으로 발전할 수 있었는지 이야기하려면, 누가 뭐라 해도 밀리컨을 빼놓을 수 없다. 하지만 1920년대만 해도 그곳은 이제 막 이름을 알리기 시작한 미국 태평양 연안의 지방 도시 패서디나의 작은 대학일 뿐이었다.

밀리컨은 대학 일로 눈코 뜰 새 없이 바빴지만, 저녁이면 늘 연구소로 돌아와 밤늦게까지 연구원이나 학생들과 토론했다. 그중에는 칼 앤더슨이라는 학생도 있었다. 1930년 6월에 박사 학위를 마치기로 돼 있던 앤더슨은 밀리컨을 만나 학위를 받은 뒤에 일 년 정도 연구원으로 더 일할 수 있겠냐고 물어보았다

"교수님, 학위를 끝내고 여기서 일 년 정도 더 연구했으면 합니다. 지금까지 해온 실험을 좀 더 보완하고, 새로 나온 양자역학 이론도 더 깊이 공부했으면 하고요."

그러자 밀리컨이 타이르듯이 앤더슨에게 말했다.

"그건 좋은 생각이 아니야. 학부와 대학원 모두 이곳에서 공부했는데, 이런 작은 학교에 계속 있으면 당신 경력에 좋지 않아. 이젠

연구를 활발하게 하는 다른 학교로 옮겨 다른 경험을 쌓는 게 낫지 않을까? 국가연구위원회에서 주는 장학금을 신청해 봐, 내가 도와줄 테니까."

밀리컨은 국가연구위원회(National Research Council)의 위원이기도 했다. 당시 미국에서 박사 학위를 마친 사람에게 박사후 과정을 지원해주는 기관은 여기 말고는 없었다. 앤더슨은 밀리컨의 조언을 따르기로 했다. 그래서 시카고 대학의 콤프턴에게 편지를 보냈다. 얼마 지나지 않아 콤프턴에게서 답장이 왔다. 시카고에 와서 자신과 함께 연구하는 건 아주 훌륭한 생각이고, 이곳에 와서 같이 할 연구를 구체적으로 의논해보자는 편지였다.

박사 학위를 준비하는 동안 앤더슨은 윌슨의 안개 상자를 이용해 감마선과 물질이 어떻게 상호작용하는지를 연구했다. 이건 콤프턴 산란과 연관된 연구였기 때문에 박사후 과정 동안 콤프턴과 함께 연구한다는 것은 자신의 능력을 한 단계 끌어올릴 훌륭한 기회였다.

앤더슨이 여느 때처럼 실험을 하고 있는데, 밀리컨에게서 전화가 왔다. 자기 연구실로 와서 잠시 이야기하자고 했다. 밀리컨은 앤더슨에게 지난번과 다른 말을 했다.

"박사 받고 일 년 정도 나랑 더 연구하면 어떨까? 지금 만들고 있는 실험 장치도 자네가 아니면 완성하기 힘들고, 그 장치로 우주선의 에너지도 자네가 가장 잘 측정할 수 있잖아."

하지만 앤더슨은 시카고로 가고 싶었다.

"교수님, 학위를 마치는 대로 시카고대의 콤프턴 교수와 연구하기로 이미 결정했습니다."

"물론 그것도 좋은 생각이지. 그런데 자네가 국가연구위원회에서 주는 장학금을 받을 거라는 보장은 없잖아?"

앤더슨에게는 선택의 여지가 없었다. 그는 밀리컨이 국가연구위원회에서 영향력이 크다는 걸 잘 알고 있었다. 자기가 끝까지 시카고에 가겠다고 우기면 밀리컨 성격에 위원회에서 자기가 제출한 연구계획서를 탈락시킬 게 분명했다. 앤더슨은 박사 학위를 받은 후에도 어쩔 수 없이 캘리포니아에 머물러야 했다. 하지만 그는 이 결정이 자신에게 엄청나게 큰 행운을 가져오리라는 걸 몇 년 후에 깨닫게 된다.

◦ 양전자를 발견하다

1930년 여름 앤더슨은 캘리포니아 공과대학 구겐하임 항공연구소의 도움을 받아 안개 상자에 쓸 전자석을 만들었다. 지금까지 쓰던 것보다 훨씬 강한 자기장을 내는 전자석이었다. 그리고 지금까지 옆으로 눕혀 사용하던 안개 상자도 수직으로 세웠다. 안개 상자에 물과 알코올을 응축시키는 피스톤도 수직으로 달았다. 이건 훌륭한 생각이었다. 우주선이 위에서 내려오니까 안개 상자를 세우면 우주선의 궤적을 좀 더 길게 볼 수 있었고 휘는 정도를 관찰하는 것도 훨씬 편했다. 거기에 지금까지 쓰던 것보다 훨씬 센 자석을 붙였다. 이 전자석에는 2000암페어나 되는 전류가 흘렀기 때문에 열이 엄청나게 발생했다. 코일의 열을 식히려면 별도의 수랭식 냉각장치도 갖춰야 했다. 이 전류를 만드는 데 필요한 발전기의 출력이 425킬로와트였는데, 그 정도 전력량이면 당시 캘리포니아 공과대학에서 사용하는 전기의 절반 이상을 앤더슨 혼자 써야 한다는 걸 의미했다. 출력을 최대로 하면 전자석의 자기장은 2.5테슬라에 달했다. 실험을 하려면 전력이 600킬로와트가 필요했다. 대학 총장인 밀리컨의 도움이 없었다면 실험은 불가능한 일이었다. 오늘날 MRI에서 쓰는 자기장의 세기가 1~3테슬라 정도 되는데, 1930년대 초에 초전도체도 없이 이렇게 센 자기장을 만들었다는 사실이 놀라울 따름이다. 그러니 스코벨친이 만들어 쓰던 장치와 비교가 안 될 정도로 입자 궤적을 정확하게 볼 수 있는 건 당연한 일이었다.

안개 상자 속 기체를 압축하고 팽창하는 데 필요한 피스톤도 강력했다. 피스톤은 매우 빠르게 움직여야 했기에 한 번씩 움직일 때마다 "쾅!" 하는 공기 팽창 소리가 들렸다. 연구소 옆을 지나는 사람들이 깜짝 놀랄 정도로 소리가 컸으니, 따로 "실험 중"이라는 표지판을 걸지 않아도 사람들은 앤더슨이 실험하고 있다는 걸 알 수 있을 정도였다.

새로운 장비가 제대로 작동하기까지는 몇 달이 걸렸다. 장비를 다 갖추고 나서도 실제 실험은 몹시 지루한 과정을 거쳐야 했다. 워낙 전력을 많이 쓰는 장치라 실험은 주로 밤에 진행했다. 그렇지 않으면 대학 전체가 "뭔 전기를 그렇게 많이 쓰느냐"며 들고 일어날 판이었다. 실험을 한 번 하면 안개 상자 속 기체가 안정될 때까지 한참을 기다려야 했다. 앤더슨은 수천 장의 궤적 사진을 찍었지만 입자들의 궤적을 깔끔하게 보여 주는 사진은 몇 장 없었다. 1931년 여름이 되어서야 앤더슨은 제대로 된 첫 번째 결과를 얻을 수 있었다. 그런데 자신이 얻은 사진에는 이상한 점이 있었다. 위에서 내려오는 궤적을 그리는 입자가 전자라면 전부 오른쪽으로 휘어야 하는데, 거의 절반 정도가 반대쪽으로 휘는 것이었다. 밀리컨도 앤더슨도 처음에는 반대로 휘는 입자는 양성자라고 여겼다. 두 사람은 사진을 앞에 놓고 의아한 눈초리로 쳐다보았다. 이 사진에서 전자와 반대 방향으로 휘는 입자가 양성자라면, 안개 상자 내 기체 원자에서 더 많은 전자를 떼어낼 정도로 에너지가 커야 했다. 그러니까 이 입자가 양성자라는 게 분명하다면, 이 입자의 궤적은 전자가 지나가며 만드는 궤적보다 훨씬 뚜렷하게 보여야 했다. 앤더슨은 디랙의 1931년 논문을 모르고 있었다. 앤더슨에게 전하가 양인 입자는 항상 양성자여야 했다.

앤더슨은 실험을 좀 더 정밀하게 하는 수밖에 없다고 생각했다. 그는 한 가지 참신하고 멋진 아이디어를 고안해 냈다. 그는 안개 상자 중간에 두께 6밀리미터 납판을 가로질러 넣었다. 이렇게 하면 입자가 납판을 통과하며 에너지를 잃으므로 자기장에 의해 더 많이 휜다. 실험을 재개했다. 1932년 8월 2일에 앤더슨은 정말이지 놀라운 사진 한 장을 얻었다.

필름 현상은 에버렛 콕스가 했는데, 앤더슨은 콕스 어깨너머로 현상된 필름을 살펴보았다. 그중 한 장은 얼핏 보기에도 참 이상했다. 납판을 뚫고 지나가며 생긴 머리카락처럼 가는 궤적인데, 납판 아래보다 위쪽 궤적이 더 많이 휘어 있었다. 그러니까 이 궤적대로라면 입자가 위에서 아래로 내려간 게 아니라 아래에서 위로 올라간 입자라는 말이었다. 전하를 띤 이 입자가 우주선에 의해 생긴 것이라면, 당연히 위에서 내려와 납판을 뚫고 아래로 갔어야 했다. 이상한 게 하나 더 있었다. 납판을 뚫고 지나간 입자가 왼쪽으로 휜 것이었다. 콕스와 앤더슨은 이 사진을 보고 잠깐 아무 말도 하지 않았다. 누구보다 당황한 건 필름 현상을 맡았던 콕스였다. 콕스가 먼저 말문을 열었다.

"저기…, 혹시 제가 필름을 뒤집어서 현상한 건 아닐까요?" 필름을 뒤집으면 위에서 아래로 내려오는 입자가 맞고 전하도 음이 되니까 그 입자는 다들 알고 있는 전자가 분명해진다. 앤더슨은 그럴리 없다고 생각했다.

"에버렛, 그런데 말이 안 되잖아. 필름은 제대로 돌아가고 있었어. 그리고 이 한 장만 뒤집힌다는 게 말이 돼? 다른 필름은 모두 정상이잖아. 어쩌면 자기장을 반대로 걸어주었을지도 모르니까 다시 한번 확인해 보자."

전자석의 극이 제대로 되어있는지 확인했지만 전자석은 멀쩡히 잘 작동하고 있었다.

"혹시 양성자가 아닐까요?"

"그럴 수도 있지만, 양성자면 이렇게 많이 휠 리가 없어. 양성자는 전자보다 2000배나 무거운데 이렇게 급하게 돌아가진 않지."

그 사진을 갖고 집으로 돌아온 앤더슨은 책상에 앉아 사진을 다시 살펴보았다. 잠이 오지 않았다.

'이건 분명히 양전하야. 궤적이 휘는 정도를 보면 전자와 비슷하니까 질량은 전자와 비슷할 거고, 전하는 전자와 반대가 되어야 해. 그러니까 이건 양의 전하를 띤 전자야.'

앤더슨은 디랙의 논문을 몰랐고, 디랙이 쓴 그 유명한 양자역학 교과서도 읽지 않았다. 그러니 그가 애초에 양전자를 찾으려고 했던 건 아니었다. 물리학에서는 누구도 생각하지 못했던 곳에서 새로운 발견이 터져 나오곤 한다. 앤더슨이 찾은 것은 디랙이 예언한 양전자가 틀림없었다. 디랙은 1931년에 자신의 방정식에서 나머지 두 해는 반전자(anti-electron)여야 한다고 주장했지만, 그조차도 자연에서 그런 입자를 찾는 건 기대하지 말아야 한다고 말했다. 또 이 입자는 생기자마자 전자와 결합해 없어질 거라는 말도 덧붙였다. 그리고 제안하기를 에너지가 전자의 질량보다 큰 광자 두 개를 충돌시키면 아마 반전자를 만들 수 있겠지만, 당시 얻을 수 있는 광자의 세기가 충분하지 않아서 그 입자가 생성될 확률은 무시할 만하다고도 말했다. 실마리는 디랙조차 생각하지 못했던 곳에서 풀린 셈이었다.

앤더슨은 자신이 발견한 사실을 정리해서 《사이언스》에 보냈다. 이 논문은 지금까지도 물리학 논문의 전범이라고 부를 만큼 정직하고 신중하게 쓰였다. 앤더슨은 이 논문에서 자신이 본 것을 양전하를 띤 전자라고 말하지 않았다. 세 개의 측정 결과를 들어 이 궤적이 전하가 양인 입자가 만든 것은 분명하지만 양성자는 될 수 없다고 말했다. 양성자라고 하기에는 궤적의 반지름이 너무 컸고, 궤적의 길이도 너무 길었다. 논문의 마지막에 앤더슨은 "이 궤적은 전하량과 질량이 전자와 비슷한 입자가 만든 것임을 나타낸다"라고 조심스럽게 결론을 내렸다.

앤더슨의 논문이 발표되자 반응은 호의적이지 않았다. 닐스 보어와 볼프강 파울리는 "말도 안 되는 소리"라며 무시했고, 러더퍼드조차도 앤더슨의 결과를 믿으려 하지 않았다. 어쩌면 반전자의 존재를 예측한 디랙조차도 이 실험 결과를 믿으려 하지 않았을지 모른다.

이건 양자역학이 세상에 처음 나왔을 때를 떠올리게 한다. 아인슈타인 같은 고전적인 물리학자들의 공격에서 양자역학을 구하려고 서슬 퍼런 논리로 맞섰던 이들이었지만, 이제는 앤더슨이 발견한 걸 어느 누구도 믿으려 하지 않았다. 이건 물리학 역사에서 쳇바퀴 돌 듯 반복되는 미시감(未視感)이었다. 물리학자들이 양전자의 존재를 믿으려 하지 않았던 건 자연이 그렇게 복잡할 리 없다는 믿음 때문이었을 것이다. 전자와 양성자, 이 둘만 가지고도 원자를 충분히 설명할 수 있었고, 원자는 다시 분자를 이루고, 분자는 물질을 이뤄내니 그들에게는 기본입자 두 개면 충분했다. 그들은 데모크리토스의 후예였고, 플라톤의 이상을 좇는 자들이었고, 단순함은 그들에게 종교나 다름없었다. 양전자라는 이상한 입자는 그들이 생각한 완벽한 구도를 뒤흔드는 쓸데없고 몹쓸 존재였다. 아인슈타인은 1933년 옥스퍼드 강연에서 이런 말을 했다.

"자연은 우리가 생각할 수 있는 가장 간단한 수학적 아이디어를 구현한 것이다."

일반 상대성 이론을 내놓은 아인슈타인에게는 지극히 당연한 아포리즘이지만, 물리학에서 어두워진 우리의 눈을 밝혀주는 것은 무엇보다 실험이다. 이런 점에서 러더퍼드는 아인슈타인의 대척점에서 있었다. 러더퍼드는 나중에 자신의 영국 동료들이 양전자가 존재한다는 걸 실험으로 확인한 후에야 양전자를 마지못해 받아들였지만, 한편으로는 애통해 했다.

"디랙이 예측하기 전에 실험물리학자인 우리가 먼저 양전자를 찾아냈어야 했어."

재미있게도 자연은 누구의 편도 들어주지 않았다. 자연은 그저 진리를 찾아 애면글면 헤매는 자들 앞에 자신의 모습을 한 번씩 보여줄 뿐이었다.

1932년 여름부터 1933년 2월까지 앤더슨은 자신이 본 입자가 양전자라는 사실을 입증하는 데 필요한 데이터를 충분히 수집했다. 그는 1300장의 사진 중에서 양전자의 궤적을 분명하게 보여 주는 사진 몇 장을 골라 자신의 관측 결과를 상세히 설명하는 논문과 함께 1933년 2월 28일에 《피지컬 리뷰》에 보냈다. 이 논문은 3월 15일에 발표됐는데, 이례적으로 투고한 지 단 2주 만에 세상에 나왔다. 그는 이 논문에서 자신이 발견한 입자를 '양전자(positron)'라고 불렀다. 이 논문에 나오는 첫 번째 사진이 교과서에서 흔히 볼 수 있는 아래 그림이다.

앤더슨이 발견한 것은 물리학의 흐름을 바꿔놓을 만큼 혁명적이었다. 디랙과 앤더슨, 이 두 사람은 우주에 반물질이 존재한다는 사

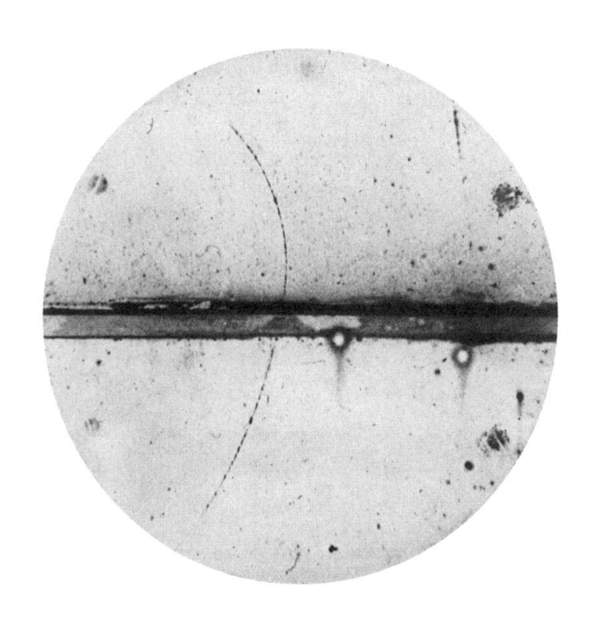

안개 상자로 찾아낸 우주선 속 양전자

앤더슨이 발견한 양전자의 궤적. 사진의 중앙을 좌우로 가로지르는 검은 색 띠가 입자의 속도를 낮춰주는 6밀리미터의 납판이다. 납판의 위쪽 궤적이 아래쪽 궤적보다 더 많이 휘어 있다. 즉 납판 아래쪽보다 위쪽에서 입자의 속도가 느려졌다는 의미이고, 이는 곧 입자가 아래에서 위로 움직인다는 뜻이다. 자기장이 종이를 뚫고 들어가는 방향으로 걸려 있고, 입자가 힘을 왼쪽으로 받고 있으니, 로런츠 힘에 의해 입자의 전하는 양이 되어야 한다.
63메가전자볼트의 입자가 아래에서 납판을 뚫고 위로 올라가며 에너지를 잃어 에너지가 23메가전자볼트로 줄었다. 에너지가 줄어든 양전자는 자기장의 영향을 받아 더 많이 휘게 된다.
(C. D. Anderson, *Phys. Rev.*, **43** (1933) 491)

실을 전 세계에 알렸다. 이로써 물리학자들은 양성자, 전자와 함께 세 번째 기본입자를 손에 넣게 되었다.

포지트론이라는 이름을 달가워하지 않는 사람들도 있었다. 전자(electron)라는 이름이 그리스 신화에 나오는 오이디푸스의 딸 엘렉트라(electra)를 떠올리니까 포지트론은 엘렉트라의 오빠 이름인 오레스테스에서 따와 오레스톤(oreston)이라고 불러야 한다는 사람들도 있었지만, 양전하를 띤 전자의 이름은 양전자, 그러니까 포지트론으로 굳어졌다.

반입자를 앤더슨만 연구하고 있는 것은 아니었다. 독일 로스토크 대학의 파울 쿤제도 앤더슨의 실험 장비에 비견할 만한 장비를 구축하고 고에너지 우주선이 자기장에서 어떻게 휘는지 관측하고 있었다. 앤더슨도 전기 문제로 실험에 어려움을 겪었듯이 쿤제도 마찬가지였다. 그가 만든 전자석도 1.8테슬라나 되는 강력한 것이었는데, 이걸 가동하려면 로스토크 발전소에서 만드는 전기를 거의 다 써야 할 지경이었다. 그래서 쿤제는 전자석을 아예 발전소 안에다 만들었다. 그리고 사람들이 전기를 많이 쓰지 않는 이른 아침에나 실험을 할 수 있었다. 그가 실험할 때는 전기를 너무 많이 써서 로스토크 시내의 집 전등이 한 번씩 깜빡이곤 했다.

쿤제는 500볼트, 1000암페어의 전력 때문에 발생하는 열을 식히려고 실험을 자주 멈춰야 했다. 그렇게 쿤제는 잘 나온 사진 수십 장을 얻을 수 있었는데, 그 사진 중에는 앤더슨이 봤던 것처럼 자기장에서 전자와 반대 방향으로 휘는 입자의 궤적이 나온 것이 있었다.

그리고 조금 늦기는 했지만, 앤더슨과 쿤제 말고도 양전자를 발견한 영국 사람이 있었다.

◦ 패트릭 블래킷

1910년 패트릭 블래킷이 영국 해군사관학교에 입학한 것은 부모의 뜻이었다. 그는 해군사관학교에 들어가는 걸 딱히 원하지 않았지만 그렇다고 거기서 공부하는 게 싫지도 않았다. 사관학교에서 과학을 제대로 배울 수 있다는 사실 하나만큼은 마음에 들었다. 오스본에서 예비교육을 받을 때는 2등을 했고 해군사관학교에서는 1등을 했으니, 그가 해군에 남았다면 뛰어난 해군 장교가 되었을 것이다. 1914년 제1차 세계 대전이 일어난 지 삼일 만에 그는 소위로 임관되어 순양함 카나본에 승선하라는 명령을 받았다. 그리고 같은 해 12월 8일 그가 탄 배는 아르헨티나에서 500킬로미터 정도 떨어진 섬 포클랜드에서 벌어진 전투에서 독일 해군과 싸웠다. 이 해전에서는 영국군이 승리했다.

1915년 6월에 블래킷은 전함 바럼에서 근무하고 있었다. 그리고 1년 후 바럼호는 제1차 세계 대전의 가장 치열한 전투 중 하나인 유틀란트 해전에 투입되었다. 이 전투는 참혹했다. 영국 해군은 전함 28척을 포함해 151척의 전투함이 해전에 참전했고, 독일 해군은 99척의 전투함으로 맞섰다. 유틀란트 해전에서 영국 해군은 처참하게 패했다. 영국은 이 전투에서 6000명이 넘는 병사를 잃었다. 사실 이 전투는 영국이 이길 수도 있었다.

영국 해군 본부에는 40호실이라고 부르는 암호 해독 부대가 있었다. 이 부대에서는 독일 해군이 1916년 5월 31일에 출정한다는 암호를 성공적으로 해독해 상부에 보고했다. 독일 함대의 움직임을 미리 파악한 것이었다. 하지만 함대 사령관 토머스 잭슨 제독이 독일 해군이 다음날 출정할 것이라고 잘못 판단하고 말았다. 뒤늦게 출발한 영국 함대는 독일 해군이 짜놓은 죽음의 덫으로 들어갔다. 영국 해군은 이 전투에서 3척의 전투순양함과 3척의 경순양함, 8척의 구축함을 잃었다.

블래킷이 승선하고 있던 바럼호도 큰 타격을 입었다. 블래킷은 독일 해군이 쏜 오백여 발의 12인치 포탄이 함대 위로 쏟아지는 걸 보았다. 블래킷은 전투가 끝나고서야 무슨 일이 벌어졌는지 제대로 살펴볼 수 있었다. 화약 냄새와 소독약 냄새가 코를 찔렀다. 사방이 피투성이였다. 블래킷이 배 위로 올라가 본 광경은 아수라장 그 자체였다. 온몸이 찢겨나간 부상자들과 불에 탄 시체들이 즐비했다. 블래킷이 지옥 같던 해전에서 살아남은 것은 정말이지 기적 같은 일이었다.

1919년 1월 25일, 블래킷은 케임브리지에 도착했다. 치열했던 해전에 참전했던 해군 용사라서 그랬는지 모르지만 그의 얼굴은 우울해 보였고 옷차림은 단정했다. 걸음걸이는 누가 봐도 그가 군인이라는 것을 말해 주었다. 그는 대위 계급장을 단 해군 정복을 입고 있었다. 그가 케임브리지로 올 수 있었던 것은 해군의 배려 덕분이었다. 영국 해군은 전쟁 중에 바다를 누비고 다녔던 해군 장교 400명에게 대학에서 6개월 동안 재교육을 받을 수 있는 기회를 주선했다. 블래킷도 그 장교들 중 한 명이었다. 그는 바럼호에 있는 동안 함포 개량을 제안해 해군의 특허 취득에 기여하기도 했다. 열여섯 살에 참전해 5년 동안 치열하게 싸웠다. 이제 스물두 살이 됐지만 그는 케임브리지와 같은 지적인 세계를 접한 적이 없었다. 그는 케임브리지 대학의 모들린 칼리지(Magdalene College)에서 지냈다. 거기서 만난 학생들과 밤늦도록 대화를 나누며 해군에 있을 때와는 전혀 다른 세계를 경험했다. 해군에 있을 때 동료들과 나눈 대화의 주제가 해군과 해전, 전투함이었다면, 케임브리지에서는 프로이트를 논하고 마르크스를 이야기하고 사회 문제를 고민하고 있었다. 그는 새로운 세계에 눈을 떴다.

블래킷은 더는 해군에 있을 필요가 없다고 결심했다. 전쟁도 끝났으니 군인으로서 자신의 역할은 끝났다고 보았다. 물론 해군에 남으면 월급은 나올 것이고, 전투도 없으니 편안한 생활을 할 수 있겠지만, 블래킷에게는 의문이 하나 있었다. 전쟁 중에는 기꺼이 적에게 총을 겨누고 쐈지만, 평상시에도 과녁에 총 쏘는 일을 마음 편히 할 수 있을까? 그는 확신이 서지 않았다. 아무래도 다른 일을 찾는 게 더 나아 보였다. 그런데 이곳 케임브리지에 와 보니 자신이 가야 할 길이 조금은 분명해지는 듯 했다.

케임브리지에 온 지 삼 주 정도 됐을 때 그는 전역하기로 마음먹었다. 더는 해군에 머물 생각이 없었다. 상관은 해군에 남으면 훌륭한 장교가 될 거라며 말렸지만 그의 결심은 확고했다. 그는 해군을 그만두고 케임브리지 대학에 정식으로 입학했다. 그해 5월 악명 높은 케임브리지의 수학 시험인 트리포스에 합격했다. 전공은 물리학을 선택했다. 2년 후인 1921년 이번에도 일등으로 학부를 졸업하고 캐번디시 연구소에 들어갔다. 그곳 소장은 어니스트 러더퍼드였다. 그는 1919년에 캐번디시 연구소의 네 번째 소장이 되면서 그곳을 세계적인 핵물리학 연구소로 만들어가고 있었다. 블래킷은 최적의 시기에 캐번디시의 연구원이 된 것이었다. 블래킷이 보기에 연구소는 자신이 공부하던 해군사관학교와 달리 유리창도 지저분하고 바닥에 카펫도 없었지만, 분위기만은 오히려 해군사관학교를 압도하고 있었다.

캐번디시 연구소에서는 실험 장치를 연구원들이 직접 제작했다. 신입연구원이 가장 먼저 배우는 것이 유리관이나 원형 플라스크를 만드는 데 필요한 유리 부는 법이었다. 1933년에 나치를 피해 영국으로 망명한 막스 보른이 한동안 케임브리지에 머물렀는데, 이 광경을 보고 캐번디시 연구소를 "유리 부는 학과"라고 부를 정도였다. 블래킷도 예외가 아니었다. 블래킷은 훗날 자신의 경험을 떠올리며 "실험물리학자는 만물박사"라고 말했다. 그가 캐번디시 연구소에서 있으면서 익힌 것은 실험물리학자는 다재다능해야 하고, 무엇이든 만들어낼 수 있어야 한다는 것이었다. 실험물리학자가 유리를 불어 돈을 벌 수는 없지만, 그는 유리관을 만들 줄 알아야 하고,

전기회로를 다룰 줄 알아야 하고, 목수도 되어야 하고, 사진도 찍을 줄 알아야 하고, 때로는 자동차 정비도 할 수 있어야 했다. 그것이 러더퍼드가 캐번디시 연구소에 심어놓은 캐번디시 정신이었다.

러더퍼드는 학생들에게 자기 연구는 자신이 주도하도록 가르쳤다. 캐번디시 연구소에서 뛰어난 실험물리학자가 많이 나올 수 있었던 것도 러더퍼드의 이런 교육 방식 때문이었을 것이다. 학생들은 모두 자기 실험을 해야 했다. 실험 중인 학생들은 러더퍼드가 언제 나타나는지 알고 있었다. 오전 11시가 되면 러더퍼드는 〈믿는 사람들은 군병 같으니〉라는 찬송가를 흥얼거리며 실험실을 한 바퀴 돌았다. 그건 카피차가 표현했듯 후크 선장을 쫓아다니는 악어 소리 같았다. 그는 늘 쾌활했다. 학생들에게 실험은 잘 되어 가냐고 묻기도 하고, 질문도 하고 격려도 했다. 블래킷은 이런 러더퍼드의 지도를 받으며 얼마 지나지 않아 캐번디시 연구소의 기준에 맞는 실험물리학자로 훌쩍 성장했다. 러더퍼드는 블래킷에게 한 번씩 이런 말을 하곤 했다.

"핵심적인 문제를 선택하는 것은 무척 중요합니다. 학생은 반드시 그런 일을 해야 합니다."

러더퍼드는 블래킷에게 안개 상자로 실험을 해보라고 권했다. 블래킷은 안개 상자를 만든 윌슨의 강의를 들은 적이 있었다. 윌슨의 강의는 지루했다. 그는 칠판을 보며 강의했고 목소리도 겨우 알아들을 정도로 작았다. 강의할 때 오른손에는 분필, 왼손에는 지우개를 들고 있었는데 식을 쓰자마자 지우는 버릇도 있었다. 하지만 강의 내용만은 다른 강의에서 찾기 힘들 만큼 정말이지 뛰어났다. 그는 윌슨의 강의를 들으며 안개 상자의 원리와 제작법을 배웠다.

블래킷은 안개 상자로 실험하면서 타고난 재능을 마음껏 발휘했다. 그는 실험물리학자였지만 수학도 뛰어나게 잘했다. 실험 장치를 꾸밀 때 물리 이론을 적용하는 게 몸에 배어있었다. 당시에 안개 상자로 알파입자를 측정하려면 안개 상자 속의 기압을 급격하게 낮춰야 했으므로 피스톤을 빨리 당겨야 했고, 또 안개 상자 속에 생겨난 입자의 궤적이 사라지기 전에 사진을 재빠르게 찍어야 했다. 이건 생각보다 쉽지 않았다. 블래킷은 이 문제를 해결하려고 피스톤과 사진기를 연결하는 장치를 만들었다. 그리고 알파입자의 궤적을 분명하게 볼 수 있도록 알파입자가 들어오는 순간에 안개 상자 내의 공기가 초응결 상태가 되게끔 장치를 보완했다. 블래킷은 이 장치를 이용해 하루에 수천 장의 사진을 찍을 수 있었다.

그는 수십만 장의 안개 상자 사진을 찍으면서 중요한 현상 하나를 알아냈다. 안개 상자에는 질소와 산소가 들어 있는데, 블래킷은 알파입자가 안개 상자를 지나면서 질소와 충돌해 매우 가끔씩 양성자가 튀어나오는 걸 관측했다. 이건 몹시 중요한 발견이었다. 블래킷은 안개 상자에서 생성된 궤적의 각도와 길이를 측정해 알파입자가 질소와 충돌해 새로운 핵이 만들어지고 그때 양성자가 튀어나온다는 걸 알아낸 것이었다. 이 새로운 핵은 산소 원자의 핵이었다. 그러니까 블래킷은 질소와 헬륨이 합쳐져 산소와 양성자로 바뀌는 과정을 본 것이었다.

1924년 블래킷은 러더퍼드에게 일 년 동안 독일 괴팅겐에 가서 제임스 프랑크와 함께 연구하게 해달라고 요청했다. 러더퍼드는 블래킷이 연구소를 떠나는 게 탐탁지 않았지만 블래킷의 부탁을 들어주었다. 블래킷은 훗날 러더퍼드에게 두 가지 잘못을 했다고 고백했다. 하나는 잠시지만 캐번디시 연구소를 떠난 것이고, 다른 하나는 그가 독일에서 핵을 연구하지 않고 원자를 연구했다는 것이었다. 그러나 블래킷이 독일로 간 데에는 큰 의미가 있었다.

1924년은 제1차 세계 대전이 끝난 지 채 육 년이 지나지 않은데다, 베르사유 조약에서 부과한 전쟁배상금으로 독일 국민들이 경제적으로 몹시 힘든 시기를 보내고 있을 때였다. 블래킷은 전후 독일을 방문한 거의 첫 번째 영국 과학자나 다름없었다. 그가 함께 연구하기로 한 제임스 프랑크 역시 전쟁에서 돌아온 용사였다. 육 년 전만 하더라도 블래킷과 프랑크는 서로 적군이었다. 그리고 두 사람 모두 과학자였다. 프랑크는 언젠가 이런 말을 한 적이 있다.

"내게는 과학이 신이고 자연이 종교다."

프랑크에게 무엇보다 중요한 것은 과학이었다. 그것은 블래킷에게도 마찬가지였다. 과학은 사 년 동안 적이었던 두 사람을 이어주었다. 한때 적이었다는 사실은 함께 연구하는 데 전혀 문제가 되지 않았다.

프랑크는 프랑크-헤르츠 실험으로 이름이 널리 알려진 물리학자였다. 이 실험으로 그는 1925년에 노벨 물리학상을 받았다. 블래킷은 괴팅겐에 머물며 프랑크와 실험을 했고 논문도 함께 썼다. 하지만 괴팅겐 방문이 블래킷에게 중요했던 이유는 정작 다른 데 있었다. 블래킷은 그곳에 머물면서 양자역학을 제대로 이해할 수 있었다. 그는 양자역학이 원자 뿐 아니라 원자핵에서도 중요하다는 사실을 깨달았다. 양자역학을 세상에 내놓은 사람들은 이론물리학자였지만, 양자역학이 미시적인 세상을 설명하는 이론이라는 것을 보인 사람들은 실험물리학자였다. 블래킷은 실험과 이론을 가장 잘 연결하는 사람이었다.

◦ 주세페 오키알리니

1931년 아르체트리에서 브루노 로시와 연구 중이던 주세페 오키알리니에게 캐번디시 연구소를 방문할 기회가 생겼다. 원래는 질베르토 베르나르디니가 갈 예정이었지만 그가 징집 영장을 받으면서 갈 수 없게 되었다. 오키알리니는 삼 개월 만 머물 예정이었다. 하지만 그는 이 년 넘게 캐번디시에 있었다. 그리고 그는 우주선 분야에서 이름난 물리학자로 우뚝 서게 된다.

오키알리니가 캐번디시 연구소를 처음 찾았을 때 그는 두 번 놀랐다. 아르체트리 연구소는 예산이 부족해 전기비도 못 낼 정도였지만, 연구소 밖으로 나가면 눈부시게 아름다운 피렌체의 풍경이 눈앞에 펼쳐지는 곳이었다. 캐번디시 연구소는 정반대였다. 창문마다 먼지가 잔뜩 끼여 하늘이 회색으로 보일 지경이었고 벽은 지저분하고 낡아 있었다. 건물이 세워진 지 육십 년이 다 됐으니 그럴 수밖에 없었다. 연구비는 빠듯했지만, 오래된 건물에서는 언제나 새로운 실험이 진행되고 있었다. 놀라운 실험 결과가 불쑥불쑥 튀어나왔다. 그곳에 있는 실험 장치는 모두 연구소 안에서 만들어진 것이었다. 이렇게 오래된 연구소에서 하루가 멀다 하고 새로운 연구 결과가 나온다는 건 오키알리니에게 참으로 놀라운 일이었다.

오키알리니는 연구소 소장인 러더퍼드에게도 깊은 인상을 받았다. 그가 위대한 과학자라는 것은 잘 알고 있었지만, 마오리 용사 같은 그의 풍모는 명성만큼이나 위엄이 넘쳤다. 그리고 또 한 사람, 블래킷의 외모와 지적 능력에 반했다. 대개는 둘 중 하나만 지니기 마련인데 블래킷은 둘 다 갖춘 사람이었다. 두 사람은 열 살 차이였다. 스물네 살의 오키알리니는 이제 막 물리학의 길에 들어선 사람이었고, 블래킷은 삼십 대 초반의 패기 넘치는 실험물리학자였다. 오키알리니는 이곳에서 '베포'라고 불렸다. 주세페를 짧게 줄여 부르는 애칭이었다. 블래킷은 베포를 카피차에게 소개했다. 카피차는 그를 카피차 클럽의 회원으로 받아주었다. 베포가 왔을 때 카피차 클럽은 377번째 모임을 열고 있었다. 모임은 디랙의 연구실에서도 열렸다. 디랙을 직접 만난다는 사실만으로도 오키알리니를 흥분시키기에는 충분했다.

오키알리니는 자연스레 블래킷이 이끄는 그룹에 속하게 되었다. 얼마 지나지 않아 오키알리니는 블래킷에게 배울 게 정말 많다는 걸 깨달았다. 블래킷은 자기가 가르치는 학생들에게 이렇게 말하곤 했다.

"여러분은 자신이 하는 연구를 마치 군사 작전을 하듯 해야 합니다. 무엇보다 데이터를 많이 모았는지 확인하세요!"

해군 장교 출신다운 말이었다. 그가 한 말은 실험물리학에서 가장 중요한 원리를 담고 있었다. 데이터는 실험물리학에서 무엇보다 중요했다. 결론을 정확하게 내리려면 올바른 데이터가 많아야 했다. 그건 전투에서도 마찬가지였다. 전투에서 승리하려면 무엇보다 올바른 정보가 필수적이다. 블래킷은 유틀란트 전투에서 빈약한 정보와 잘못된 판단이 얼마나 치명적인 결과를 가져왔는지 뼈저리게 경험한 적이 있었다. 훗날 오키알리니는 자신에게 가장 많은 영향을 준 사람은 물리학자였던 아버지 다음으로 블래킷이라고 말할 정도로 두 사람은 각별했다.

블래킷과 오키알리니는 환상의 조합이었다. 두 사람은 손발이 척척 맞는 투수와 포수 같았다. 거기에는 이유가 있었다. 오키알리니는 아르체트리에 있으면서 로시에게 가이거-뮐러 계수기 만드는 법을 배웠고 그걸 이용해서 우주선을 측정한 경험이 있었다. 블래킷은 안개 상자에 관해서는 세계에서 둘째가라면 서러워할 전문가였다. 그는 안개 상자에서 전하를 띤 입자가 통과한 궤적을 자동으로 찍을 수 있는 장치를 개발하기도 했었다. 오키알리니가 캐번디시 연구소에 올 때쯤 블래킷도 우주선 연구로 방향을 틀었다. 이 두 사람의 연구는 곧 세상을 놀라게 할 결과를 내놓을 터였다.

블래킷과 오키알리니는 자신들의 장점을 살려 새로운 장비를 만들었다. 두 사람은 안개 상자의 위와 아래에 각각 가이거-뮐러 계수기를 달았다. 처음으로 시도하는 것이었다. 가이거-뮐러 계수기는 전하를 띤 입자가 들어올 때마다 불빛을 깜박거렸다. 그 입자가 무슨 입자인지는 알 수 없었고, 단지 입자가 지나갔다는 사실만 알려줄 뿐이었다. 하지만 안개 상자 위와 아래에 있는 계수기가 동시에 반짝이면 입자가 안개 상자를 지나갔다는 것을 분명하게 알 수 있었다. 이렇게 동시에 지나가는 입자는 틀림없이 우주선이었다. 이 방법은 오키알리니가 로시에게 배운 동시 방법을 응용한 것이었다. 두 사람이 만든 장치는 확실히 효과가 있었다. 이 계수기를 달기 전에는 기껏해야 사진 스무 장을 찍으면 한두 장 의미 있는 결과를 얻을까 말까였지만, 이제는 다섯 장 찍으면 네 장 정도는 원하는 정보를 담고 있었다. 게다가 이 장치 덕분에 앤더슨처럼 강한 전자석을 쓰지 않아도 안개 상자에 찍힌 입자를 충분히 판별해 낼 수 있었다.

1932년 6월부터 이 새로운 장치를 이용해 두 사람은 그해 가을까지 1000장 가까이 되는 사진을 얻었다. 이 두 사람도 앤더슨처럼 자신들이 찍은 사진에서 '잘못된 방향으로 휘는' 전자를 발견했다. 이들에게는 결과를 보여 주며 같이 토론할 수 있는 디랙이 있다는 게 장점으로 작용할 수도 있었다. 하지만 실제로는 디랙이 그들 곁에 없는 쪽이 더 나았다. 디랙은 그런 실험 결과를 보고 흥분해서 "우와! 이게 바로 제가 예언했던 반전자입니다!"라고 외칠 사람이 전혀 아니었다. 디랙은 논리적이었고, 신중했고, 말수가 없었다. 아마도 디랙은 마치 앵무새처럼 자신이 논문에 쓴 대로 이 두 사람에게 말했을 것이다.

1930년대 초반, 패트릭 블래킷(오른쪽)과 주세페 오키알리니

(Giuseppe Occhialini and Constance Dilworth Archive, Università degli Studi di Milano)

"자연에서 그런 입자를 찾는 건 기대하지 말아야 합니다. 이 입자는 생기자마자 전자랑 결합해서 없어질 겁니다. 전자의 질량보다 에너지가 큰 광자 두 개를 서로 충돌시키면 아마 반전자를 만들 수 있겠지만 확률은 무척 낮을 겁니다. 그런데 두 분이 보여 준 사진에서는 그런 입자가 제법 많이 나오네요?"

1931년에 디랙이 쓴 논문은 이론에 치우쳐 있었다. 디랙은 그 논문에서 반전자(양전자)도 이야기했지만, 정작 중요한 주제는 양전자보다 훨씬 추상적인 자기 홀극(magnetic monopole)이었다. 그러니 당시 블래킷이 그 논문을 읽었더라도 양전자를 제대로 이해할 수 없었을 수도 있다. 블래킷은 무척 신중한 사람이었다. 그는 자신이 얻은 결과라도 늘 의심하며 확인했다. 조금이라도 이상하면 확신이 생길 때까지 실험을 계속했다. 데이터가 모이고 모든 의심이 해소되고 나서야 결론을 내렸다. 이건 실험하는 사람이라면 누구나 지녀야 할 장점이지만, 이런 점 때문에 앤더슨과의 경쟁에서는 지고 말았다. 몇 달 후 앤더슨이 《사이언스》에 발표한 논문을 보고 두 사람은 분명 탄식을 거듭하며 디랙을 탓했을지도 모를 일이다. 두 사람은 그렇게 자신을 찾아온 호기를 움켜쥐지 못한 채, 기회가 손가락 사이에서 빠져나가는 모래처럼 헤실바실 사라지는 것을 지켜봐야 했다. 이 두 사람은 양전자를 가장 처음 발견하는 기쁨을 누리지는 못했지만, 자신들이 발견한 입자가 디랙이 예언한 입자라는 사실을 분명히 밝혔다. 양전자의 발견을 처음으로 공표하는 영광은 놓쳤지만, 두 사람의 연구는 앤더슨보다 확실히 한발 더 나아간 연구였다.

◦ 쌍생성의 발견

몇 달 후, 블래킷과 오키알리니는 방사선을 이용해 전자와 양전자를 만들고 싶었다. 두 사람은 카피차 클럽에서 디랙과 자주 토론을 벌여 당시 실험물리학자 중에서는 디랙의 이론을 가장 잘 알고 있었다. 그리고 이번에는 채드윅이 거들었다. 세 사람은 폴로늄과 베릴륨 조각을 캡슐에 넣어 안개 상자 앞에 놓고, 그 사이에 납판을 가져다 놓았다. 폴로늄에서 나오는 방사선이 베릴륨에 부딪히면 중성자가 튀어나왔다. 캡슐는 중성자 발생원이었다. 이 캡슐에서 나오는 감마선과 중성자는 납판을 뚫고 지나가면서 전자와 양전자를 동시에 만들어냈다! 그건 디랙이 예언한 것과 같았다.

그러나 이것만 가지고는 전자와 양전자가 감마선이 없어지면서 생기는 것인지 중성자에서 오는 것인지 확인할 길이 없었다. 졸리오퀴리 부부도 비슷한 실험을 하고 있었다. 감마선이 없어지면서 전자와 양전자가 생성된다는 것을 알아낸 사람은 졸리오퀴리 부부였다. 이듬해에 채드윅과 블래킷, 오키알리니는 양전자의 궤적을 4000장이나 찍어 전자와 양전자가 감마선에서 온다는 사실을 확실히 보여 주었다.

처음에는 아무 전하도 없는데, 양전자만 달랑 생겨날 수는 없는 법이다. 처음이나 나중이나 전하는 늘 같아야 한다. 아무것도 없는 데서 양전자가 생겼다면, 전하가 반대인 전자도 반드시 생겨나야 했다. 그렇지 않으면 전하가 보존되지 않아서 양전자의 발견으로 가뜩이나 불편한 사람들의 마음이 훨씬 더 심란해졌을 것이다. 전자와 양전자가 같이 생겨나는 현상인 쌍생성은 디랙 자신이 세운 바다 이론에서 이미 설명했다. 그러니까 채드윅, 블래킷, 오키알리니는 디랙의 바다에서 튀어 올라 뭍으로 나온 전자와 그 빈자리에 남은 양전자를 동시에 본 것이었다. 전자가 떠나면서 남은 자리, 그게 양전자였다. 앤더슨이 관찰했던, 납판을 통과해 위로 올라와 자기장에 의해 휘던 입자는 쌍생성으로 생겨난 양전자였다.

디랙이 자신의 방정식에서 나오는 이상한 해를 변명하려고 고안한 '디랙의 바다'는 옳았다. 정말로 아무것도 없는 곳에서, 아니 좀 더 정확하게 말하면, 전자의 질량보다 에너지가 두 배 이상인 감마선이 물질을 통과하면, 그 에너지가 입자로 바뀌면서 전자와 양전자가 생겨난다. 디랙이 예언한 그대로였다. 이것은 인류 역사상 처음으로 이론으로 먼저 입자의 존재를 예측하고, 실험으로 그 존재를 확인한 사건이었다. 비록 러더퍼드는 양전자를 디랙이 예언하기 전에 발견하지 못한 걸 한탄했지만, 이 발견으로 물리학은 새로운 경지에 들어서게 되었다. 디랙이 양전자를 예측했을 때 거의 쌍소리에 가깝게 양전자를 비난했던 파울리도 『물리 핸드북』 개정판에서는 자기가 예전에 썼던 욕설 같은 글을 지우고, 디랙을 칭찬하는 말로 바꾸었다.

칼 앤더슨은 양전자를 발견한 공로로 1936년에 노벨 물리학상을 받았다. 폴 디랙은 에르빈 슈뢰딩거와 함께 1933년에 노벨 물리학상을 받았다. 물론 양전자가 존재한다는 사실을 예측한 업적이 디랙이 노벨 물리학상을 받게 된 중요한 이유였다. 블래킷은 안개 상자를 이용한 실험 방법을 개발하고 쌍생성을 발견한 업적으로 조금 늦은 1948년에 노벨 물리학상을 받았다. 그런데 오키알리니는 노벨상을 받지 못했다. 이게 불공평한 처사라는 걸 잘 알았던 블래킷은 노벨상 수상 강연에서 오키알리니가 쌍생성을 발견하는 데 얼마나 크게 이바지했는지 여러 번 언급했다. 그리고 오키알리니의 아버지에게 편지를 보내 자기 혼자 노벨 물리학상을 받아서 안타깝다는 마음을 전했다.

"제가 이 상을 받게 되어 무척 기쁘고 자랑스럽지만, 이 영광을 베포와 함께 했더라면 훨씬 더 행복했을 겁니다. 베포가 케임브리지에 오면서 저는 우주선 연구를 시작해야겠다는 큰 자극을 받았습니다. 1932년부터 1933년까지 그와 함께 연구한 시간은 제게 가장 행복한 순간이었습니다."

∘ 진공의 참모습

데모크리토스는 물질의 기본입자가 아토모스(atomos)이고, 우주는 아토모스와 텅 빈 공허로 이루어져 있다고 주장했다. 20세기에 과학자들은 데모크리토스가 말했던 아토모스가 원자라는 사실을 알아냈고, 아토모스는 양성자와 전자라고 생각했다. 이제 입자 하나가 추가되었는데, 바로 양전자다. 물론 세상에 잠깐 나왔다가 전자와 결합해 빛이 되고 말지만, 양전자는 실재하는 입자다. 그리고 디랙이 그린 바다는 데모크리토스의 공허로 이어진다. 디랙은 아무것도 없는 진공에서 전자와 양전자가 태어날 것이라고 예언했다. 공허는 그저 비어 있는 곳이 아니라 전자로 가득 차 있었다. 디랙은 그 오랜 비밀을 온 세상에 알렸다. 이는 훗날 양자전기역학에서 진공의 참모습을 밝히는 실마리가 된다.

1932년은 기적의 해였다. 디랙이 예언한 양전자가 발견된 해이기도 하지만, 그보다 먼저 발견된 입자가 있었다. 그건 중성자였다. 이 입자는 핵을 이해하려면 반드시 존재해야만 했다. 중성자를 발견한 사람은 러더퍼드의 제자 채드윅이었다. 양전자는 우주선에서 발견됐지만, 중성자는 자연방사선(natural radioactive ray)을 이용해 발견한 입자였다. 입자를 인공적으로 가속해 발견한 입자는 아니었지만, 가속기의 원형이나 다름없는 실험에서 발견한 입자였다. 기적의 해 1932년은 핵물리학과 입자물리학이라는 학문이 새롭게 탄생한 해라고 봐도 된다. 양전자와 중성자가 발견되면서 물리학의 발전은 새로운 전기를 맞이하게 된다.

NUCLEAR
FORCE

7

중성자의 발견

한스 베테는 1932년 이전의 모든 것은 "핵물리학의 선사 시대였고, 1932년부터는 핵물리학의 역사"라고 말했다. 이 차이는 중성자의 발견이었다.

— **리처드 로즈** 『원자 폭탄 만들기』

제임스 채드윅은 발테 보테와 졸리오퀴리 부부의 실험을 독창적으로 재해석하고, 자신의 이론을 실험으로 입증해 중성자의 존재를 밝혔다. 1945년경.
(Cavendish Laboratory, University of Cambridge)

1932년에 물질을 이루고 있는 조각 하나가 더 발견되었다. 그것은 중성자였다. 중성자가 나타나고 얼마 후에 양전자가 발견되었다. 이제 과학자들 손에 네 개의 입자가 들어왔다. 양성자, 전자, 양전자, 중성자. 양전자는 생겨나고 얼마 지나지 않아 전자와 합쳐져 감마선이 된다. 중성자는 핵 안에서만 자기 모습을 유지할 수 있는데, 핵에서 나오면 기껏해야 15분 남짓 살 수 있다. 하지만 중성자는 양성자와 더불어 핵을 이루고, 물질을 구성하고, 우리 몸과 우주를 만든다. 중성자는 제임스 채드윅이 발견했다. 우연히 발견된 양전자와 달리 채드윅은 중성자가 존재하리라고 처음부터 의심했다. 그리고 그가 발견한 중성자는 핵물리학이라는 학문의 흐름을 완전히 바꿔 놓았다.

◦ 제임스 채드윅

영국 맨체스터에서 남쪽으로 조금 내려가면 볼링턴이라는 작은 공업 도시가 있다. 거기서 다시 남서쪽으로 4킬로미터 정도 더 가면 매클즈필드 운하 인근에 클라크 레인이라는 작은 마을이 나온다. 이곳이 제임스 채드윅이 태어난 곳이다. 그는 참 가난한 집안에서 태어났다. 그의 아버지는 할아버지의 이름을 따서 갓 태어난 아들을 제임스라고 불렀다.

18세기 말에 산업혁명이 일어나면서 맨체스터는 영국에서 가장 발전한 도시가 되었다. 맨체스터에는 노동력이 대거 필요한 방적 공장이 많아서 일하려는 사람들이 몰려들었다. 1831년에 매클즈필드 운하가 개통되면서 맨체스터 인근 작은 도시들도 제법 호황을 누렸다. 볼링턴만 해도 사람 수가 세 배나 늘었다. 하지만 19세기 말이 되자 맨체스터에도 불경기가 찾아왔다. 별다른 기술이 없던 제임스의 아버지는 볼링턴에서 계속 일을 할 수 없었다. 그는 어린 제임스를 외가에 맡기고 일자리를 찾아 맨체스터로 갔다. 제임스는 외조부모의 손에 컸다. 외할아버지는 정원사였다. 채드윅이 평생 정원 가꾸는 걸 좋아했던 것은 할아버지의 영향이었다.

채드윅의 부모는 열 살 때 그를 외가에서 맨체스터로 데리고 왔다. 채드윅의 집은 맨체스터 외곽의 허름한 동네에 있었다. 채드윅이 부모를 따라 집에 들어가자 남자아이 둘이 보였다. 채드윅에게 동생 둘이 생긴 것이었다. 채드윅에게 맨체스터는 잿빛이었다. 건물도 그랬고 거리도 그랬다. 더구나 채드윅은 일을 나간 부모 대신에 낯도 익지 않은 두 동생까지 챙겨야 했다. 아버지는 세탁소에서 일했지만, 벌이가 시원찮았다. 열 살 난 채드윅은 맨체스터에 와서 그만 어른이 되고 말았다.

맨체스터에서 새로운 학교에 다니게 된 채드윅은 공부를 잘했다. 장학금을 받고 맨체스터에서 가장 좋고 유서 깊은 맨체스터 그래머스쿨에 들어갈 기회가 있었지만, 가난한 부모 형편에 학비는 큰 부담이었다. 채드윅은 결국 문을 연 지 얼마 안 된 센트럴 그래머스쿨을 다니게 되었다. 그곳은 맨체스터 그래머스쿨과 달리 헬라어와 라틴어를 가르치지 않았지만, 영어 문법과 수학, 과학은 다른 학교에 못지않게 잘 가르쳤다. 그는 수학 성적이 좋았다. 그나마 다행인 건 먹고사는 게 힘들어도 채드윅의 부모는 나가서 돈을 벌어오라는 말은 하지 않았다. 당시 영국에서는 아홉 살만 넘어도 공장에 나가 일하는 아이들이 수두룩했다. 채드윅은 학교에 다닐 수 있다는 것만으로도 감사했다. 이런 환경은 채드윅을 의기소침하고 내성적인 사람으로 만들었다.

센트럴 그래머스쿨의 수학 교사는 채드윅에게 여기서 배울 것은 다 배웠으니까 대학에 가서 공부하라고 권유했다. 그는 워낙 소심하고 내성적이라 별 생각 없이 교사의 조언대로 맨체스터 대학에 가기로 마음먹었다. 다행히 장학금도 받을 수 있었고, 학교까지는 한 시간 남짓이면 갈 수 있어 큰돈이 들 것 같지 않았다. 그는 1908년 가을에 입학할 요량으로 학교에 면접을 보러 갔다. 처음에는 수학을 전공할 생각이었다. 그런데 면접을 보러 간 곳이 수학과가 아니라 물리학과 학생을 선발하는 곳이었다. 제임스는 내성적인 성격 탓에 잘못 왔다는 말도 꺼내지 못했다. 영락없는 촌구석 아이였다.

그래도 면접관이 그를 잘 본 모양이었다. 물리학과가 어떤 곳인지 친절하게 알려주고, 물리학을 전공하면 무엇이 좋은지 자세히 설명해 주었다. 채드윅은 얼떨결에 물리학과를 선택했고, 그해 가을 학기부터 물리학과 학생이 되었다. 그러니까 정말 어쩌다 보니 물리학을 전공한 셈이었다.

◦ 러더퍼드를 만나다

채드윅이 맨체스터 대학을 다닐 때, 러더퍼드는 무서운 추진력과 열정으로 자신의 연구실을 꾸려가고 있었다. 전임자에게 물려받은 장비는 훌륭했지만 실험에 쓸 라듐이 없었다. 다행히 빈 대학의 슈테판 마이어가 라듐을 보내줘서 본격적으로 방사선 연구에 힘을 쏟을 수 있었다. 러더퍼드와 더불어 맨체스터 대학은 방사선 연구의 중심지로 탈바꿈하고 있었다. 채드윅은 2학년 때 러더퍼드가 가르치는 전자기학을 들었다. 그의 강의는 다른 강의와 완전히 달랐다. 러더퍼드는 강의가 연구와 직결돼야 한다고 믿었다. 그는 소신대로 이론을 장황하게 늘어놓지 않고 실험을 직접 보여 주며 강의를 진행했다. 채드윅에게는 신선한 충격이었다. 그는 러더퍼드의 강의를 들으며 물리학이 생생하게 살아있는 학문이라는 걸 알게 되었다.

채드윅이 3학년이 되기 직전인 1910년 9월에 러더퍼드는 영국 대표로 브뤼셀에서 열린 국제 방사선학 및 전기학 회의에 참가하고 있었다. 학회에서는 유럽 각국에서 온 학자들이 방사선량의 표준 단위를 어떻게 잡을 것인가를 놓고 토론했다. 피에르 퀴리의 이름을 기려 1그램의 라듐에서 나오는 방사선의 양을 1퀴리라고 부르기로 했지만, 학자들의 의견을 모아 표준 단위를 정하는 건 아무래도 쉽지 않았다.

러더퍼드는 영국으로 돌아오는 길에 라듐의 양을 정확하게 측정하는 방법을 생각해 보았다. 한쪽에는 라듐에서 방출되는 감마선이 생성하는 이온화 전류를, 다른 한쪽에서는 우라늄 산화물에서 방출되는 세기가 일정한 알파선과 베타선이 만들어 내는 이온화 전류를 측정해서, 이 두 값을 비교해 라듐의 방사선량을 결정하기로 아이디어를 정리했다. 맨체스터로 돌아온 러더퍼드는 채드윅에게 학부 졸업 논문 주제로 이 일을 맡겼다. 이제 막 열아홉 살이 된 채드윅에게는 과중한 주제일 수도 있었다. 게다가 성격이 소심했던 채드윅은 괄괄한 러더퍼드를 무서워했다. 그래도 그는 선생이 시킨 대로 실험을 했다. 그는 러더퍼드가 고안한 실험 방법에 작은 문제가 있다는 걸 찾아내기도 했지만, 채드윅처럼 마음씨 여린 친구가 하늘 같은 지도교수인 러더퍼드에게 '이건 이렇게 하면 안 될 것 같다'라는 말을 한다는 건 생각조차 할 수 없는 일이었다. 채드윅은 지도교수가 제안한 거니까, 그냥 맞을 거라고 믿었다. 러더퍼드는 언제나 실험 결과를 빨리 보고 싶어 안달했다. 그는 학생들을 몰아붙이지는 않았지만, 호기심 탓에 학생들이 결과를 가져올 때까지 느긋하게 기다리질 못했다. 그런 지도교수의 성격에 주눅이 들긴 했지만,

채드윅은 자신이 맡은 실험을 잘 해냈다.

이듬해 가을 브뤼셀에서 열린 첫 번째 솔베이 학회에서 러더퍼드는 마리 퀴리를 다시 만났다. 그녀는 러더퍼드에게 자신이 준비한 라듐 표준 시료는 파리에 있는 자기 연구실에 있다고 했다. 라듐 표준 때문에 열린 위원회에서 러더퍼드는 우렁찬 목소리로 "개인에게 표준 선량을 맡겨두는 건 있을 수 없는 일"이라며 따졌다. 회의 끝에 1912년 3월에 파리에서 러더퍼드와 채드윅이 만든 표준과 퀴리가 준비한 표준을 비교하기로 했다.

러더퍼드는 자신감이 넘쳐 보였지만 사실은 불안했다. 얼마나 불안해했는지는 그가 친구에게 보낸 편지에도 잘 나타나 있다. 하지만 두 표준 시료는 거의 천 분의 일 오차 안에서 일치했다. 나중에 러더퍼드는 자신이 이룬 일을 기뻐하며 동료들 이름을 한 명 한 명 거론해 고마움을 표했지만, 정작 채드윅의 이름은 언급하지 않았다. 소심하기도 하고 나서길 꺼리는 채드윅의 성격 탓도 있었다. 1911년 여름에 채드윅은 최우수 성적으로 맨체스터 대학을 졸업했다. 러더퍼드도 채드윅이 자질이 뛰어난 학생이라는 건 진작부터 알고 있었다. 채드윅은 큰 어려움 없이 러더퍼드 밑에서 박사 학위 과정을 시작하게 되었다.

러더퍼드는 뉴질랜드를 떠나 영국으로 오면서 1851년 런던에서 열린 대박람회 기념 장학회의 덕을 톡톡히 봤다. 이번에는 채드윅이 그 혜택을 보게 되었다. 러더퍼드는 채드윅이 1851년 대박람회 장학금(1851 Exhibition Scholarship)을 받을 수 있도록 그를 강력하게 추천했다. 지도교수 덕에 채드윅은 장학금을 받게 되었는데, 거기에는 조건이 하나 붙어 있었다. 채드윅에게 장학금을 주긴 줄 텐데, 다른 연구소에 가서 이 년 정도 경험을 더 쌓으라는 것이었다. 물론 그 이 년 동안 필요한 경비도 장학회에서 대주겠다고 했다. 생각 끝에 채드윅은 한때 러더퍼드 연구실에서 알고 지냈던 한스 가이거에게 연락했다. 가이거는 1912년부터 베를린에 있는 물리기술 제국연구소에서 방사선 연구팀을 이끌고 있었다. 그는 채드윅에게 베를린에 와도 좋다고 흔쾌히 말했다. 채드윅은 이제 베를린으로 떠나지만, 자기 앞에 무슨 난관이 기다리고 있는지 전혀 몰랐다.

◦ 베타선의 이상한 에너지 분포

1913년 가을에 채드윅은 베를린에 도착했다. 날은 서늘했지만, 마음은 들떠 있었다. 그는 독일어를 약간 알고 있었다. 러더퍼드는 채드윅에게 물리 공부에 필요한 독일어를 배우도록 했다. 당시에 물리학을 공부하는 사람이라면 독일어는 반드시 알아야 했다. 베를린에 도착한 채드윅에게는 자기가 배운 독일어가 본토에서도 통한다는 사실이 신기했다. 그 덕에 별 고생하지 않고 베를린 외곽 샤를로텐부르크에 있는 물리기술 제국연구소를 찾아갈 수 있었다.

가이거는 채드윅을 따뜻하게 맞았고 세심하게 돌봐주었다. 채드윅은 수줍음이 많았지만 그곳에서 친구를 여러 명 사귀었다. 가이거의 연구실에서는 사람들이 오후 세 시에 일을 마쳤다. 실험이 끝난 후엔 같이 점심을 먹거나 밖에 나가서 산책을 했다. 가이거가 한 번씩 가져오는 초콜릿을 나눠 먹기도 했다. 맨체스터에 있을 때는 돈이 부족해서 점심을 자주 거르곤 했지만, 이곳에서는 장학금이 맨체스터에서 받는 월급보다 많아 점심을 제때 챙겨 먹을 수 있어 만족스러웠다. 그곳 화학 연구실의 오토 한과 리제 마이트너도 만날 수 있었다. 두 사람은 함께 베타선을 연구하고 있었다. 채드윅도 지금까지는 알파선을 주로 연구했지만, 여기서 진행하고 있는 베타선 연구에도 관심이 생겼다.

알파선은 방사성 원소마다 나오는 속도가 달랐지만, 특정 원소에서는 언제나 튀어나오는 속도가 같았다. 다시 말해, 방사성 원자의 핵이 다르면 속도도 달라졌지만, 같은 종류의 핵이라면 알파선의 속도는 늘 일정했다. 그래서 사람들은 베타선도 핵에서 같은 속도로 나올 것이라고 추측했다. 알파선은 멀리 가지도 못했고, 상대적으로 속도가 느려 상자 안에 있는 기체들과 반응을 잘 하지 않았지만, 베타선은 전자였다. 전자는 헬륨 핵보다 8000배나 가벼워 훨씬 멀리 가기도 하고, 진행하는 동안 기체들과 잘 부딪치므로 베타선을 연구하는 건 알파선보다 훨씬 더 까다로웠다. 러더퍼드가 이끄는 맨체스터 그룹이나 한과 마이트너 모두 라듐 같은 방사성 핵종에서 나오는 방사선에 자기장을 가하고 사진 건판으로 베타선을 검출해 연구했지만, 채드윅은 사진 건판 대신에 가이거 계수기를 이용했다. 가이거 계수기의 초기 버전은 입자가 알파선인지 베타선인지 구분하지 못했지만, 자기장을 이용해서 알파선과 베타선을 갈라 놓고 베타선만 가이거 계수기에 보내면 측정에 문제될 게 없었다.

이 실험에서 채드윅은 무척 중요한 결과를 얻었다. 베타선은 알파선과 달리 핵에서 하나의 정해진 속도로 나오지 않았다. 핵에서 튀어나오는 베타선의 속도는 제각각이었다. 그러니까 베타선의 속도는 연속적으로 분포되어 있었다. 왜 베타선의 속도가 이렇게 분포되는지는 1933년에 이르러서야 이해하게 된다. 페르미는 파울리가 제안한 중성미자를 도입해 베타 붕괴에 관한 이론을 내놓았다. 페르미의 이론은 베타선의 속도 분포가 연속적이어야 한다는 사실을 잘 설명해 주었다. 어떤 핵이 붕괴하면서 전자나 양전자를 내놓는 것을 베타 붕괴(β-decay)라고 부른다. 베타 붕괴가 일어날 때는 반드시 중성미자를 동반한다. 이 중성미자도 속도가 있어서 운동량과 에너지가 보존되려면 전자의 속도가 일정하게 나올 수가 없다. 하지만 채드윅이 처음으로 베타선이 핵에서 나오는 속도가 일정하지 않다는 걸 보였을 때만 해도 왜 그런지 아는 사람은 없었다.

채드윅은 자신이 발견한 내용을 정리해 독일의 학술지에 발표했다. 이 논문을 살펴보면 채드윅이 썼다고 하기엔 독일어 표현이 워낙 뛰어나서 사람들은 가이거가 채드윅의 논문을 많이 고쳐 줬을 것이라고 생각했다. 러더퍼드와 마찬가지로 가이거도 신중하고 꼼꼼한 채드윅이 실험물리학자로서 자질이 뛰어나다는 것을 일찍부터 간파하고 있었다. 배려심 많은 가이거가 채드윅이 단독으로 발표할 수 있게 도와준 것이었다.

전쟁은 인간에게 깊은 상처를 안긴다. 전쟁은 인간을 미치광이로 만들거나, 목숨을 빼앗거나, 사람의 정신이 황폐해 질 때까지 짓밟는다. 1914년 7월 31일은 금요일이었다. 여느 때처럼 채드윅은 아침 일찍 집에서 나와 가이거의 연구실로 가고 있었다. 평소와 달리 거리가 사람들로 북적였다. 몇몇 사람들이 길에서 고래고래 소리를 질렀다.

"총리가 선전포고를 했다!"

"전쟁이다! 외국인들은 모두 죽여야 한다!"

그날 베를린에서는 성난 군중들이 몇 명의 외국인을 러시아 첩자라며 때리고 밟아 죽이는 사건이 일어났다. 제1차 세계 대전에 독일이 참전하게 된 것이었다. 채드윅은 서둘러 연구실로 들어갔다. 채드윅을 본 가이거는 침통한 표정으로 말을 꺼냈다.

"나는 예비군이라 지금 입대하러 갑니다. 당신도 지금 하던 일을 모두 그만두고 서둘러 영국으로 돌아가세요. 오토 한도 육군에 재입대한다고 합니다."

가이거는 주머니에서 봉투를 하나 꺼내 채드윅 손에 건네주었다.

"200마르크입니다. 이 돈이면 영국까지 갈 수 있을 겁니다."

가이거는 모자를 쓰더니 바로 뒤돌아서 나갔다. 채드윅이 가이거에게 받은 돈은 제법 큰돈이었다.

채드윅은 시내에 있는 여행사에 가서 네덜란드로 가는 기차표를 살 수 있는지 물었다. 불가능하다고 했다. 영국까지 가려면 스위스를 거쳐 가야 한다고 했다. 그런데 스위스에 가려면 프랑스로 돌아가야 하는데, 그건 더 위험했다. 채드윅은 근심이 가득한 채 연구실로 돌아왔다. 연구실 사람들은 채드윅에게 지금 길을 나서는 것보다 얼마 안 있으면 영국으로 추방될 거라며 조금 더 기다리는 게 좋겠다고 말했다. 그들은 하나같이 채드윅을 걱정했다. 저녁때 몇몇 독일 친구들은 채드윅을 걱정하며 저녁 식사를 같이 하자고 했다. 채드윅은 그들과 같이 저녁을 먹으며 독일군이 벨기에를 침공했다는 소식을 신문에서 읽었다.

친구들의 바람과 달리 며칠 후에 연구소로 경찰이 들이닥쳤다. 그중 한 명은 채드윅에게 권총을 겨누며 자신과 같이 가야 한다고 명령했고, 경찰 두 명이 채드윅 양 옆에 와서 그의 팔을 잡았다. 채드윅은 몇 시간이면 풀려날 거라고 생각했는데, 열흘 동안이나 갇혀 있었다. 결국 풀려나긴 했지만 그건 정말이지 잠시였다.

러더퍼드가 이끄는 맨체스터 그룹도 전쟁을 피할 수는 없었다. 러더퍼드같이 유명한 교수는 정부에 자문하는 위치에 가겠지만, 그 밑에서 일하던 젊은 연구원들은 군대에 가야 했다. 영국에서 가장 똑똑하다는 헨리 모즐리도 병사로 참전했다. 그가 살았다면 러더퍼드 못지않은 연구를 했겠지만, 그는 터키의 갈리폴리 전투에서 허망하게 목숨을 잃었다. 모즐리와 비교하면 형편이 나았지만, 채드윅에게는 앞으로 수년 동안 고난으로 가득 찬 길이 기다리고 있었다.

그해 11월, 채드윅은 물리기술 제국연구소에서 경찰에게 다시 붙잡혔다. 이번에 끌려간 곳은 경찰서가 아니라 베를린 외곽 루우레벤(Ruhleben)의 마차 경마장이었다. 그곳에는 이미 수백 명의 사람들이 경찰의 통제를 받으며 경마장 안으로 들어가고 있었다. 채드윅도 그들과 함께 경마장 안으로 들어갔다. 잡혀 온 사람들 대부분은 영국인이었다. 독일 경찰은 적국의 시민을 한데 모아 관리하고자 했다. 말하자면 그곳은 민간인 억류 수용소였다. 습지를 메워 만든 경기장이라 주변은 을씨년스러웠고, 뺨을 스치며 지나가는 11월의 바람도 매서웠다. 경찰은 사람들을 두 줄로 세워 차례로 마구간에 들여보냈다. 마구간마다 칸이 서른여섯 개가 있었다. 한 칸마다 두 필의 말을 넣어 관리하던 곳인데, 이제는 여섯 사람이 그곳에서 지내야 했다. 말의 똥오줌 냄새가 코를 찔렀다. 그곳으로 들어간 채드윅과 나머지 다섯 명도 두려움에 떨며 앞으로 무슨 일이 벌어질지 걱정했다.

아침이 되자 간수들이 거친 빵 하나와 커피 한 잔을 아침 식사로 나눠줬다. 찬 음식에 식기도 없었다. 채드윅을 비롯한 그곳 사람들 모두 성탄절 전에는 풀려나 영국으로 돌아가게 될 거라고 믿었다. 몇 주가 더 지나자 수용소 인원은 사천 명 가까이나 되었다. 그 중에는 채드윅처럼 대학을 방문했다 잡혀 온 사람도 있었지만, 사업차 왔다 잡힌 사람, 독일 해군의 공격을 받아 침몰한 민간 어선의 선원들, 가수, 기자, 첼로 연주자, 피아노 연주자, 화가처럼 다양한 직종의 사람들이 잡혀 와 있었다.

그나마 독일 정부가 제네바 협정을 잘 지켜서 수용소에 갇힌 사람들을 모질게 대하지는 않았다. 몇 개월이 지나자 경찰도 그곳에 억류된 사람들에게 자치권을 주었다. 그곳도 여느 사람 사는 곳처럼 가게가 생겼고 신문도 찍어냈다. 외부와 편지를 주고받을 수도 있었고, 과학자들의 경우에는 어렵지만 논문도 들여올 수 있었다. 물론 모두 돈이 드는 일이었다. 돈만 있으면 배급 커피와 맛없는 빵 외에 더 나은 음식을 사 먹을 수도 있었고 더 좋은 옷이나 신문도 살 수 있었다. 끼니때마다 배급 줄을 서는 건 진짜 고역이었다. 겨울에는 더 힘들었다. 수용소가 강 옆이라 바람이 살을 에는 듯했다. 밖에서 조금만 서 있어도 발이 얼어 땅에 달라 붙는 듯 했다. 채드윅은 영국에 있는 어머니에게 부탁해 겨울 코트와 두꺼운 장화를 받을 수 있었다. 그러나 추위가 매서울 때는 그조차도 큰 도움이 되지 못했다.

수용소에 갇힌 지 육 개월쯤 지났을 때 과학 모임이 하나 생겼다. 그곳에 있던 여러 분야의 과학자들이 매주 수요일 저녁에 만나 포럼을 열었다. 포럼에 모인 과학자들은 각자 관심 분야의 논문을 읽고 토론했다. 채드윅은 그곳에서 수학자의 도움을 받아 아인슈타인이 1915년에 발표한 일반 상대성 이론에 관한 논문을 읽었다. 과학 모임 외에 예술을 논하는 모임도 있었다. 갇혀 있다고 사람들의 지적 갈증이 사라진 것은 아니었다. 수용소 소장이 음악을 좋아해 그곳에 갇힌 연주자들이 음악회를 열기도 했다. 한번은 과학 모임에서 채드윅이 방사선을 주제로 강의를 했는데, 그 강의에 푹 빠진 젊은이가 있었다. 그의 이름은 찰스 엘리스였다. 엘리스는 영국 왕립사관학교 생도였는데, 마지막 학기를 남겨놓고 친구들과 독일에서 여름 휴가를 보내다 그만 이곳에 갇히게 되었다. 엘리스의 인생은 루우레벤에서 채드윅을 만나면서 완전히 다른 길로 흘러갔다. 그는 채드윅보다 네 살 아래였는데 채드윅의 베타선과 감마선 이야기에 흠뻑 빠지고 말았다. 그날 이후로 그는 채드윅의 추종자가 되었다. 훗날 러더퍼드가 캐번디시 연구소 소장이 되면서 채드윅도 그곳으로 가게 되는데, 엘리스도 사관학교를 그만두고 케임브리지 물리학과에 입학했다. 그리고 나중에는 방사선 분야에서 뛰어난 물리학자가 되었다.

과학 모임의 회원들은 수용소 소장에게 실험실로 쓸 공간을 내줄 수 없느냐고 부탁했다. 너그러운 소장은 경마장 마구간 한 구석을 쓸 수 있게 해주었다. 몸은 갇혀 있었지만 시간을 마냥 허투루 보낼 수는 없었다. 채드윅은 뭐라도 해야만 했다. 이대로 아무것도 안 하다가는 받고 있던 장학금마저 날아갈 것 같은 불길한 예감도 들었다. 채드윅은 그 공간에 작은 실험실을 꾸렸다. 실험 재료는 쉽게 구할 수가 없었다. 수용소 측에서도 위험한 화학 물질을 반입하는 것은 허락하지 않았다. 그러나 간수들에게 뇌물을 주면 실험에 필요한 시약을 조금씩 구할 수는 있었다. 운이 좋게도 수용소에서 나눠주던 치약에 방사성 물질인 토륨이 미량 들어 있었다. 당시만 해도 방사선이 인체에 해롭다는 것을 잘 모르던 시절이었다. 오히려 미인 모델까지 써 가며 방사선이 치아의 미백 효과에 좋다는 광고를 할 정도였다. 과학 모임에서는 수용소에 부탁해 실험에 필요한 전기도 끌어올 수 있었다. 채드윅은 엘리스의 도움을 받아 특정 화학 물질이 빛을 받으면 어떻게 변하는지 연구했다. 그러니까 채드윅은 루우레벤에서 광화학 연구를 한 것이었다.

전쟁이 막바지에 이르자 루우레벤의 배급 상황도 최악으로 치달았다. 실험도 수용소의 눈치를 봐야만 했다. 열악한 환경에서 식사도 제대로 못 하다 채드윅은 결국 위장병에 걸리고 말았다. 이때 얻은 병은 평생을 두고 채드윅을 괴롭혔다. 1918년 11월 9일, 독일이 항복하면서 제1차 세계 대전이 막을 내렸다. 채드윅은 전쟁이 시작할 때부터 끝날 때까지 루우레벤에 갇혀 있었다. 채드윅도 모즐리처럼 총에 맞아 죽거나 베르됭이나 솜 전투에서 기관총에 맞거나 독가스를 마시고 죽을 수도 있었지만, 루우레벤에 갇혀 있던 덕에 영국으로 돌아갈 수 있었다. 건강은 많이 나빠졌지만, 목숨은 건질 수 있었다.

채드윅이 맨체스터로 돌아온 지 얼마 지나지 않아 러더퍼드는 조지프 존 톰슨의 뒤를 이어 캐번디시 연구소 소장이 되었다. 러더퍼드에게는 영광스러운 자리였다. 제임스 클러크 맥스웰이 초대 소장을 지낸 연구소이기도 하고, 자신이 뉴질랜드를 떠나 처음으로 물리학을 제대로 공부한 곳이기도 했다. 러더퍼드는 맥스웰과 레일리 경, 톰슨에 이은 네 번째 소장으로 앞으로 18년 동안 캐번디시 연구소를 이끌게 될 것이었다. 채드윅도 당연히 러더퍼드를 따라 케임브리지로 가게 되었다. 러더퍼드는 소장이 되면서 자신이 연구하는 여러 주제 중에서 원자핵의 구조를 밝히는 것을 최우선에 두었다.

채드윅도 러더퍼드의 생각에 동의했다. 러더퍼드는 맨체스터에서 채드윅이 보여준 실험물리학자로서의 자질과 연구실을 꾸려가는 행정 능력을 높이 샀다. 게다가 채드윅이 루우레벤에서 험한 고생을 한 것에 깊은 연민을 느끼고 있었다. 채드윅도 러더퍼드를 늘 존경했다. 그의 물리적인 직관력, 자신으로서는 흉내조차 낼 수 없는 쾌활함과 자신감, 일단 실험을 시작하면 저돌적으로 밀어붙이는 강한 추진력을 보며 늘 감탄했다. 하지만 채드윅의 신중하고 조심성 많은 성격이 오히려 러더퍼드의 빈 부분을 잘 채워주고 있는지도 모를 일이었다. 채드윅은 러더퍼드의 지도를 받아 1921년 케임브리지 대학에서 박사 학위를 받았다.

◦ 원자량과 원자번호

영국의 왕립학회에는 베이커 강의(Bakerian Lecture)라는 특별 강의가 있다. 18세기 영국의 자연철학자 헨리 베이커가 왕립학회에 100파운드를 기증하면서, 뛰어난 학자를 뽑아 상을 주고 박물학이나 경험론에 관한 강의를 개최하라는 유언을 남겼다. 마이클 패러데이도 베이커 강의를 여러 차례 했고, 제임스 클러크 맥스웰도 그 강의를 했다. 베이커 강의를 한 사람들은 대개 과학사에 큰 자취를 남긴 학자들이었다. 러더퍼드도 베이커 강의를 두 번이나 했는데, 한 번은 1904년에, 또 한 번은 1920년 6월 3일에 했다. 1920년에 러더퍼드가 한 베이커 강의는 핵물리학이라는 학문을 연 선구자로서 앞으로 다가올 십 년을 내다보는 강의였다. 당시에는 양성자와 전자, 알파선이라고 알려진 헬륨 핵, 그게 물리학자들이 손에 쥔 패, 전부였다. 하지만 러더퍼드는 핵을 이해하는 데 필요한 퍼즐 한 조각이 빠져 있음을 직관적으로 알고 있었다. 그것이 무엇인지는 모르지만 한 조각이 빠져 있었다. 1920년 베이커 강의에서 러더퍼드는 아직 중성자라는 이름을 붙이지는 않았지만, 전하가 없는 무언가가 있어야만 한다는 걸 넌지시 말하고 넘어갔다.

강의를 마치고 연구소로 돌아온 러더퍼드는 글라슨에게 중성자를 찾아보라는 연구 주제를 주었다. 비록 중성자를 찾아내지는 못했지만, 일 년 후에 글라슨이 쓴 논문에 중성자라는 말이 처음으로 등장했다. 그리고 베이커 강의를 한 지 두 달 좀 지난 1920년 8월 24일에, 러더퍼드는 카디프에서 열린 학회에서 처음으로 수소 원자의 핵을 양성자(proton)라고 불렀다. 러더퍼드가 말한 것을 보면, 그에게는 두 개의 눈 외에 핵 안을 들여다보는 제3의 눈이 몸 어딘가에 따로 있는 사람 같았다. 그러나 자연은 순순히 모습을 드러내지 않았다. 남은 퍼즐 한 조각의 흔적은 여전히 어디에도 보이지 않았다.

러더퍼드, 가이거, 마스덴이 원자 안에는 핵이 들어 있다는 사실을 알아냈을 때쯤 네덜란드에는 안토니우스 반 덴 브룩이라는 아마추어 물리학자가 있었다. 변호사였던 그는 부동산 중개로 돈을 벌면서 취미로는 물리학을 공부하고 있었다. 그는 공부하는 데 그치지 않고 자신이 연구해서 얻은 결과를 논문으로 발표하곤 했다. 그는 무엇보다 주기율표에 관심이 많았다. 주기율표의 원자들이 왜 일정한 패턴으로 배치되는지 그것이 알고 싶었다.

원자핵의 존재가 알려지기 전만 해도 주기율표의 원소는 원자량에 따라 배치되었다. 하지만 원자량으로 배치하면 실험 결과와 맞지 않는 원소들이 있었다. 당시에는 원소를 나타낼 때 두 가지 다른 수를 썼다. 하나는 원자량이고, 다른 하나는 원자번호였다. 원자번호가 원자핵의 전하와 같다는 사실은 헨리 모즐리가 나중에 실험으로 증명했다. 그때만 해도 사람들은 러더퍼드나 찰스 바클라가 제안한 대로 원자번호가 원자량의 절반쯤 된다고 여겼다. 1911년에 반 덴 브룩은《네이처》에 발표한 논문에서 과감한 주장을 했다. "원자를 주기율표에 배치하는 적절한 순서는 그 원자의 핵이 지닌 전하에 따른다." 이 말은 원자량이 주기율표에 들어가는 원자번호를 결정하는 게 아니라 그 원자핵의 전하가 결정한다는 것이었다. 그러니까 원자핵의 전하가 원자가 주기율표에서 자기 자리를 정하는 데 꼭 필요한 번호표였던 셈이었다.

앞에서 살펴봤듯이 가이거와 마스덴은 1913년에 알파선을 이용해서 금으로 된 박막 뿐 아니라 백금이나 아연, 은, 구리 같은 금속에 충돌시키는 실험도 했다. 두 사람은 이 실험에서도 금속을 뚫고 통과하는 알파입자보다 그 수가 훨씬 적기는 하지만 뒤쪽으로 도로 튀어나오는 알파입자가 있다는 사실을 확인했다. 게다가 표적 물질이 달라지면 산란 되는 알파입자의 수가 원자량에 따라 달라지는 것도 측정하였다. 이 실험 결과를 곰곰이 살피던 반 덴 브룩에게

'원자핵의 전하와 원자량은 상관이 없지 않을까'라는 의문이 생겼다. 이건 지금까지 자신이 발표한 논문에서 주장하던 것과는 반대되는 생각이었지만, 그는 그렇게 또 한발 크게 내디뎠다. 반 덴 브룩은 원자의 전하가 원자량의 절반쯤 된다는 기존의 생각을 뛰어넘은 것이다. 보어는 자신이 쓴 '위대한 세 편의 논문'에서 '보어의 원자 모형'이라고 알려진 유명한 모형을 개발하면서 반 덴 브룩의 생각을 받아들였다.

비운의 천재 헨리 모즐리가 반 덴 브룩과 보어의 주장을 엑스선 분광 실험을 이용하여 입증했다. 모즐리는 원소들의 에너지 스펙트럼을 측정하면서 원자핵의 전하에 따라 원자를 규칙적으로 배열할 수 있다는 사실을 보였다. 주기율표에 원소가 배치되는 기준은 원자량이 아니라 원자핵의 전하수가 결정하는 것이었다. 러더퍼드 식으로 말하면, 원자에 들어 있는 양성자의 수가 자신의 위치를 결정한다는 뜻이었다. 모즐리는 주기율표가 원자핵의 전하수가 92인 우라늄에서 끝난다는 걸 알아냈고, 주기율표에는 여전히 일곱 개의 빈자리가 남아 있다는 사실도 밝혔다. 이건 모즐리의 손에서 주기율표가 완성되었다고 말해도 될 만한 발견이었다. 러더퍼드는 모즐리의 발견을 멘델레예프가 주기율을 고안해 낸 것에 견줄 정도라고 말했다.

특정 원자가 주기율표에서 어떤 자리로 들어가는지 알게 됐고, 원자를 한 꺼풀 더 벗겨 그 안으로도 들어가 봤지만, 원자핵이 어떻게 생겼는지는 여전히 오리무중이었다. 반 덴 브룩은 자신의 《네이처》 논문에서 원자핵을 이루는 입자는 알파입자라고 제안했지만,

러더퍼드는 알파입자, 즉 헬륨 핵은 수소 원자에 있는 H-입자(양성자라는 이름이 붙기 전에 수소 원자의 핵은 H-입자라고 불렀다) 4개와 전자 2개로 되어있다고 주장했다. 양자역학이 나오기 전이기도 했고, 중성자의 존재를 전혀 모르고 있을 때였으니 러더퍼드의 이 모형은 그럴듯해 보였다. 당시 사람들이 손에 쥐고 있던 패는 양성자, 전자, 알파입자가 전부였다. 그러니 이보다 더 나은 생각을 하기란 쉽지 않았다. 더구나 러더퍼드는 양성자가 교란되면 전자가 튀어나온다고 생각해 이 모형으로 베타 붕괴도 설명할 수 있다고 여겼다. 그에게 알파선이란 양성자 네 개와 전자 두 개가 모여 있는 헬륨 핵이었다. 러더퍼드는 원자핵이 양성자와 전자가 전자기력으로 강하게 묶여있는 상태라고 추측했다. 보어 모형이 나온 뒤에는 좀 더 나은 핵 모형이 제안되기도 하지만, 러더퍼드가 제안한 틀에서 크게 벗어나지는 않았다. 대부분의 과학자들은 러더퍼드가 제안한 핵 모형을 대체로 받아들였다. 러더퍼드는 1920년이 되면서 핵 안에는 양성자 말고도 중성자가 있어야 하지 않을까 조심스럽게 제안했지만, 아무도 그런 입자를 본 적이 없어 그 제안을 심각하게 생각하는 사람은 많지 않았다.

1929년 왕립학회에서 열린 '원자핵의 구조에 관한 토론' 모임에서 러더퍼드는 핵은 양성자와 전자로 되어 있다고 말했다. 그 사이에 이미 양자역학은 견고하게 뿌리를 내렸다. 전자에는 스핀이 있다는 사실도 디랙의 이론이 잘 설명해 주었다. 사람들은 양자역학을 핵 속에 들어 있을 전자에 적용해 보기로 했다. 그런데 계산 결과는 실험과 잘 맞지 않았다. 러더퍼드의 핵 모형대로라면 질소의 핵은 양성자 14개와 전자 7개로 되어 있어야 했다. 스핀이 1/2인 양성자가 짝수 개 있고, 스핀이 1/2인 전자가 홀수 개 있다는 것은 질소 핵의 스핀이 반정수*라는 것을 의미했다. 프랑코 라세티는 질소 분자가 회전하며 내놓는 광자를 측정해 에너지 스펙트럼을 확인했는데, 질소 핵의 스핀은 정수라는 해석을 내놓았다.

양자역학에서는 어떤 입자의 스핀이 반정수인지 정수인지에 따라 입자의 특성이 크게 달라진다. 스핀이 반정수면 페르미온(페르미 입자)에 속하고 스핀이 정수면 보손(보스 입자)이므로, 양자역학에서는 서로 완전히 다른 통계법을 따른다. 양자역학이 세상에 나온 지 몇 년 되지 않았던 때라 캐번디시의 실험물리학자들은 이론과 실험 사이에 뛰어넘을 수 없는 간극이 있다는 사실을 그리 심각하게 받아들이지 않았다. 이들에게도 새로운 이론을 소화할 시간이 필요했다.

채드윅은 캐번디시에 있는 다른 사람들과 생각이 달랐다. 그는 실험 못지않게 이론도 중요하다고 여겼다. 그는 캐번디시 연구소를 비롯해 영국 대부분의 대학들이 이론물리학을 제대로 가르치거나 연구하는 곳이 많지 않다고 판단했다. 물론 케임브리지에는 랠프 파울러가 이끄는 그룹이 있었지만, 규모 면에서 유럽의 이론물리학 그룹과는 비교가 되지 않았다. 그래도 파울러가 애쓴 덕에 케임

* 반정수(half-integer)는 정수에 1/2을 더해서 나타낼 수 있는 수를 말한다. -3/2, -1/2, 1/2, 3/2 등이 있다.

브리지에서도 양자역학이 새로운 이론으로 서서히 자리 잡아가고 있었다. 케임브리지에서 박사 학위를 하고 덴마크에서 보어와 함께 일했던 더글라스 하트리가 영국으로 돌아와 캐번디시 연구소에서 양자역학 강의를 했다. 훗날 노벨상을 받게 되는 네빌 모트도 보어와 연구하다가 1929년 1월에 케임브리지로 돌아왔다. 케임브리지에서 모트가 한 연구는 채드윅과 러더퍼드에게 핵을 이해하는 데 양자역학이 매우 중요할 수 있다는 인상을 주었다.

◦ 중성자의 발견

1932년 1월에 파리 라듐 연구소의 프레데리크와 이렌 졸리오퀴리가 자신들의 실험 결과를 발표했다. 이렌 졸리오퀴리는 퀴리 부부의 딸로, 이 두 사람은 1926년에 결혼을 한 부부 과학자였다. 두 사람은 몇 년 전부터 강력한 방사선을 내놓는 폴로늄으로 실험을 하고 있었다. 그들은 폴로늄에서 나오는 방사선이 알루미늄 박막을 뚫고 이온화 체임버에 있는 기체를 얼마나 이온화시키는지 측정을 해보았다. 알루미늄 외에 구리나 탄소, 은, 납으로도 해보았지만 이온화 전류에는 큰 변화가 없었다. 1930년에 이미 발터 보테와 헤르베르트 베커가 베릴륨이나 리튬, 보론과 같은 가벼운 원소에 폴로늄에서 나온 알파선을 쪼이면 전기장에 영향을 받지 않는 방사선이 나온다는 것을 보였고, 이를 감마선이라고 추정한 적이 있었다. 이제껏 발견된 입자는 모두 전하를 띠고 있었고, 검출기 또한 입자의 전하에 의한 변화를 중심으로 만들어져 있었다. 검전기가 그랬고, 가이거 계수기나, 안개 상자 모두 마찬가지였다. 전하를 띠지 않는 방사선을 감마선이라고 생각한 것은 어찌 보면 당연했다.

이렌과 프레드리크도 폴로늄에서 나온 알파입자로 베릴륨을 때려 나온 방사선이 전하가 없는 감마선이라고 생각했다. 그런데 이 방사선을 검출하는 이온화 체임버를 수소 원자가 많은 파라핀이나 물로 차폐하면 이온화 전류가 두 배 이상 늘어났다. 처음에 이들은 감마선이 파라핀이나 물에 있는 양성자를 바깥으로 밀어낸다고 추측했다.

그런데 문제가 하나 있었다. 양성자가 파라핀에서 튀어나오려면, 감마선의 에너지가 어지간히 높지 않으면 안 되었다. 여간해서는 감마선을 받아 양성자가 튀어 나오는 것이 불가능했다. 그런데 검출해보면 양성자 뿐 아니라 그보다 네 배나 무거운 헬륨 핵도 함께 튀어나오는 것이었다. 감마선의 에너지가 그렇게 높을 리가 없었다. 뭔가 잘못된 것이 틀림없었다. 졸리오퀴리 부부는 밤낮으로 실험을 해 봤지만, 결과는 늘 같았다. 두 사람은 혹시 에너지 보존 법칙이 틀린 것은 아닌가 하는 의심까지 해보았다. 실험 결과로 두 사람이 받은 충격은 이만저만 큰 게 아니었다. 이렌과 프레드리크는 고심 끝에 이 현상을 베릴륨 원자에서 나온 에너지가 큰 감마선이 파라핀의 수소 원자와 콤프턴 산란을 일으켜 양성자를 내보냈다고 해석했다. 정작 이 두 사람은 몰랐지만, 이 실험은 핵의 구조를 이해하는 데 결정적인 돌파구를 열어주었다.

졸리오퀴리 부부가 논문을 발표하고 며칠 되지 않아 채드윅도 그 논문을 읽었다. 그날은 1932년 1월 18일이었다. 채드윅은 연구실 책상에 앉아 차를 마시며 졸리오퀴리 부부의 논문을 보았다. 초록부터 내용이 심상치 않아 들고 있던 찻잔을 내려놓고 집중해서 논문을 읽었다. 그렇지 않아도 논문을 읽는 도중에 노먼 페더가 들어와 흥분한 목소리로 그 논문을 봤냐고 말하고 나간 터였다. 폴로늄에서 나온 알파선을 베릴륨에 쪼이고 파라핀으로 차폐한 이온화 체임버로 검출해 봤더니 에너지가 꽤 큰 양성자가 나왔다는 부분을 읽자 채드윅의 눈이 휘둥그레졌다. 그는 계속 읽어나갔다. 졸리오퀴리 부부는 수소 원자 안에 있던 양성자가 에너지가 아주 큰 감마선, 즉 광자와 충돌해서 밖으로 튀어나왔다고 해석했다. 졸리오퀴리 부부는 이 실험을 이해하려고 콤프턴 효과에 기대고 있었다. 채드윅이 보기에 이건 말도 안 되는 소리였다. 양성자는 전자보다 2000배나 무거웠다. 그렇게 무거운 양성자를 파라핀 밖으로 튀어나오게 하려면 지금까지 어떤 알파선 실험에서도 볼 수 없었던 고에너지 감마선이 있어야 했다. 그건 참으로 난감한 문제였다. 이게 맞는 해석이라면, 운동량 보존도, 에너지 보존도, 모두 쓰레기통으로 집어넣을 일이었다. 그럴 리가 없었다.

논문을 읽던 채드윅은 자리에서 벌떡 일어나 연구실을 한참 서성거렸다.

'어쩌면 이건 감마선이 아니라 러더퍼드가 말했던 중성자일지도

몰라.'

졸리오퀴리 부부가 발견한 고에너지 감마선이 중성자라면, 이건 가능한 결과였다. 중성자가 존재한다면, 질량이 양성자와 비슷할 테니 속도가 그리 크지 않아도 중성자의 운동에너지가 고에너지 감마선 정도는 충분히 될 수 있었다. 채드윅이 보기에 졸리오퀴리 부부가 발견한 건 분명히 중성자와 상관이 있을 것 같았다.

그는 당장 러더퍼드를 만나고 싶었다. 매일 오전 11시면 러더퍼드와 흥미 있는 실험 결과나 새로운 이론을 논의하곤 했지만, 그날은 11시까지 기다릴 수가 없었다. 그는 바로 러더퍼드를 찾아가 자기가 읽은 논문에 있는 내용을 말했다. 러더퍼드는 주의 깊게 듣더니, 흥분한 듯 큰 소리로 외쳤다.

"그건 도저히 믿을 수 없는 결과야!"

러더퍼드가 성격이 괄괄하긴 해도 다른 사람의 실험 결과를 그렇게 표현할 사람은 아니었다. 그 정도로 졸리오퀴리 부부의 실험 결과는 충격적이었다. 늘 차분했던 채드윅이었지만, 이날은 조금 들뜬 목소리로 러더퍼드에게 제안했다.

"저도 실험을 바로 해야겠습니다."

러더퍼드는 지금 당장 시작하라고 채드윅을 독려했다.

졸리오퀴리 부부의 실험 결과는 전 유럽에 알려졌다. 로마에서 페르미와 함께 연구하고 있던 에토레 마요라나도 채드윅과 비슷한 반응을 보였다. 그는 프랑스인 부부의 논문을 읽으며 아주 의미심장한 말을 남겼다.

"이건 무슨 바보 같은 소리래? 그들이 본 건 감마선이 아니라 전하가 없는 양성자겠지."

채드윅은 그때까지 하던 일을 모두 멈추고 실험에 바로 착수했다. 이 실험은 채드윅 인생에서 가장 중요한 실험이 될 것이었다. 그는 졸리오퀴리 부부와 마찬가지로 폴로늄 방사선원을 준비하고, 알파선이 지나갈 관을 진공으로 만들고, 표적으로 베릴륨을 설치했다. 베릴륨 표적 뒤에는 파라핀 왁스를 놓아서 베릴륨에서 나온 입자가 파라핀의 수소 원자와 반응하도록 했다. 그 뒤에는 이온화 체임버를 달아 파라핀에서 나온 입자를 측정할 수 있게 했다. 이 장치

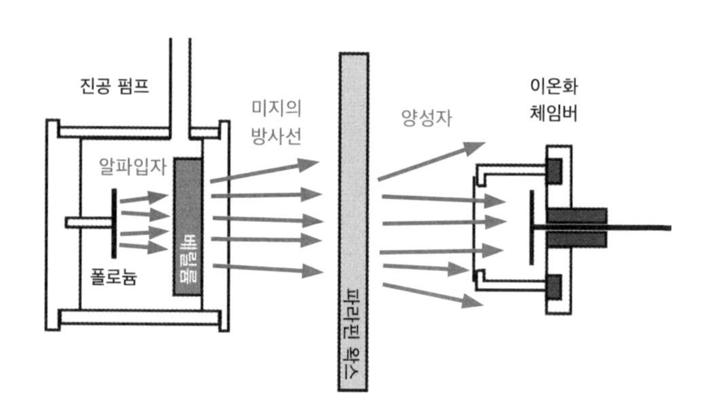

채드윅의 중성자 발견 실험

채드윅은 폴로늄에서 나온 알파입자를 베릴륨 표적에 충돌시켰고, 이때 튀어나온 방사선이 파라핀 왁스 판을 통과하며 발생시킨 양성자를 이온화 체임버로 확인했다. 나중에 밝혀지지만, 베릴륨 핵이 알파입자(헬륨 핵)와 부딪쳐 탄소 핵으로 바뀌면서 중성자가 튀어나간 것이었다.

를 만들려고 채드윅은 삼 주 동안 밤낮 없이 일을 했다. 그리고 마침내 졸리오퀴리 부부가 했던 것과 유사한 실험을 시작했다. 두 사람이 말한 대로 파라핀에서 양성자가 튀어 나왔다. 여기서 채드윅은 두 사람이 미처 생각하지 못한 가설을 세웠다. 파라핀에서 양성자가 튀어나오게 하는 것은 감마선이 아니라, 전하는 없지만 질량이 양성자와 같은 입자라고 가정한 것이다. 그러자 모든 게 맞아떨어졌다. 졸리오퀴리 부부와 채드윅이 본 것은 바로 중성자였다. 그리고 양성자를 튀어나오게 한 것이 중성자라고 마침표를 찍은 사람은 바로 채드윅이었다.

그해 2월 17일에 채드윅은 자신이 발견한 것을 정리해 「중성자의 존재 가능성」이라는 논문을 《네이처》에 투고했다. 졸리오퀴리 부부의 논문을 읽은 지 채 삼 주도 지나지 않았지만, 채드윅은 단순히 그전까지 보이지 않던 입자 하나를 발견한 것이 아니었다. 그는 핵물리학 역사의 흐름을 통째로 바꿔놓았다. 투고한 지 열흘 만에 논문이 나왔다. 이 역사적인 논문은 칼럼 하나 반이 안 되는 짧은 논문이었다. 논조는 명쾌했지만, 내용은 신중했다. 채드윅은 논문을 투고한 지 얼마 되지 않아 카피차 클럽에서도 자기 실험을 발표했는데, 발표 제목은 '중성자?'였다. 여기에 붙은 물음표는 채드윅이 자기가 발견한 것을 얼마나 조심스럽게 여기는지 잘 보여준다. 뛰어난 실험물리학자다운 자세였다.

졸리오퀴리 부부 전에도 이 비슷한 실험을 한 사람이 있었다. 독일의 보테와 베커도 졸리오퀴리 부부와 비슷한 결과를 얻었지만,

중성자라는 결론에는 도달하지 못했다. 물론 가장 아쉬운 사람은 졸리오퀴리 부부, 이 두 사람이었다. 엄청난 발견을 했으면서도 해석을 잘못해 결승점에 이르지 못한 셈이 되어 버렸다. 채드윅이 캐번디시에 있었다는 사실은 확실히 이점으로 작용했다. 러더퍼드는 오래전에 중성자가 존재할지도 모른다고 추측했었고, 채드윅도 러더퍼드와 토론하면서 알게 모르게 마음 한구석에 중성자가 자리 잡고 있었을 것이다. 하지만 졸리오퀴리 부부가 쓴 논문을 읽고 자신이 깨달은 걸 끝까지 밀어붙인 사람은 채드윅이었다. 위대한 발견 뒤에는 늘 끈질기고 집요한 투지가 숨어있다.

중성자 발견으로 채드윅은 단숨에 유명해졌다. 신문마다 채드윅이 무엇을 발견했는지 알렸다. 영국의 《타임스》, 《맨체스터 가디언》, 미국의 《뉴욕 타임스》가 일제히 중성자가 발견됐다는 소식을 전했다. 이제 과학자들 손에 입자 하나가 더 들어왔다. 전자, 양전자, 양성자 그리고 중성자. 중성자 발견으로 제임스 채드윅은 1935년에 노벨 물리학상을 받았다. 비록 중성자를 발견하는 기회는 놓쳤지만, 졸리오퀴리 부부도 같은 해에 노벨 화학상을 받았다.

재미있는 사실은 양성자와 중성자로 이루어진 중양자는 중성자가 발견되기 10주 전에 이미 발견되었다는 점이다. 1931년 12월 5일에 해럴드 유리와 두 명의 동료는 화학적 특성은 수소와 같은데 질량이 수소의 2배인 원소를 발견했다. 이 원소는 중수소라고 부르고, 이 중수소의 핵을 중양자라고 부른다. 중성자가 발견되면서 중양자가 양성자 하나와 중성자 하나로 이루어졌다는 걸 알게 됐지만, 그

전에는 두 개의 양성자와 전자 하나로 이루어졌다고 여겼다. 유리는 중수소를 발견한 공로를 인정받아 3년 후에 노벨 화학상을 받았다. 중성자가 발견되면서 그제야 과학자들은 핵의 모습을 제대로 알아갔다.

◦ 핵물리학의 시작

채드윅이 중성자가 존재한다는 사실을 발표하자 물리학자들은 떠들썩하게 자신들의 주장을 펼쳤다. 어떤 이들은 그런 입자가 존재한다는 게 말이 안 된다고 무시했지만, 몇몇은 채드윅의 발견을 진지하게 받아들였다. 레닌그라드 물리기술 연구소의 드미트리 이바넨코는 중성자가 발견된 지 삼 개월 만에《네이처》에 논문 한 편을 발표했다. 이바넨코는 전자가 핵 안에 존재한다는 사실에 심각한 의문을 표했다. 그가 보기에 알파입자나 원자핵, 중성자는 전자를 그 안에 품고 있기에는 너무 비좁았다. 이바넨코는 1930년대 초에 이미 베타 붕괴 과정에서 전자는 핵 안에서 튀어나오는 게 아니라, 베타 붕괴가 일어날 때 생겨나는 것이라고 주장한 적이 있었다. 이 주장은 몇 년 후에 페르미가 베타 붕괴를 양자장론을 이용하여 설명한다. 하지만 페르미가 제대로 된 베타 붕괴 이론을 내놓으려면 실마리가 하나 더 필요했다.

하이젠베르크는 핵이 양성자와 중성자로 이루어져 있다는 이바넨코의 주장을 받아들여 같은 해 6월에 발표한 논문에서 질소 핵의 문제를 깔끔하게 해결했다. 원자량이 14인 질소 원자의 핵은 양성자 14개와 전자 7개로 이루어진 게 아니라, 양성자 7개와 중성자 7개가 모여 있다는 것이었다. 양성자와 중성자, 전자는 모두 스핀이 1/2이다. 따라서 질소의 핵은 홀수가 아닌 짝수 개의 페르미온으로 이루어져 있으므로, 라세티의 실험이 보여 주었듯이 보스-아인슈타인 통계를 만족하는 핵이었다.

채드윅이 중성자를 발견한 1932년은 핵물리학이라는 학문이 시작된 해라고 할 수 있다. 말하자면, 중성자의 발견은 핵물리학을 기원전과 기원후로 나누는 것과 다름 없었다. 러더퍼드가 문을 연 핵물리학은 채드윅 덕분에 동력을 얻었다. 중성자는 질량은 양성자와 같지만 전하가 없으니, 핵 주위를 돌고 있는 전자의 영향을 거의 받지 않았고, 핵의 전기적 장벽이 진로를 가로막지도 않았다. 이런 놀라운 투과력은 핵을 조사하는 새로운 도구가 될 수 있었다. 핵물리학은 이제 막 싹트기 시작한 학문이었다. 핵은 오직 두 가지, 양성자와 중성자만으로 이루어져 있다. 그러나 양성자와 중성자가 어떻게 핵을 이루는지, 중성자는 도대체 무엇인지, 오히려 답해야 할 질문이 한층 늘어난 셈이었다.

몇 달 후에 앤더슨이 발견한 양전자는 단순히 디랙의 예언을 실현한 입자 정도가 아니었다. 그의 발견은 우주에 반물질이 존재할 수 있다는 사실을 세상에 알렸다. 반물질은 앞으로 두고두고 과학자들을 고민하게 만들 터였다. 우주가 시작하면서 태어난 물질과 반물질, 그리고 물질과 반물질 사이의 투쟁은 그리스 신화에 나오는 신들의 전쟁만큼 치열했다. 이 전쟁에서 살아남은 것은 물질이었다. 그러나 물질은 왜 남았고 반물질은 어디로 사라졌는지 이해하려면 가야할 길은 아직 멀고 험하다.

1905년이 아인슈타인이라는 한 명의 천재 이론물리학자가 이룬 기적의 해였다면, 1932년은 실험물리학자들의 해였다. 1932년에 이들은 원자보다 작은 세상으로 들어가는 열쇠를 찾았다. 채드윅과 앤더슨, 이 두 사람 덕분에 1932년은 물리학의 역사에 영원히 기적의 해로 남게 되었다.

◦ 거인의 죽음

1930년 12월에 러더퍼드의 하나밖에 없는 딸이 네 번째 아이를 낳다가 죽고 말았다. 러더퍼드는 이루 말할 수 없는 충격을 받았다. 이듬해 1월에는 남작 작위를 받았다. 작위를 받은 귀족에게 주는 가문(家紋)에는 러더퍼드를 상징하는 것들로 채워졌다. 가운데 위쪽으로 뉴질랜드를 상징하는 키위가 있고, 오른쪽에는 마오리 전사, 왼쪽에는 헤르메스 트리메기스투스(Hermes Trismegistus) 신이 있다. 그리스의 헤르메스와 이집트의 토트를 합친 신으로, 세 배로 위대한 헤르메스라는 의미다. 가문의 아래쪽에는 루크레티우스가 말했던

“Primordia Quaerere Rerum”이라는 라틴어가 적혀 있다. “사물의 근원을 찾아서”라는 뜻으로 러더퍼드가 평생 추구해왔던 것을 잘 나타내 준다.

핵에 관해서는 누구보다 잘 알았던 러더퍼드도 핵 안에 숨겨진 에너지를 꺼내 쓴다는 건 말이 안 되는 소리라고 일축했다. 그러나 핵을 그토록 오래 연구했던 러더퍼드가 인간이 결국 핵에너지를 쓰게 되리라는 걸 몰랐을 리가 없다. 그는 핵 안에 들어 있는 에너지를 꺼내 쓰는 것은 마치 판도라의 상자를 여는 것만큼이나 치명적이라는 걸 알고 있었다. 맥길에서 함께 연구했던 프레더릭 소디는 1908년에 발간한 『라듐의 해석』에서 방사성 물질을 인위적으로 빠르게 붕괴시킬 수 있다면 핵 안에 있는 에너지를 이용해 사막과 북극과 남극을 쓸모 있는 땅으로 바꿀 수 있고, 온 세상을 에덴동산과 같은 낙원으로 바꿀 수 있을지도 모른다고 말했다. 소디가 이 말을 했을 땐 핵분열이 발견되기 전이었으니 놀라운 혜안이었다. 소디의 생각은 『타임머신』을 쓴 소설가 허버트 조지 웰스에게도 영향을 줬다. 놀랍게도 웰스는 1914년에 출간한 소설 『자유로워진 세상』에서 원자 에너지가 세상을 파멸시킬 수 있다고 말했다. 히로시마에 원자폭탄이 떨어지기 31년 전의 이야기였으니 웰스가 한 예언은 완벽하게 들어맞고 말았다.

러더퍼드는 소디의 주장을 좋아하지 않았다. 1933년 나치가 독일의 정권을 잡았을 때 러더퍼드는 유럽이 다시 전쟁을 치르게 될 지도 모른다는 걸 직감했다. 러더퍼드는 핵물리학이라는 분야를 연

위대한 과학자이기도 했지만, 훌륭한 인간이기도 했다. 나치가 정권을 잡으면서 독일의 대학에 있던 유대인 과학자들을 쫓아냈다. 졸지에 갈 곳이 없어진 과학자는 전체 독일 대학 과학자의 사 분의 일에 달했다. 그들 중에는 노벨상을 받은 막스 보른이나 프리츠 하버와 리제 마이트너 같은 사람도 있었다. 러더퍼드는 독일에서 쫓겨난 과학자들을 지원하는 기금 모금 연설을 했고, 막스 보른을 위해 에든버러 대학에 자리를 마련해 주기도 했다. 하지만 러더퍼드는 과학을 사람을 죽이거나 해롭게 하는 데 사용하는 과학자들은 혐오했다. 한번은 막스 보른이 러더퍼드를 자기 집에서 식사하자고 초대했는데, 러더퍼드는 그 자리에 프리츠 하버가 온다는 걸 알고 초청을 사양했다. 하버는 암모니아 합성법을 개발해 사람들에게 크나큰 혜택을 안겼지만, 한편으로는 독가스를 개발해 제1차 세계 대전 중에 수많은 군인을 참호 속에서 죽게 한 사람이었다. 러더퍼드는 그런 사람은 상대하지 않았다.

1937년 10월 13일 수요일, 그날 아침도 러더퍼드에게는 그저 매일 시작하는 평범한 날들 중 하루였다. 아침 식사를 하며 아내와 이야기를 나눴다. 러더퍼드는 이제 육십 대 중반의 나이였지만, 방사선 연구를 오래 한 사람치고는 여전히 건강했다.

식사가 끝나고 아내 메리가 러더퍼드에게 부탁했다.

"어니, 겨울이 오기 전에 정원의 나무들 가지 좀 쳤으면 좋겠어요."

그는 연구소에 잠시 다녀온 뒤 나뭇가지를 치겠다고 말했다. 러더퍼드는 그날도 연구소에 들러 몇 가지 업무와 연구원들의 실험을 살펴본 뒤 집으로 돌아와 정원으로 나갔다. 그는 아침에 약속한 대로 부인이 좋아하는 정원에 나가 나무들의 가지를 가지런히 다듬어주었다. 그러다가 그만 나무에서 떨어지고 말았다. 높은 가지도 아니었는데, 배에서 심한 통증을 느꼈다. 그에게는 지병이 있었다. 배꼽 탈장. 그다지 큰 병이라 여기지 않았는데, 나무에서 떨어지면서 심한 복통과 구토를 느꼈다. 시간이 지체되면서 배꼽 탈장의 상태가 악화되었다. 수술을 한 뒤 차도가 보였지만, 다시 나빠졌다. 러더퍼드는 이제 남은 시간이 얼마 없다는 것을 알았다. 침대 곁으로 부인을 불렀다. 그리고 부인에게 자기가 불러주는 대로 채드윅에게 편지를 쓰게 했다. 그는 채드윅에게 자신의 몸 상태를 담담하지만 소상하게 전했다. 마지막으로 자신이 졸업한 뉴질랜드의 넬슨 대학에 100파운드를 기부해달라고 했다. 나흘 후에 러더퍼드는 조용히 숨을 거두었다. 원자 속으로 들어가는 문을 열고, 원자 속에 있는 핵을 알아내고, 물질의 기본이 되는 양성자와 중성자에 이름을 지어준 위대한 과학자의 죽음이었다.

NUCLEAR
FORCE

8

강력을 찾아서

원자핵의 전자와 베타선 방출을 설명할 이론을 세우려고 할 때 두 가지 잘 알려진 난관을 만났다. 첫 번째는 베타선의 스펙트럼이 연속적이라는 것이었다. 두 번째 어려움은…전자나 중성미자 같이 가벼운 입자가 원자핵에 묶여 있다는 것을 제대로 설명하는 이론이 없다는 점이었다.

— 엔리코 페르미

베타 붕괴 현상을 설명하고 중성자에 의한 핵반응을 발견한 엔리코 페르미는 '포도주 병' 방법으로 중성자의 수명을 측정하기도 했다.
(Argonne National Laboratory)

핵과 중성자가 발견되자 과학자들은 중력과 전자기력 외에 제3의 힘이 존재하는지 의문을 품었다. 도대체 어떤 힘이 핵 안에 양성자와 중성자를 가둬 놓는지 궁금했고, 핵 안에 전자가 있는지 없는지도 알고 싶었다. 중성자는 양성자처럼 기본입자인지 아니면 양성자와 전자가 묶여서 만들어진 입자인지도 불분명했다. 게다가 핵이 붕괴하면서 나오는 베타선은 알파선처럼 에너지가 하나의 값으로 정해져 있지 않고 연속적으로 분포하는 것도 이상했다. 이것은 과학자들이 신주 모시듯 떠받드는 에너지 보존 법칙과 운동량 보존 법칙에 어긋나는 것이었다. 과연 제3의 힘은 존재하는가? 첫 번째 답은 페르미가 발견했다. 그가 찾은 것은 약력이었다. 그러나 핵 안에 양성자와 중성자가 갇혀 있는 이유는 여전히 아무도 몰랐다. 약력 말고 또 다른 힘이 필요했다, 제 4의 힘이.

네 번째 힘, 강력에 대한 답은 무명의 동양인 물리학자에게서 나왔다. 그의 이름은 유카와 히데키였다. 그는 강력을 발견한 공로로 일본인 최초로 노벨 물리학상을 받았다. 하지만 강력을 설명하는 이론을 내놓을 때만 해도 그는 생긴 지 얼마 안 된 신생 대학의 이름

없는 물리학자였다. 19세기 말에 비로소 물리학 연구를 시작한 일본은 1930년대 들어 그 수준을 급격하게 끌어올렸다. 일본 물리학의 수준은 단번에 유럽 수준으로 올라섰다. 그 뒤에는 비밀이 하나 있었다. 일본 현대물리학의 아버지라고 일컫는 니시나 요시오라는 존재였다. 강력의 탄생은 유카와에서 시작했지만, 유카와는 니시나로부터 말미암았다고 해도 과언이 아닐 만큼 니시나는 일본 현대물리학의 문을 연 사람이었다.

◦ 일본 물리학의 시작

무엇이든 시작이 있는 법이다. 일본에서 물리학이 뿌리를 내리기 시작한 것은 1870년대부터였다. 메이지 유신이 성공한 지 얼마 지나지 않아 일본은 젊은이들을 외국에 보내 서양 학문을 공부하고 돌아오게 했다. 젊은이들 중에는 야마카와 겐지로라는 도호쿠 아이즈번 소속의 사무라이가 있었다. 당시 아이즈번은 막부 편에 서서 메이지 일왕을 받드는 정부군과 싸우고 있었는데, 그는 소년병으로 전투에 참여했다가 포로로 잡히고 말았다. 그가 포로로 잡힌 것은 어쩌면 다행이었다. 막부 편에 섰던 도호쿠 출신의 병사들은 전쟁에 패하고 잔인하게 처형됐지만 그는 포로가 된 덕에 살아남을 수 있었다.

당시 열다섯 살로 나이가 어렸던 터라 그는 조슈번 출신의 참모인 오쿠다이라 겐스케의 손에 넘겨져 여러 신학문을 배울 수 있었다. 1871년에는 국비 장학생으로 미국의 예일 대학으로 유학을 떠났다. 야마카와는 1875년에 예일 대학에서 물리학으로 학부를 마치고 일본으로 돌아왔다. 그는 귀국해서 바로 도쿄제국대학(도쿄 대학) 물리학과의 첫 번째 일본인 교수가 되었다. 그는 일본의 첫 번째 물리학자였고, 48세라는 비교적 젊은 나이에 도쿄 대학의 총장까지 지냈다. 나중에 제자였던 나가오카 한타로에게 연구를 열심히 하지 않는다는 비판을 받았지만, 그는 연구보다는 행정가로 나섰다. 야마카와는 나이가 들어 물리학보다는 자신이 소년병으로 참전했던 보신 전쟁(戊辰戰爭)에 관한 책을 여러 권 남겼다. 그는 일본의 첫 번째 물리학자이기는 했지만, 실제로 일본에서 물리학이라는 학문을 세운 학자는 아니었다.

야마카와가 예일 대학에서 유학하는 동안 후쿠오카 출신의 다나카다테 아이키츠가 도쿄 대학 물리학과에 입학했다. 그도 졸업하고 도쿄 대학의 조교수가 되었다. 다나카다테는 일본과 조선의 남부 지방을 다니며 지구 자기장을 연구하다가 일본 문부성 장학금을 받아 1888년에 영국으로 유학을 떠났다. 글래스고 대학에 입학한 다나카다테는 당대 가장 유명하다는 켈빈 경 밑에서 공부했다. 그 후 헬름홀츠가 베를린 대학에 있다는 말을 듣고 베를린으로 건너가 헬름홀츠 밑에서 공부하고 일본으로 돌아가 도쿄 대학의 교수가 되었다. 일본에서 물리학이라는 학문이 생겨난 지 십 년 만에 학생들은 일본인 교수에게 물리학을 배울 수 있었다.

◦ 나가오카 한타로

일본에서 물리학을 제대로 시작한 최초의 인물은 나가오카 한타로였다. 그는 1865년에 지금의 나가사키현 오무라시에서 태어났다. 당시에는 오무라번이라고 불리던 곳이었는데, 한타로의 아버지는 번에서 공무를 보는 번사였다. 나가오카는 도쿄에서 초등학교를 다녔는데, 성적이 좋지 않아 낙제를 하기도 했다. 그래도 나중에는 부지런히 공부해 도쿄 대학 이학부에 입학할 수 있었다. 대학을 일 년 정도 다닌 나가오카에게는 머리에서 떠나지 않는 의문이 하나 있었다.

'과연 일본인이 서양 사람들처럼 독창적으로 과학을 연구할 수 있을까? 저들은 오랫동안 과학을 공부한 사람들이고, 우리는 이제 막 시작한 셈인데, 저들을 앞지를 수 있을까?'

나가오카는 일 년 동안 학교를 쉬면서 앞으로 무슨 공부를 할지 심각하게 고민했다. 그는 도쿄로 오기 전에 공부했던 한학이 떠올랐다. 그건 자신이 있었다. 그래서 아무래도 한학을 전공으로 삼아 거기에 매진하는 게 더 낫지 않을까도 생각해 봤다. 하지만 이왕 시작한 공부를 해보지도 않고 섣부르게 그만두면, 나중에 후회할 것 같았다. 일 년을 쉰 뒤, 그는 물리학을 전공하기로 마음먹었다.

그는 도쿄 대학에 복학해 야마카타와 다나카다테에게 물리학을 배웠다. 두 사람에게 미국과 유럽에서 공부했던 경험을 자주 들었다. 나가오카도 그들처럼 대학원을 졸업하고 도쿄 대학 물리학과의 조교수가 되었다. 그때만 해도 일본에서는 박사 학위 없이도 교수가 될 수 있었다. 하지만 나가오카는 물리학을 제대로 공부하고 싶어서 1893년에 유럽으로 갔다. 그는 독일의 베를린과 뮌헨을 거쳐 오스트리아 빈에 이를 때까지 여러 물리학자에게서 물리학을 배웠다. 그는 뮌헨에서 자신의 인생에 가장 큰 영향을 주게 되는 볼츠만을 만났다. 볼츠만이 1894년에 빈 대학의 교수가 되자 나가오카도 그를 따라 갔다.

그가 본 빈은 정말이지 아름다운 곳이었다. 나가오카가 빈에 도착하기 전인 1880년대 말에 빈 대학에는 새 건물이 여럿 들어섰다. 당시에 유명한 건축가이자 빈 대학의 교수였던 하인리히 폰 페르스텔은 빈 대학의 본관을 아름답게 지었다. 나가오카는 볼츠만에게서 이제 갓 나온 통계역학을 배웠고, 에른스트 마흐가 그토록 반대하던 원자라는 개념도 익혔다. 게다가 천체물리학을 공부하면서 토성에는 원반 모양의 고리가 있다는 사실도 알게 되었다. 원자와 토성의 고리, 이 두 가지 중심어는 앞으로 나가오카의 이름을 세상에 널리 알리게 되는 단어가 된다.

나가오카는 1896년에 일본으로 돌아와 도쿄 대학의 교수가 되었고, 은퇴할 때까지 그곳에서 삼십 년 동안 학생들을 가르쳤다. 학생들을 가르치면서도 그는 연구의 끈을 놓지 않았다. 그는 대학 1학년 때 품었던 생각인 독창적으로 연구하는 것을 늘 목표로 삼았다. 나가오카는 1900년에 파리에서 열린 국제학술대회에서 마리 퀴리의 강연을 들었는데, 그곳에서 방사선이 무엇인지 배웠다. 방사선을 알게 되면서 그는 원자가 편의로 도입된 개념이 아니라 실재하는 것임을 깨달았다. 그리고 얼마 지나지 않아 톰슨이 원자를 설명하는 자두 푸딩 모형을 만들었다는 소식을 들었다. 나가오카도 원자를 설명하는 모형을 세우고 싶었다. 그의 머릿속에 떠오른 건 토성이었다. 그는 먼저 양전하를 지닌 무거운 입자가 토성처럼 가운데 있고, 음전하를 띤 전자가 그 주위를 토성의 고리처럼 둘러싸며 돌고 있다고 가정하고 모형을 만들었다. 이것이 나가오카의 토성 고리 모형이다.

나가오카 모형의 놀라운 점은, 러더퍼드가 핵을 발견하기 전에 양전하를 띤 무거운 입자가 원자의 중심에 있다는 것을 가정했다는 점이다. 이 모형은 러더퍼드의 원자 모형과 흡사했다. 러더퍼드는 가이거와 마스덴이 한 실험에서 핵이 존재해야 한다는 것을 유추했지만, 나가오카는 그런 정보 없이 추측만으로 핵처럼 무거운 입자가 원자의 중심에 놓여있다는 것을 가정했다. 러더퍼드 모형과 차이가 있다면, 러더퍼드는 실험 결과를 바탕으로 핵의 크기가 원자보다 십만 배나 작다는 걸 알았지만, 나가오카의 모형에서는 핵의 크기가 그보다 훨씬 컸다. 그래도 러더퍼드가 자신의 원자 모형을 만들 때 나가오카의 모형을 참조했으니, 나가오카는 제대로 된 원자 모형이 나오는 데 산파 역할을 한 셈이었다. 하지만 나가오카의 토성 고리 모형은 러더퍼드 모형보다 더 심각한 결함이 있었다. 이 모형은 러더퍼드 모형처럼 안정된 원자를 설명하는 데는 많이 부족했고 핵의 크기도 실제보다 너무 컸다. 그래도 그가 세운 모형은 헛

된 것이 아니었다. 보어의 원자 모형은 장 페랭, 나가오카, 러더퍼드 같은 개척자들이 험난한 길을 닦아 놓았기 때문에 세상에 나올 수 있었다.

도쿄 대학에서 교수로 있는 동안 나가오카는 많은 제자를 길러냈다. 1906년에 도호쿠 대학이 설립되자 그에게 배운 학자들이 그곳 물리학과의 교수로 갔다. 1925년 육십 세의 나이로 도쿄 대학을 은퇴하고 나가오카는 이화학연구소의 책임연구원이 되었다. 그 후에는 1931년에 새로 생긴 오사카제국대학(오사카 대학)에서 삼 년간 초대 총장을 지내며 일본의 물리학이 세계적으로 발돋움하는 데 크게 이바지했다. 한때 한학을 공부하기도 한 나가오카는 이런 명언을 남겼다.

"'무엇 무엇이 되자'고 하는 사람은 많지만, '무엇 무엇을 하자'고 하는 사람은 드물다."

그는 자의식이 넘치는 사람이었다. 당시 일본에서 연구하고 있는 과학이 해외에서 제대로 인정받지 못하는 것이 불만이었고, 거기에는 인종차별도 한몫 한다고 믿었다. 자신의 스승이었지만 야마카와가 연구를 제대로 하지 않는 것도 비판했다. 그는 뛰어난 업적을 남겼고, 훌륭한 제자도 많이 길러냈다. 나가오카는 오사카대학의 한 대형 강의실에 물상조박(勿嘗糟粕)이라는 말도 남겼다. 술지게미를 핥지 말라는 뜻이다. 이 말에는 남이 하는 연구를 따라가지 말고 창의적으로 연구하라는, 후학들을 향한 나가오카의 마음이 담겨 있다.

◦ 니시나 요시오

일본 현대물리학의 문을 열게 될 니시나 요시오는 1890년 12월 6일, 오카야마현 사토쇼쵸에서 구 남매 중 여덟째로 태어났다. 아버지가 하는 사업이 잘되지 않아 니시나의 집안은 그리 넉넉하지 않았다. 맏형이 사업에 실패하면서 집안은 더 어려워졌다. 요시오는 가족들이 그에게 희망을 걸 만큼 구 남매 중에서 공부를 가장 잘했다. 초등학교 때는 동년배 중에서 단연 돋보였다. 오카야마 중학교에 다닐 때도 수석 자리를 놓친 적이 없었다. 그 성적이면 도쿄나 교토에 가서 명문 고등학교에 다닐 수도 있었지만, 요시오는 오카야마에 있는 제육고등학교(第六高等學校)에 진학했다. 고등학교 2학년이 되기 전에 늑막염을 앓는 바람에 일 년 동안 학교를 쉬어야 했지만, 그는 모든 과목에서 일등을 놓친 적이 없었다.

고등학교 졸업이 다가오자 전공을 정해야 했다. 집안 형편 때문에 어떻게든 장학금을 받고 대학에 진학해야 했다. 그는 어떤 전공을 선택하면 좋을지 형들과 상의했다. 요시오의 성격에 사업은 맞지 않을 것 같았고 학자는 돈을 많이 벌 수 있는 직업이 아니라 아무래도 공학이 좋겠다는 게 맏형의 생각이었다. 요시오가 열여섯이 되던 해에 아버지가 세상을 떠나, 그보다 스무 살이나 많은 형이 집안을 책임져 왔기 때문에 맏형은 요시오에게 아버지나 다름없었다. 요시오는 큰형 말 대로 도쿄 대학의 전기공학과에 원서를 넣어 합격했다. 형들이 돈을 많이 벌려면 토목공학이 낫다고 말하는 바람에 뒤늦게 전공을 바꾸려 했지만, 이미 늦어 그냥 전기공학과를 다녀야 했다.

니시나는 도쿄 대학을 다니며 일등을 놓친 적이 없었고, 대학도 수석으로 졸업했다. 당시에는 도쿄 대학의 졸업생 중에서 성적 최우수자에게 일왕이 은으로 만든 시계를 선물로 주었다. 니시나도 그 시계를 받았다. 그는 원래 도시바에 취직할 예정이었지만, 대학원에 진학하면서 이화학연구소의 연구원이 되는 길을 택했다. 이 일로 학부 때 자기를 지도했던 교수와 틀어지는 바람에 다른 교수 밑에서 연구를 했다. 그때 이화학연구소에는 나가오카 한타로가 있었다. 니시나는 1918년 가을에 나가오카와 이야기할 기회가 있었는데, 나가오카는 그에게 자기 강의를 들어 보고 연구실에 와서 실험을 좀 해보지 않겠냐는 제안을 했다. 물리학이 드디어 니시나를 찾아온 것이었다. 그는 서서히 물리학에 빠져들었다. 니시나는 나가오카의 지도를 받으며 그가 토성형 원자 모형으로 유명한 물리학자라는 사실을 알게 되었다. 나가오카를 만나면서 그가 걸어갈 인생의 방향이 완전히 바뀌었다. 니시나는 직장을 갖기 전에 한두 해 정도만 더 공부할 생각이었는데, 그러기엔 물리학이란 학문이 너무나 매력적이었다. 그는 그만 물리학의 마법에 걸려들고 말았다.

1920년대 초까지만 해도 일본에 이론물리학이라는 분야는 없는 셈이었다. 이론과 실험은 서로 동떨어져 있었고, 많은 사람들이 지금 일본에 필요한 건 응용물리학이라고 굳게 믿고 있었다. 도쿄 대학이나 나중에 생긴 교토제국대학(교토 대학)과 도호쿠제국대학(도호쿠 대학)에 있는 교수들도 학문의 자유보다는 권위를 중요하게 여겼다. 강좌를 쥐고 있는 정교수의 권한은 절대군주의 권력과 다름없었다. 정교수 아래에 있는 부교수와 연구원, 학생들은 그저 교수가 하는 말을 따를 수밖에 없었다. 그들은 마치 다이묘 밑에서 명령에 따라 움직이는 사무라이들 같았다. 교수 밑에서 그들이 할 수 있는 건 일사불란하게 정교수의 명령을 받드는 것뿐이었다. 그 중에서도 도쿄 대학의 교수들은 가장 권위적이었다. 그 누구도 자신들의 권위에 대드는 것을 용납하지 않았다. 그러나 쓸데없는 권위는 자유를 빼앗고 학문의 숨통을 조이고 끝내는 학문을 빈사에 이르게 한다. 당시 일본에서 이론물리학은 응용 수학에 가까웠다. 실험과 이론 사이에 대화가 단절되면 물리학이라는 학문은 생기를 잃을 수밖에 없었다.

니시나는 이화학연구소에서 나가오카 교수의 지도를 받으며 엑스선을 이용해 원자들의 스펙트럼을 연구했다. 당시 이화학연구소에는 젊은 학자들을 유럽이나 미국에 이 년 정도 교육받고 돌아오게 하는 제도가 있었다. 나가오카는 다른 학생을 보내려고 했지만, 그 학생이 때아니게 사망하는 바람에 니시나를 영국에 있는 캐번디시 연구소에 보내게 되었다. 나가오카는 그를 보내 엑스선 분광학을 좀 더 배워오게 할 요량이었다. 니시나가 유럽에서 이 년간 머무는 데 필요한 경비는 이화학연구소에서 대주게 되어 있었지만, 유럽에서 지내기에 그 돈은 충분하지 않았다. 그래서 부자집 딸과 결혼한 막내 아우의 도움을 받아야 했다. 1921년 4월 5일, 가족들의 배

웅을 받으며 작별 인사를 했다. 이때만 해도 니시나는 이 작별이 어머니와 영원한 이별이 될 줄 꿈에도 몰랐다.

그해 5월 영국에 도착한 니시나는 몇 달 동안 영어를 배우는 데 집중했다. 그런 다음 케임브리지 대학에 입학해서 캐번디시 연구소에 출근했다. 캐번디시 연구소는 일본과는 비교가 안 될 정도로 분위기가 자유로웠다. 그곳에 있는 물리학자들은 무엇보다 쓸데없는 권위 의식이 없었다. 그들은 위아래 없이 자유롭게 토론했다. 니시나는 그런 연구소 분위기에 상당한 충격을 받았다. 1921년에는 러더퍼드가 이미 캐번디시 연구소에서 힘을 쏟을 연구 주제로 원자핵의 구조를 선택한 이후라 대부분이 라듐 같은 방사성 물질에서 나오는 알파선과 베타선을 원자핵에 충돌시키는 실험을 하고 있었다. 니시나는 나가오카로부터 엑스선 분광학 기술을 배워오라는 임무를 받고 이곳에 왔지만, 그곳에서 엑스선 연구는 이미 한물간 주제였다

니시나에게 캐번디시에서 보낸 첫 일 년은 무척 고통스러웠다. 이곳에서 진행하는 연구에 바로 투입되기에는 경험이 너무 부족했고, 본인이 직접 계획을 세워 연구를 수행할 역량도 없었다. 니시나는 경험과 실력 부족을 뼈저리게 느꼈다. 첫해는 변변한 논문 한 편 쓰지 못한 채 지나갔다. 그렇다고 그곳에 있는 연구원들이 일본에서 온 신출내기 대학원생에게 관심을 갖고 보살펴 주는 것도 아니었다. 그래도 캐번디시 연구소는 지난 이십 년 동안 엑스선 연구를 해왔던 곳이라 자신이 궁금한 걸 사람들에게 물어보면 친절하게 대

답해주곤 했다.

1922년 봄에 당시 닐스 보어가 캐번디시 연구소를 방문했다. 짧은 시간이었지만 니시나는 보어에게 자신을 소개할 수 있었다. 이 만남이 훗날 니시나에게 커다란 도약의 기회가 될 줄은 그 자신도 몰랐을 것이다. 캐번디시 연구소에서 별 소득이 없었던 니시나는 독일어도 익히고 최신 학문도 배울 겸 남은 일 년은 독일 괴팅겐 대학에서 보내기로 마음먹었다. 하지만 이것 역시 니시나에게는 때 이른 방문이었다. 그가 몇 년만 늦게 괴팅겐을 방문했더라면, 그가 이론물리학을 본격적으로 연구했을지도 모른다. 괴팅겐은 1925년이면 양자역학의 메카로 떠오르지만, 1922년 여름은 좀 일렀다. 막스 보른이라는 뛰어난 이론물리학자와 당대 가장 위대한 수학자 다비트 힐베르트가 있는 곳이었지만, 그곳에서 들은 강의는 니시나에게 별 감흥을 주지 못했다. 그는 무척 낙담했다. 물리학을 포기하고 싶은 마음도 들었다.

'아무래도 물리학을 배우겠다고 유럽에 온 건 잘못인 것 같아. 내겐 물리학자로서 소질도 별로 없는 것 같고.'

니시나에게는 먹고 사는 것도 큰 문제였다. 제1차 세계 대전에 패한 독일은 프랑스와 영국에 지불해야 할 엄청난 액수의 배상금으로 고통 받고 있었다. 인플레이션이 너무 심해 몇 년 전이면 집 한 채를 살 수 있던 돈으로 이제는 빵 몇 조각을 겨우 살 지경이었다. 일본에서 보내주는 돈으로는 독일에서 생활하기에 턱없이 부족했다. 유럽에 온 지도 거의 이 년이 다 되어 갔다. 그러던 어느 날 어머니가 돌아가셨다는 소식이 전해졌다. 이제는 집으로 돌아가도 어머니를 볼 수 없게 됐다는 생각에 가뜩이나 자신감을 잃은 니시나는 더욱 움츠러들었다.

니시나는 괴팅겐 시내를 돌아다니다가 장난감 하나가 눈에 들어왔다. 무선으로 조종하는 장난감이었다. 독일에서 이런 장난감을 만들어 판다는 사실에 그는 무척 놀랐다.

'장난감 만드는 일을 하는 게 물리를 계속하는 것보다 더 나을 것 같아. 일본에서 저런 장난감을 만들어 판다면 장사도 잘될 것 같고.'

그러는 사이에 시간은 흘러 일본으로 돌아갈 시간이 코앞까지 다가왔다. 하지만 일본에 이대로 돌아간다는 것은 실패나 다름없었다. 물리를 계속 공부할 자신감도 많이 사라졌지만, 그래도 예전에 만났던 닐스 보어에게 자신을 받아줄 수 있는지 마지막으로 편지를 한 번 보내 보기로 했다.

얼마 지나지 않아 보어에게서 답장이 왔다. 니시나는 뛸 듯이 기뻤다. 보어는 니시나에게 코펜하겐으로 건너와 같이 연구하자고 했다. 이건 역설적이었다. 마치 보어가 캐번디시 연구소에서 잘 지내지 못하다가 맨체스터에 있는 러더퍼드에게 가서 비로소 날개를 폈듯이, 니시나는 러더퍼드의 캐번디시 연구소에서는 기죽어 지내다가 닐스보어 연구소에 가서 비로소 비상하게 되니 말이다. 카피차 같은 사람에게는 캐번디시 연구소가 더할 나위 없이 좋은 곳이었지만, 니시나 같은 사람에게는 아무래도 맞지 않았다.

니시나는 서둘러 일본에 있는 동생에게 편지를 보냈다. 아무래도 몇 개월 더 유럽에 머물러야 할 것 같다는 내용이었다. 니시나는 원래 엑스선을 이용해 원자의 들뜸을 연구하려고 유럽에 왔지만, 캐번디시 연구소에서도 괴팅겐 대학에서도 하고 싶었던 연구를 할 수 없었다. 게다가 유럽에 있는 동안 논문 한 편 제대로 쓸 수 없어서 물리를 그만둬야 하나 고민할 만큼 의기소침해 있었다. 그런데 보어가 답장을 보내다니, 하늘에서 구원의 빛이 내려와 자신을 비추는 것만 같았다. 니시나는 흥분을 가라앉힐 수가 없었다. 더구나 보어는 작년에 새로운 원자 모형을 제시해 노벨상을 받은 물리학자가 아니던가. 보어는 자신의 모형을 검증하는 데 엑스선 분광학이 꼭 필요했고, 그와 관련된 실험에 관심이 많았다. 니시나는 비로소 자신이 있어야 할 곳을 찾았다.

◦ 코펜하겐 정신

1923년 4월 10일, 니시나는 코펜하겐에 있는 닐스보어 연구소에 도착했다. 그 연구소는 보어를 위해 1921년에 덴마크 정부와 칼스버그 맥주회사, 라스크-외르스테드(Rask-Ørsted) 재단, 그리고 몇몇 단체가 후원해 세운 연구소였다. 이제 막 생긴 연구소였지만, 1920년대부터 제2차 세계 대전이 일어나기 전까지 이론물리학의 중심지가 될 곳이었다. 다른 연구소와 달리 맥주회사에서 후원한 덕에 지금도 그곳 연구소의 숙소에서는 칼스버그 맥주를 공짜로 마실 수 있다.

니시나는 닐스보어 연구소의 자유로운 분위기가 마음에 쏙 들었다. 니시나는 이곳에서 비로소 실험을 배울 수 있었다. 닐스보어 연구소는 실험과 이론이 완벽하게 소통하는 곳이기도 했다. 그것은 보어에게 있는 특별한 능력이었다. 보어는 자신이 세운 이론을 실험으로 검증하는 것을 중요하게 여겼고, 물리학은 이론과 실험이 의견을 주고받으며 발전한다고 믿었다. 니시나는 그곳에서 엑스선 분광학에 뛰어났던 죄르지 드 헤베시와 디르크 코스터에게 실험에 필요한 여러 기술을 배울 수 있었다. 그는 엑스선을 이용해 주석에서 텅스텐까지 원자들의 들뜬 상태를 연구했다. 연구 결과는《필로소피컬 매거진》에 발표했는데, 니시나가 닐스보어 연구소에 온 지 사 개월 만의 일이었다.

보어는 니시나의 능력을 금방 알아봤다. 니시나는 아침부터 밤늦게까지 실험에 매달렸다. 매일 밤늦게까지 일하다 연구소 문이 잠겨 담을 넘어 집에 가곤 했다. 보어가 그의 건강을 걱정할 정도로 열심히 했다. 1923년 여름에는 이화학연구소에서 나오는 체재비가 끊겼지만, 보어는 니시나가 라스크-외르스테드 장학금을 받을 수 있도록 주선해주었다. 니시나는 이곳에서 친구도 많이 사귀었다. 닐스보어 연구소에는 보어와 토론하고 싶어 이곳을 방문하는 물리학자들이 많았다. 그 중에는 이름난 물리학자도 있었지만, 니시나 또래거나 어린 친구들도 있었다.

닐스보어 연구소에는 '코펜하겐 정신'이라는 것이 있었다. 물리학에 관해서는 유명한 교수든 공부를 막 시작한 대학원생이든 그 누구라도 보어를 비롯한 연구소의 모든 사람과 자유롭게 토론할 수 있었다. 1925년 괴팅겐에서 시작된 양자역학 혁명은 코펜하겐에 이르러 완성되었다. 양자역학의 근간이 되는 코펜하겐 해석은 이곳 닐스보어 연구소에서 나왔다. 보어는 목소리는 부드러웠지만, 자신이 동의할 수 없거나 이해가 되지 않으면 상대방을 끈질기게 물고 늘어졌다. 보어가 시작한 토론은 종종 밤늦게까지 이어지곤 했다. 한번은 슈뢰딩거가 이곳을 방문한 적이 있었는데, 양자역학을 어떻게 해석하느냐를 두고 보어와 격론을 벌였다. 토론에 너무 집중한 탓인지 슈뢰딩거는 그만 몸살이 나서 자리에 눕고 말았다. 그런데 보어의 부인이 슈뢰딩거의 상태를 확인하려고 그가 머무는 방에 한 번씩 들어가면, 몸살로 아파서 끙끙대는 슈뢰딩거 옆에 앉아 조용하고 부드러운 목소리로 반박하고 있는 보어를 보곤 했다고 한다. 보어는 자신이 옳다고 믿으면, 정말이지 집요하게 상대방을 물고 늘어졌다.

이런 보어와 토론하면서 젊은 학자들은 자기 생각을 담금질할 수 있었고 보다 정교한 이론을 만들어낼 수 있었다. 보어는 성품이 온화했고 물리학 외에 다른 교양도 풍부했다. 그와 함께 있으면 그의 매력에 빠져들지 않을 수 없었다. 성정이 불 같았던 볼프강 파울리조차도 보어에게는 깍듯하게 예의를 차렸다. 보어는 니시나의 실질적인 지도교수이자 인생의 모범이었다. 니시나는 일본으로 돌아가 양자역학을 가르칠 때, 보어가 보여준 모습 그대로 젊은이들을 대했다. 학문이 발전하려면 쓸데없는 권위는 등 뒤로 던져 버려야 한다. 물리학이 발전하려면 무엇보다 서로 자유롭게 이야기할 수 있어야 한다. 그것이 니시나가 닐스보어 연구소에서 깨달은 원리였다. 물리학이 발전하는 데 가장 중요한 토대, 그것은 자유로운 토론이었다.

니시나는 몇 달 정도 머무를 생각이던 닐스보어 연구소에 사 년 넘게 있었다. 그는 이곳에 있는 동안 실험을 많이 했고, 좋은 논문도 여러 편 발표했다. 그러나 니시나는 실험을 익히는 정도에서 만족할 수 없었다. 그는 이론도 공부하고 싶었다. 일본으로 돌아가기 전에 가능하면 더 많은 연구 경험을 쌓고 싶었다. 보어는 그런 니시나의 마음을 알아차렸다.

"요시오, 자네가 이론을 배우고 싶다면, 독일 함부르크 대학에 있는 볼프강 파울리에게 가서 연구하는 게 어떨까? 필요한 경비는 내가 댈 테니까 한번 방문해 보세요."

보어는 필요한 경비를 라스크-외르스테드 재단에 신청해 니시나가 아무 걱정 없이 함부르크에 다녀올 수 있게 했다. 니시나는 그런 보어가 늘 고마웠다.

◦ 클라인-니시나 공식

니시나는 1927년 10월 30일에 함부르크 대학에 도착했다. 그리고 11월부터 이듬해 2월까지 파울리가 지도하는 이론물리학 세미나에서 최신의 양자역학 이론을 공부할 수 있었다. 니시나는 세미나를 들으며 노트를 꼼꼼히 정리했다. 그는 파울리에게 지도를 받으며 자기와 함께 이곳에 온 이시도어 라비와 논문도 하나 발표했다. 라비는 1929년에 미국으로 돌아가 컬럼비아 대학의 교수가 되었고 1944년에 노벨 물리학상을 받았다. 1928년 2월에 디랙의 논문이 발표되자 파울리는 새롭게 상대론적 양자역학 세미나를 시작했다. 세미나를 듣던 니시나는 전자를 이토록 훌륭하게 설명하는 이론이 있다는 사실에 충격을 받았다. 세미나를 듣고 그는 디랙의 논문을 한 줄 한 줄 꼼꼼히 읽으며 논문에 나오는 식을 모두 다 유도해 보았다.

1928년 3월, 닐스보어 연구소로 돌아온 니시나는 오스카르 클라인을 만나 자신이 공부한 디랙의 새로운 이론을 설명했다. 클라인도 디랙의 이론을 잘 알고 있었다. 보어는 디랙 이론이 나오자마자 클라인을 케임브리지에 있는 디랙에게 보내 새로운 이론을 배워오라고 시켰다. 그는 디랙의 방정식이 나오기 전에 발터 고르돈과 함께 슈뢰딩거 방정식에 아인슈타인의 특수 상대성 이론을 결합한 클라인-고르돈 방정식을 제안했다. 클라인은 니시나보다 네 살 어렸지만, 스물네 살 때부터 보어에게 착실하게 배운 터라 이미 이론물리학자로 이름을 날리고 있었다.

그해 봄에 디랙이 코펜하겐을 잠시 방문했는데, 니시나는 클라인과 함께 디랙을 만났다. 두 사람은 도서관에서 디랙과 새로 나온 디랙의 이론에 관해 이야기를 나눴다. 디랙이 워낙 말이 없긴 했지만, 니시나의 말에는 그래도 친절히 답해 주었다.

니시나는 조심스럽게 디랙에게 말을 꺼냈다.

"그런데 말입니다, 선생님이 이번에 쓰신 논문에 부호가 하나 틀렸습니다."

디랙은 싸늘하게 답했다.

"하지만 결과는 맞아요."

당황한 니시나는,

"아, 맞아요. 아마 부호 실수가 두 번 있었나 봅니다."

그 말에 디랙은,

"두 번이 아니라 짝수 번 실수했다고 해야 합니다."

디랙의 말이 더 일반적이긴 했다. 니시나의 말에 디랙은 당황하지 않았을까? 니시나가 디랙에게 한 질문은 그가 디랙의 논문을 얼마나 꼼꼼하게 읽었는지 보여 준다.

니시나는 마음이 급했다. 여름에는 일본으로 돌아가야 했다. 원래는 이 년간 유럽에 있기로 했는데, 벌써 칠 년이 지나 있었다. 그는 귀국 전에 제대로 된 연구 결과를 내놓고 싶었다. 그는 클라인에게 자기 고민을 말했다. 클라인이 니시나에게 제안을 하나 했다.

"그렇지 않아도 디랙 이론을 이용해서 콤프턴 산란을 연구하면 어떨까 하는데. 전자와 광자가 충돌하는 거니까 디랙의 전자 이론을 쓰기에 안성맞춤이잖아?"

니시나도 클라인의 제안이 마음에 들었다. 두 사람은 콤프턴 산란을 이론적으로 설명할 계획을 세웠다. 1928년 부활절 휴가가 끝나고 두 사람은 연구를 시작했다. 연구는 생각보다 훨씬 어려웠다.

그해 여름이 되도록 두 사람의 연구는 지지부진했다. 클라인은 가족들과 덴마크의 남쪽에 있는 룬데보르에서 여름을 보내기로 했다. 그는 니시나에게 같이 가서 연구를 마무리하지 않겠느냐고 말을 건넸다. 니시나는 흔쾌히 그러겠노라고 답했다. 가족들이 휴가를 즐기는 동안 두 사람은 계산에 매달렸다. 낮에는 만나서 각자 계산한 것을 맞춰 보았고, 저녁에는 각자의 숙소로 돌아가 다시 검토했다. 두 사람이 만나는 횟수가 많아질수록 두 사람의 결과도 점점 비슷해졌다. 8월이 시작될 무렵 두 사람의 계산이 서로 일치했다. 놀라웠다. 무척이나 복잡한 계산이었지만 두 사람의 결과가 똑같았다. 두 사람은 서로 쳐다보며 흡족한 미소를 지었다.

하지만 이게 끝이 아니었다. 실험값과 비교해 봐야만 했다. 니시나는 자신의 계산 결과를 논문에 나온 실험값과 맞춰봤다. 이번에는 더 놀라웠다. 두 사람의 계산 결과를 그래프로 그린 뒤 그 위에 실험값을 표시해 보니까 두 값이 거의 겹치는 것이었다. 니시나는 부랴부랴 코펜하겐으로 내려가 실험값과 이론값을 비교하는 그래프를 만들었다. 그리고 두 사람은 연구한 내용을 정리해 《네이처》에 투고했다. 논문은 1928년 9월 15일에 나왔다. 클라인-니시나 공식이 나온 논문이 바로 이 논문이다. 이로써 니시나는 실험뿐 아니라 이론 분야에서도 명성이 나기 시작했다. 니시나는 일본으로 돌아가 클라인과 함께 한 연구를 좀 더 자세히 설명하는 논문을 독일 물리학 논문집에 발표했다.

◦ 일본으로 돌아온 니시나

니시나는 칠 년 반의 긴 시간을 보낸 유럽을 떠나 1928년 12월 21일에 일본으로 귀국했다. 하지만 그를 반겨주는 대학은 아무 데도 없었다. 유럽에서 그렇게 이름을 떨치고 돌아왔지만, 그를 교수로 채용하려는 대학이 하나도 없었다. 도쿄 대학도, 교토 대학도, 도호쿠 대학도 이미 교수 정원이 다 차 있었고, 굳이 그를 위해 새로운 자리를 마련해 주려는 대학도 없었다. 그 당시 일본은 대학원을 졸업하면, 자기가 나온 대학에서 쉽게 교수가 될 수 있었다. 교토 대학이나 도호쿠 대학이 세워질 때는 도쿄 대학을 나온 사람이 두 대학의 교수로 갈 수 있었지만, 대학원이 생긴 뒤로는 모두 자기 대학 졸업자를 교수로 뽑고 있었다. 1920년대 말만 해도 일본 대학의 교수들은 완고하기 짝이 없었다. 니시나는 도쿄 대학을 졸업했지만 도쿄 대학 물리학과의 교수가 될 수 없었다. 물리학과가 아니라 전기공학과를 졸업했기 때문이었다. 조교수로 채용되기에는 나이도 좀 많았다. 칠 년 반 만에 일본으로 돌아왔지만 그는 찬밥 신세였다. 그리고 그의 나이는 이미 서른아홉이었다.

가족들은 니시나가 나이가 많아 서둘러 결혼해야 한다고 재촉했다. 결국 니시나는 결혼 이야기가 나온 지 5주 만에 친구 여동생과 결혼했다. 유럽에서 돌아온 지 두 달만의 일이었다. 오랫동안 가족을 떠나 있었기 때문에 챙겨야 할 일이 많았다. 니시나는 연구를 계속해야 한다는 압박감이 있었지만, 당분간은 가족들 일도 챙겨야 했다. 무척 바쁘긴 했지만 그래도 논문을 여러 편 발표했다. 대학에 자리가 없어서 석사 때 지도교수였던 나가오카의 연구실에 머물며 연구를 계속했다. 1930년 11월에는 코펜하겐에서 했던 엑스선 분광학 연구로 도쿄 대학에서 박사 학위를 받았다.

◦ 니시나 선생

그가 일본으로 돌아와 가장 먼저 한 일은 일본 물리학계에 양자역학을 제대로 알리는 작업이었다. 당시 일본에는 양자역학을 아는 사람이 거의 없었다. 대학원생 중에도 양자역학을 공부하고 싶은 사람은 많았지만, 제대로 가르쳐 줄 교수가 없었다. 니시나는 보어를 초청하고 싶었지만, 보어는 너무 바빠 시간을 낼 수 없었다. 그는 나가오카의 도움을 받아 디랙과 하이젠베르크를 일본에 초청했다. 1929년 9월 초에 디랙과 하이젠베르크가 일본의 이화학연구소와 도쿄 대학에서 여섯 번에 걸쳐 양자역학을 강의했다. 두 사람은 교토로 내려가 그곳에서도 양자역학을 강의했다. 디랙과 하이젠베르크의 강의는 당시 대학원생들에게 이루 말할 수 없는 영향을 미쳤다.

교토 대학에 있던 도모나가 신이치로도 도쿄까지 올라와 강의를 들었다. 도모나가에게는 양자역학을 제대로 배울 수 있는 절호의 기회였다. 그는 이미 두 사람의 논문을 샅샅이 공부한 터라 두 사람 일본 현대 물리학의 아버지, 니시나 요시오. 1940년대.

의 강의를 따라가는 데 큰 어려움이 없었다. 두 사람이 강의하는 동안 니시나는 옆에서 통역을 했고, 어려운 내용이 나오면 간간이 설명을 추가했다. 니시나는 나중에 두 사람의 강연을 적은 강의 노트를 일본어로 번역했다. 이 강의는 당시 대학원생들이 물리학을 공부하는 데 무척 소중한 자료로 쓰였다. 니시나는 이화학연구소에서 일하면서 여러 대학에서 양자역학을 틈틈이 강의했다. 1931년에 니시나가 교토 대학에서 한 양자역학 강의는 일본 물리학계를 이끌어갈 다음 세대의 바탕을 다졌다. 그 강의를 들은 학생 중에는 유카와 히데키와 도모나가 신이치로, 사카타 쇼이치가 있었다.

1931년에는 오사카 대학이 만들어지면서 나가오카 한타로가 초대총장이 되었다. 니시나 요시오는 여전히 이방인이었다. 그의 지도교수였던 나가오카조차도 니시나에게 오사카 대학에 교수로 오라는 제안을 하지 않았다. 니시나가 디랙과 하이젠베르크를 초청할 때 뒤에서 많이 도와줬고, 한때 그를 지도했던 사람이기도 했지만, 나가오카는 니시나를 자신의 뒤를 잇는 제자라고 여기지 않았다. 대놓고 표현하지는 않았지만, 니시나에게는 참으로 힘든 일이었다. 독자적으로 연구를 하려면 안정된 자리가 필요했지만, 대학들은 그에게 양자역학 강의는 하게 해주어도 연구할 수 있는 자리는 주지 않았다. 하지만 니시나에게도 기회가 찾아왔다. 그의 능력을 눈여겨본 이화학연구소 소장 오코치 마사토시가 니시나를 이화학연구소 책임연구원으로 불러 연구실을 내준 것이었다. 1931년 7월 1일에 니시나는 드디어 자신만의 연구를 할 수 있는 공간을 얻게 되었다. 일본으로 돌아온 지 이 년 반만의 일이었다. 도쿄 대학은 1937년이 되어서야 니시나를 초청해 양자역학 강의를 하게 해주었으니 니시나가 모교에서 강의할 수 있기까지 거의 십 년이 걸렸다.

디랙이 쓴 『양자역학의 원리』가 출간되자 니시나는 이 책을 일본어로 번역하는 게 무척 중요하다고 판단했다. 일본 물리학의 다음 세대를 교육하려면 일본어로 된 훌륭한 책이 있어야 했다. 니시나는 디랙이 쓴 이 책이야말로 그들을 가르치는 데 무척 중요하다고 믿었다. 그는 디랙에게 이 책을 일본어로 번역했으면 좋겠다고 편지를 보냈다. 디랙은 흔쾌히 허락했다. 출판사에 연락해서 번역에 필요한 법적인 문제도 해결했다. 그런데 1931년에 이화학연구소에 자리 잡은 니시나가 연구소 일로 바빠 번역을 시작하지 못하고 있는데, 디랙에게서 다시 연락이 왔다. 디랙은 이 책의 2판이 나오니, 차라리 2판을 번역하는 게 어떻겠냐는 제안이었다. 금방 나올거라던 2판이 나오는 데는 시간이 꽤 걸렸다. 1935년이 되어서야 디랙이 쓴 『양자역학의 원리』 2판이 출간되었다. 디랙은 책이 나오자마자 니시나에게 보내주었다. 그리고 같은 해 6월에 디랙은 일본을 두 번째 방문했다. 니시나도 이제 디랙의 책을 번역하는 걸 더는 미룰 수가 없었다.

니시나는 자신의 연구실에 있는 젊은 학자들 중에 도모나가 신이치로, 고바야시 미노루, 다마키 히데히코와 같이 번역을 시작했다. 그들은 여름 내내 가루이자와에 있는 여름 별장을 빌려 디랙의 책을 번역했다. 번역은 쉽지 않았다. 양자역학에 나오는 단어와 개념이 아직 일본어로 정립되어 있지 않아 한 문장 한 문장 번역하는 일이 고역이었다. 오전에는 각자 맡은 부분을 번역하고 오후에는 번역한 내용을 놓고 서로 토론했다. 저녁 식사 후에는 교정한 번역 원고를 깨끗하게 필사해서 다시 살펴보았다. 여름 내내 그들은 디랙의 책을 번역하는 일에 매달렸다. 번역 작업은 이듬해 2월이 되어서야 끝날 수 있었다. 니시나는 디랙에게 편지를 써서 일본어 번역판에 실을 머리말을 써 달라고 부탁했다. 하지만 번역의 완성도를 높이려고 세 사람은 1936년에도 번역을 계속 다듬었다. 그리고 1936년 12월에 디랙의 책은 『양자역학』이라는 제목을 달고 출간되었다.

이 책은 일본의 토종 물리학자들을 키우는 데 무척이나 중요했다. 양자역학이 세상에 나온 지 십 년 만에 디랙이 쓴 책이 일본어로 번역이 되었다. 일본에서 물리학을 공부하는 학생들에게 이제 제대로 된 지침이 생긴 셈이었다. 이 일은 니시나가 아니었다면 불가능한 일이었을 것이다.

젊은 학자들은 니시나 요시오를 니시나 선생님이라고 불렀다. 그는 당시 일본의 다른 물리학자와 달랐다. 젊은 학자를 대할 땐 늘 친절하고 진지했다. 그는 코펜하겐에서 보어에게 배운 대로 젊은이를 대했다. 누가 그에게 와서 자신의 생각을 말하면, 그는 늘 이렇게 말하곤 했다.

"참 흥미로운 생각이네요. 결과가 나올 때까지 계속 해보세요."

이미 마흔 살이 넘었지만 연구에 대한 열정은 유럽에 있을 때보다 더하면 더했지 절대 식지 않았다. 그는 정말이지 중요한 유산을 일본 물리학계에 남겼다. 그는 코펜하겐에 배운 대로 물리학에서는 권위 같은 건 내려놓고 자유롭게 토론하는 것과, 실험과 이론 사이에 긴밀히 의견을 나누는 것, 이 두 가지가 중요하다는 것을 다음 세대에 깊이 각인시켰다. 그러니까 니시나가 일본에서 한 일은 '코펜하겐 정신'을 일본 물리학계에 심어놓는 것이었다. 완고하기 그지없던 대학의 물리학과들 사이에 네트워크가 형성된 것도 니시나 덕이었다. 일본의 핵물리학과 입자물리학이 니시나가 일본에 돌아온 지 얼마 되지 않아 활짝 꽃피기 시작한 것도 니시나 덕분이었다. 일본에 현대물리학이 싹튼 지 오십 년 만에 세계의 물리학과 당당히 어깨를 겨룰 수 있었던 것도 그 시작은 니시나였다. 니시나 요시오, 그는 정말이지 일본 현대물리학의 아버지였다.

◦ 위기의 에너지 보존 법칙

1920년대가 일본의 물리학이 기지개를 켜는 시기였다면, 1930년대는 유럽과 미국의 과학자들이 거침없이 나아간 시대였다. 1932년에는 중성자와 양전자를 발견하면서 새로운 물리학의 문을 활짝 열어 제쳤다. 바야흐로 핵물리학과 입자물리학이라는 학문이 시작된 것이다. 하지만 이해하기 힘든 실험 결과가 계속 나오자 과학자들은 정신을 차릴 수 없을 정도로 혼란에 빠졌다. 1913년에 채드윅이 핵이 붕괴하며 내놓는 베타선의 에너지가 매번 다르다는 사실을 실험으로 확인했지만, 그 현상에 대한 이해는 여전히 오리무중이었다. 어느 누구도 베타선의 에너지 스펙트럼이 왜 연속적인지 설명을 못하고 있었다.

에너지 스펙트럼이 연속적이라는 말은 베타선이 튀어나올 때의 에너지가 알파선처럼 하나로 고정된 값이 아니고 일정한 범위 내에서 제각기 다른 에너지를 갖는다는 걸 의미한다. 닐스 보어도 원자핵처럼 작은 곳에서 일어나는 현상은 에너지 보존을 단지 통계적으로 만족할 뿐이라고 변명할 뿐 근본적인 답을 내놓지 못했다. 코펜하겐에 있던 과학자들 대부분이 그럴지도 모른다며 보어의 주장을 따랐지만, 볼프강 파울리의 생각은 달랐다. 그는 에너지 보존 법칙이 그 정도밖에 대접받지 못하는 것도 못마땅했지만, 무엇보다도 그를 괴롭힌 건 자신이 세운 배타 원리가 핵 안에서는 맞지 않는다는 사실이었다. 파울리는 위기에 빠진 에너지 보존 법칙을 구해야만 했다. 그리고 그걸 할 수 있는 사람 역시 볼프강 파울리였다.

1925년에 양자역학이 정립되며 원자 세계로 들어가는 열쇠를 얻긴 했지만, 핵에 관해서는 실험에 인용할 만한 이론 논문이 거의 없었다. 사람들은 새로 발견한 양자역학이 핵에서도 통하는지 확신할 수 없었다. 핵 안에 전자가 들어 있을 거라고 믿었고, 중성자는 양성자나 전자 같은 기본입자가 아니라 양성자와 전자가 서로 강하게 묶여있는 입자일 뿐이라고 생각했다. 핵 안에 있는 전자는 아무래도 원자 속의 전자와는 다를 거라고도 생각했다. 그리고 핵 안의 전자는 양자역학으로는 설명할 수 없을 것이라는 추측까지 했다. 사람들은 여전히 늪에 빠진 것처럼 허우적거렸다. 그러나 진창 속에서 헤매다 보면 길은 언젠가 나타나기 마련이었다.

◦ 파울리, 중성미자를 제안하다

파울리는 베타선의 스펙트럼이 왜 연속적인지 한참을 고민했다. 베타선 때문에 에너지 보존을 포기하는 것은 있을 수 없는 일이었다. 파울리에게 에너지 보존이란 깰 수 없는 물리학의 신탁 같은 것이었다. 파울리는 에너지 보존 법칙을 되살려내야 했다.

1930년 12월 초에 독일 튀빙겐에서 방사선 학회가 열렸다. 그때는 파울리가 함부르크 대학에서 취리히 연방 공과대학으로 자리를 옮긴 뒤였는데, 그는 그 학회에 참석할 수가 없었다. 이제 막 서른이 된 파울리에겐 학회에 가는 것보다 댄스 파티에 가는 편이 훨씬 재밌었을 것이다. 하지만 학자로서 의무를 게을리할 수는 없었는지, 그는 편지 한 통을 튀빙겐에서 있을 학회에 보냈다. 받는 사람은 리제 마이트너였다. 그때가 1930년 12월이니까 아직 중성자가 발견되기 전이었다.

편지는 "친애하는 방사선 신사 숙녀 여러분"으로 시작했다. 파울리는 에너지 보존 법칙을 살리면서 두 가지 문제를 한 번에 해결할 수 있는 실마리를 줄 테니 한번 들어보라고 사람들에게 청했다. 두 가지 문제란, 질소나 리튬의 핵이 양성자와 전자로 이루어져 있다고 가정하면 양자역학의 통계 법칙을 만족하지 않는다는 사실 하나와 베타선의 에너지가 특정한 하나의 값이 아니라 연속적인 값으로 분포한다는 사실이었다. 파울리는 편지에서 이런 말을 했다.

"전기적으로 중성이고, 스핀이 1/2이면서 질량은 광자가 아닌 전자와 비슷해서 양성자 질량의 1퍼센트를 넘지 않는 입자가 핵 안에 존재한다고 가정합시다. 난 이 입자를 중성자라고 부르고 싶습니다. 그리고 베타 붕괴 시에 전자와 중성자가 함께 튀어나오고, 전자와 중성자가 지닌 에너지를 합하면 일정한 값이 된다고 가정합시다."

댄스파티에 가는 사람이 한 말치고는 참으로 놀라웠다. 물론 여기서 파울리가 중성자라고 부른 입자는 1932년에 채드윅이 발견한 중성자가 아니다. 채드윅의 중성자는 질량이 양성자와 비슷하지만, 파울리가 말한 중성자는 질량이 전자와 비슷해서 양성자보다 매우 가볍다고 했다. 이 입자는 나중에 페르미가 중성미자(neutrino)라고 고쳐 부른다.

이 편지에서 파울리가 제안한 아이디어가 다 맞는 말도 아니었고, 그 아이디어로 자신이 말한 두 가지 문제를 다 해결한 것도 아니었지만, 정말이지 참신한 생각이라는 점은 틀림없었다. 채드윅이 중성자를 발견하자 그제야 질소나 리튬 핵의 스핀이 실험과 왜 안 맞았는지 비로소 이해할 수 있었다. 그리고 베타 붕괴에서 전자(베타선)와 함께 중성미자가 튀어나온다면, 에너지 보존 문제도 자연스레 해결할 수 있었다. 그렇다고 파울리가 제안한 중성미자가 아무런 반대 없이 바로 받아들여진 것은 아니었다. 사람들은 중성미자란 것을 에너지 보존을 구원하려고 파울리가 보낸 데우스 엑스 마키나(deus ex machina) 정도로 생각했다. 실재하는 입자가 아니라 임시방편으로 고안해낸 해결책일 뿐이라는 것이었다. 파울리조차도 자신의 생각을 그렇게 진지하게 여기지는 않았다. 학회에 보내는 편지에서 중성자라는 말을 꺼내기는 했지만, 논문에서 공식적으로 언급한 것은 1933년 솔베이 학회 발표집에서 잠깐 언급했을 뿐이었다. 하지만 그들 중에는 파울리의 생각을 심각하게 고민한 사람이 있었다.

페르미는 파울리의 중성미자를 1931년 10월 11일에 로마에서 열린 핵물리학회에서 처음 들었다. 이 학회는 보테와 로시가 "우주선은 감마선이 아니다"라는 주장을 설득력있게 펼쳐 밀리컨을 난처하게 했던 바로 그 학회였다. 페르미는 호우트스미트에게 파울리가 그해 칼텍에서 했던 중성미자 강연을 요약해서 발표해 달라고 부탁했다. 그는 호우트스미트의 발표를 듣고, 또 파울리와 여러 번 토론하면서 중성미자가 몹시 중요하다는 걸 직감했다. "그 입자가 에너지 보존 법칙을 구원하리니……." 파울리도 페르미도 입자들 사이에서 일어나는 과정에서 에너지 보존이 통계적으로만 보존될 뿐이라는 보어의 주장에 동의할 수 없었다. 에너지 보존 법칙은 그렇게 형편없이 취급되어서는 안 되는 것이었다. 두 사람 모두에게 에너지 보존 법칙은 물리학의 성배였다.

◦ 페르미의 베타 붕괴 이론

그때부터 페르미는 중성미자를 이용해서 베타 붕괴를 설명할 방법을 진지하게 고민했다. 페르미는 하이젠베르크와 디랙이 광자를 양자화하려고 시도하고 있다는 걸 잘 알고 있었다. 아직 신생아나 다를 바 없었지만 양자역학에 특수 상대성 이론을 결합하면 상대론적 양자역학이 아니라 양자장론이 필요하다는 것을 당시 사람들도 어렴풋이 느끼고 있었다. 페르미는 이미 초기 형태의 양자장론을 알고 있었다. 1932년에는《리뷰 오브 모던 피직스(Review of Modern Physics)》에 그때까지 개발된 양자장론을 정리해 논문으로 내기도 했다. 그리고 같은 해 로마 학회에서 파울리가 제안한 입자를 채드윅이 발견한 중성자와 혼동하지 않도록 중성미자라고 바꿔 부를 것을 제안했다.

페르미는 1933년 10월 브뤼셀에서 열린 제7차 솔베이 학회에 다녀온 후 베타 붕괴를 설명할 수 있는 이론을 마무리해서《네이처》에 보냈다. 그리고 얼마 지나지 않아《네이처》편집인에게 편지가 왔다.

"페르미 교수가 쓴 논문은 현실과 동떨어져 있고 추측으로 가득해 독자들의 관심을 끌지 못할 거라고 판단됩니다. 이 논문을《네이처》에 싣는 것은 적절하지 않습니다."

이건 어쩌면《네이처》가 범한 가장 큰 실수였을 것이다. 페르미는 어쩔 수 없이 이 논문을 이탈리아어로 발행되는《리체르카 사이언티피카(Ricerca Scientifica)》에 발표했다. 논문은 나중에 독일어로 번역돼 독일의 학술지에도 실렸다. 페르미의 이 논문은 역사적인 논문이었다. 여기에서 자연에 존재하는 네 힘 중 비로소 약력이 등장한다. 약력과 관련이 있는 베타 붕괴는 핵 안에 들어있던 전자가 원자 바깥으로 나오는 게 아니라 핵에서 전자와 중성미자가 저절로 생겨나 튀어나온다고 해석했다. 그것은 마치 원자가 들떴다가 안정되면서 들떴던 에너지만큼의 광자가 생겨나 원자 바깥으로 나오는 것과 비슷했다.

페르미의 이 논문은 이제 막 물리학자들 손에 들어온 양자장론을 성공적으로 적용한 첫 번째 논문이기도 했지만, 중력과 전자기력만 알고 있던 물리학자들에게 약력이라는 새로운 힘도 있다는 것을 알린 웅장한 논문이었다. 약력은 모든 것을 단순하게 만드는 힘이다. 중성자를 불과 15분 만에 양성자로 바꾸고, 그 대가로 전자와 중성미자(정확히는 반중성미자)를 내놓는 힘이다. 페르미의 베타 붕괴 이론은 눈뜬장님처럼 헤매던 물리학자들의 눈을 어느 날 갑자기 뜨게 할 기적 같은 논문이었다. 그러나 위대한 연구란 그것이 얼마나 위대한지 깨닫는 데는 늘 시간이 걸리는 법이다.

스위스의 취리히 연방 공과대학에 있던 파울리는 페르미가 쓴 베타 붕괴 논문을 읽고는 무척 기뻤다. 그리고 이런 말을 남겼다.

"페르미가 드디어 우리가 쌓아 놓은 쓰레기더미에 물을 뿌리기 시작했군!"

하이젠베르크도 기쁘긴 마찬가지였다. 그는 절친 파울리에게 편지를 쓰며 이런 말을 했다.

"정말로 베타 붕괴에서 전자와 중성미자가 쌍으로 생겨난다면, 어쩌면 그 둘이 양성자와 중성자 사이에 미치는 힘을 설명할 수 있을 거야."

하이젠베르크는 페르미의 베타 붕괴 이론이 핵력을 설명해 줄 거라고 믿었다. 반면에 보어는 페르미의 이론이 마음에 들지 않았다. 지난 솔베이 학회에서 자신의 연구소에 있는 구이도 벡과 쿠르트 지테가 제안한 이론을 진지하게 살펴봐야 한다고 이미 말했던 터였고, 또 페르미가 뜬금없이 발견되지도 않은 입자를 끼워 넣는 게 영 탐탁지 않았다. 게다가 벡과 지테의 이론은 이미 베타 붕괴를 잘 설명하고 있었다. 이 두 사람의 이론은 입자들 사이에 일어나는 일에서는 에너지가 단지 통계적으로만 보존될 뿐이라는 보어의 주장에 근거해 베타 붕괴를 설명하고 있었다. 1934년 10월에 런던에서 열린 학회에서도 벡은 페르미의 이론을 반박했다. 거기서 페르미는 자신의 이론을 방어하려고 하지 않았다. 하지만 여러 비판에도 불구하고 페르미의 베타 붕괴 이론은 서서히 힘을 얻어가고 있었다.

◦ 강력을 찾아서

하이젠베르크는 페르미가 설명한 베타 붕괴 이론이 양성자와 중성자가 핵을 이루는 메커니즘도 설명할 수 있으리라 생각했다. 거기에 해답이 있다고 믿었다.

'전자와 전자 사이의 힘을 광자가 매개하듯이, 양성자와 중성자 사이는 전자와 중성미자가 쌍으로 힘을 매개하지 않을까?'

전자에는 전하가 있고 중성자는 전자와 중성미자로 붕괴하니까 이 둘을 쌍으로 묶어서 양성자와 중성자 사이를 잇게 해주면, 핵 안에 양성자와 중성자가 갇혀 있는 걸 잘 기술할 수 있을 것 같았다. 하이젠베르크는 자기 생각대로 간단히 계산을 해봤지만, 결과는 실험에서 보여준 값보다 훨씬 작았다. 페르미 생각에도 베타 붕괴를 설명하는 이론은 양성자와 중성자 사이의 힘을 설명하기에는 그 크기가 너무 작았다. 하이젠베르크는 자신의 계산이 엄밀하지 않아 아직 결론을 내리기는 이르다고 말했다. 사람들은 이 힘을 '하이젠베르크의 교환 힘'이라고 불렀다.

러시아에서는 이고리 탐과 드미트리 이바넨코가 하이젠베르크와 비슷한 생각을 하고 있었다. 흥미롭게도 두 사람은 따로 연구하다가 가끔 만나 토론했지만, 논문은 각자 써서 자신들의 논문을《네이처》에 나란히 실었다. 그들 역시 페르미의 베타 붕괴 이론으로 설명하기엔 힘의 크기가 턱없이 작게 나온다고 주장했다. 탐은 두 가지 결론을 내렸다.

"양성자와 중성자 사이의 힘을 설명하려면 페르미의 이론을 대폭 수정해야 할 것이다. 만약 그게 아니라면 이 힘은 하이젠베르크의 주장처럼 페르미 이론에 그 기원을 두고 있지 않을 것이다."

탐은 디랙이 인정할 정도로 직관력이 뛰어났다. 블라디보스토크 출신인 탐은 1958년에 파블 체렌코프, 일리야 프랑크와 함께 노벨 물리학상을 받았다. 이바넨코도 탐과 생각이 같았다.

당시 사람들에게는 아직 약력이나 강력이라는 개념이 없었다. 그들이 어렴풋하게나마 양성자와 중성자 사이에 힘을 매개하는 입자가 있을 것이라고 한 추론은 훌륭했지만, 손에 쥐고 있는 입자는 양성자와 중성자 외에는 전자와 양전자, 그리고 아직 발견되지 않은 중성미자밖에 없었다. 약력과 강력이 서로 다른 힘이라는 걸 모르고 있었으니, 가진 것을 최대한 활용하는 수밖에 없었다. 그러나 도저히 넘을 수 없을 것 같은 벽을 만났을 때는 딱 한 줌만큼의 상상력이 더 필요했다.

NUCLEAR
FORCE

9

강력의 탄생

원자핵 안에 있는 양성자와 다른 중성자와 강하게 결합할 중성자가 발견되자,
전하를 띤 입자들 사이에 작용하는 전자기 상호작용으로는 설명할 수 없는
특별한 핵력을 도입할 필요가 있었다.

— 유카와 히데키

미국의 컬럼비아 대학에서 강의 중인 유카와 히데키. 1949년.

양자역학이 세상에 나오면서 물리학은 폭주하는 기관차처럼 내달렸다. 하루가 멀다 하고 새로운 개념이 쏟아져 나왔다. 혁명은 새파란 젊은이들이 이끌었다. 1932년에는 양전자와 중성자가 발견되면서 물리학은 혁명의 소용돌이로 빨려 들어갔다. 양자역학은 지금까지 알던 고전물리학과는 사고의 틀 자체가 완전히 달랐다. 원자처럼 작은 세계에는 오직 양자역학만이 작동했다. 양자역학은 또 다른 물리학을 낳았다. 양자장론, 이 이론은 서슬 퍼런 칼처럼 고전물리학과의 마지막 남은 연결 고리를 잘라 버렸다. 그것은 고전물리학과의 영원한 결별을 뜻했다. 양자장론은 약력과 강력이 태어나려면 반드시 있어야 할 씨앗과도 같은 것이었다.

◦ 양자장론, 고전물리학과 영원한 결별

디랙은 말년에 쓴 글에서 이런 말을 한 적이 있다.

"우리는 수학이 제시하는 방향을 순순히 따라가야 합니다. 수학은 대칭적인 상태와 반대칭적인 상태를 함께 생각하도록 밀어붙입니다. 우리는 이런 수학적인 생각을 좇아야 하고, 그 결과가 무엇인지 찾아야 합니다. 그것이 비록 우리가 처음에 시작했던 곳과 완전히 다른 지점에 도착하더라도 말입니다."

디랙이 이 말을 한 데에는 까닭이 있었다. 1917년에 아인슈타인은 원자가 광자를 흡수해서 에너지를 받아 들떴다가 광자를 내놓고 원래 상태로 돌아가는 과정을 설명한 적이 있었다. 당시는 제대로 된 양자역학이 만들어지기 전이었다. 유도 방출(stimulated emission)이라고 불리는 이 현상은 양자역학으로는 깔끔하게 설명할 수가 없었다. 1927년에 디랙은 양자역학을 써서 아인슈타인의 유도 방출 이론을 제대로 설명할 수 있을지 고민하고 있었다.

아인슈타인은 1905년에 빛을 입자처럼 다룬 적이 있었다. 디랙은 조금 다르게 생각했다. 디랙은 원자가 광자를 흡수하는 것은 멀쩡히 있던 광자가 사라지는 것과 같다고 여겼다. 역으로 원자가 광자를 방출하는 것은 아무것도 없던 곳에서 광자가 새로 생겨나는 것과 같다고 보았다. 이건 광자의 창세기였다. 광자가 원자에 흡수되고 방출되는 건 광자가 없어졌다가 다시 생겨나는 것과 같았다. 이렇게 입자가 생성되고 소멸하는 과정을 설명하는 이론이 양자장론(quantum field theory)이다. 디랙의 상상력은 그야말로 획기적이었다. 그러나 여기까지만 해도 양자장론에는 고전물리학의 자취가 남아 있었다. 실제로 디랙이 자신이 생각했던 걸 풀어나갈 때도 고전물리학에서 시작했다. 그건 마치 디랙이 양자역학을 세울 때 고전 역학에서 출발했던 것과 비슷했다.

디랙이 세운 양자장론은 광자처럼 스핀이 1이거나 0인 입자들이 생겼다가 사라지는 건 설명하지만, 전자처럼 스핀이 1/2인 입자에는 쓸 수 없었다. 양자역학에서 스핀이 0인 입자와 스핀이 1/2인 입자는 서로 뼛속까지 다르다. 서로 구별할 수 없는 두 개의 광자가 있을 때, 이 두 광자가 자리를 바꿔도 아무런 변화가 생기지 않는다. 양자장론에서는 입자의 위치가 바뀌는 것을 입자가 사라졌다가 다시 생겨나는 형태로 표현한다. 두 광자가 위치를 바꾼다는 것은 광자가 원래 있던 자리에서 사라졌다가 다른 광자가 있던 자리에 나타나는 것이다. 스핀이 정수배인 입자들은 다른 곳에 있는 입자와 자리를 맞바꾼다고 해도 아무런 변화가 일어나지 않는다. 아무런 변화가 없으면 디랙의 말마따나 대칭적인 상태다. 그리고 이런 입자들은 한곳에 수없이 많이 쌓아 놓아도 표가 나지 않는다.

그러나 스핀이 1/2인 전자는 다르다. 전자 두 개가 차지하고 있던 자리를 서로 맞바꾸면, 반드시 부호가 바뀐다. 앞에서 디랙이 말한 반대칭적인 상태는 전자 두 개가 서로 자리를 맞바꿀 때 부호가 바뀌는 상태를 뜻한다. 이렇게 부호가 바뀌면 한곳에 전자를 두 개 이상 넣을 수 없다. 양자장론이 나오기 전에 파울리는 배타 원리라는 말로 이를 표현했다. 1928년에 파스쿠알 요르단과 유진 위그너는 전자의 소멸과 생성을 이용해서 파울리의 배타 원리를 깔끔하게 설명했다. 이것은 고전물리학에서는 찾아볼 수도 없고, 설명할 수도 없는 것이었다. 오직 양자장론에서만 가능했다. 양자장론은 물리학자들을 고전적인 생각에서 완전히 벗어나게 했다. 이제 입자들의 세계에 고전적인 체계가 머물 곳은 없었다. 양자역학은 그렇게 고전물리학에 영원한 이별을 고했다.

◦ 게이지 이론과 양자전기역학

입자의 세계에서는 새로운 입자가 생겨날 수도 있고 사라질 수도 있다. 이것을 다루는 이론이 양자장론이다. 이 양자장론을 전자기력에 적용하면서 또 한 번 사고의 체계가 크게 확장되었다. 여기엔 수학자의 도움이 한몫했다. 헤르만 바일은 물리학에 관심이 많은 수학자였지만, 물리학자와 달리 현상을 설명하는 것에는 그다지 큰 관심이 없었다. 그의 관심은 대칭성의 역할이었다. 바일이 내놓은 대칭성 중에는 게이지 대칭성이라는 것도 있었다. 게이지 대칭성이 세상에 나올 때만 해도 이 대칭성이 훗날 현대물리학을 떠받치는 탄탄한 기둥이 될 거라고는 아무도 생각하지 않았다. 여기에는 심오한 자연의 법칙이 숨어 있었다.

양자장론을 전자기력에 적용한 이론은 양자전기역학(quantum electrodynamics, QED)이라고 부른다. 양자전기역학은 전자들이 서로 힘을 어떻게 주고받는지 잘 보여 주었다. 양자역학에서는 위상(phase)이 그다지 중요하지 않다. 전자의 위상을 살짝 바꿔도 물리학이 달라지지 않는다. 아니, 그렇게 한다고 물리학이 바뀌면 절대로 안 된다. 그런데 전자의 위상을 바꿨을 때 물리학이 달라지지 않으려면 광자가 있어야 했다. 전자가 존재하면 반드시 광자가 따라와야 하는 것이었다. 빛이 있으려면 전하가 먼저 존재해야 한다. 태초에 빛이 전하보다 먼저 존재하는 것은 불가능했다. 그리고 그 빛은, 좀 더 정확하게 말해 광자는 전자들 사이에서 힘을 전달해주는 심부름꾼이었다. 어떤 전자가 있으면, 이 전자 주변에서는 끊임없이 광자가 생겨났다가 사라지기를 반복한다. 이걸 전자를 둘러싸고 있는 광자의 구름(photon cloud)이라고 부른다. 전자가 달리다가 멈추거나 아니면 힘을 받아 가속되거나 하면, 전자는 자신을 둘러싸고 있던 광자를 떨군다. 가속하거나 감속하는 전자에서 광자가 생겨서 나오는 것도 양자전기역학에서는 잘 설명한다.

그리고 이 전자 곁에 다른 전자 하나를 가져다 두면 둘다 음전하를 띠고 있으니 서로 밀칠 것이다. 양자전기역학에서는 이 밀치는 과정을 한 전자에서 생겨난 광자가 곁에 있는 전자에게 달려가서 "여기에 당신 말고도 또 다른 전자가 있으니 물러나시오"라고 알려준다고 설명한다. 이렇게 두 입자 사이에서 심부름꾼 역할을 하는 입자를 오늘날에는 게이지 입자(gauge particle)라고 부른다. 광자는 양자전기역학에서 게이지 입자였다. 이 사실은 유카와 히데키에게 강력이란 무엇인가를 설명하는 데 필요한 영감을 주었다.

◦ 교토 사람 유카와 히데키

유카와 히데키는 천생 교토 사람이었다. 어릴 때 교토에서 살았고, 교토에 있는 학교를 다녔고, 교토 대학을 졸업했고, 나중에 그곳 교수가 되었으니, 인생의 대부분을 교토에서 보낸 셈이었다. 하지만 막상 태어난 곳은 도쿄였다. 그의 원래 이름은 유카와 히데키가 아니라 오가와 히데키다. 1932년에 유카와 수미와 결혼하면서 아내의 성을 따라 유카와 히데키로 이름을 바꾸었다. 그는 1907년 1월 23일 오가와 집안의 칠 남매 중 다섯째 아들로 태어났다. 1908년에 아버지 오카와 다쿠치가 교토 대학의 지질학과 교수가 되면서 히데키도 아버지를 따라 교토로 갔다. 히데키는 어렸을 때는 수학이나 과학에 그다지 흥미가 없었다. 어릴 때는 할아버지의 영향을 많이 받았는데, 할아버지는 한학과 유학에 정통한 분이었다. 중국과 일본의 고대사에도 관심이 많았는데, 이런 집안 내력은 아버지를 거쳐 히데키에게도 전해졌다. 히데키는 어려서부터 할아버지에게 한학을 배웠다. 크면서 책 읽는 걸 편하게 느꼈던 것은 할아버지 덕이었다. 히데키는 초등학교에 입학해서도 중국 고전을 읽곤 했다.

그는 아버지와 사이가 좋았는데, 이 때문에 지질학을 공부할까도 잠깐 생각했지만, 히데키는 기계 만지는 게 서툴렀고, 사람 사귀는 걸 힘들어했다. 지리학이 자신과 잘 맞지 않는다는 걸 일찌감치 깨달았다. 그래도 히데키는 어릴 때부터 아버지처럼 학자가 되고 싶었다. 앞으로 무슨 전공을 택할까 고민할 때도 사람들과 접촉이 많은 학문보다는 문학이나 철학, 수학에 더 끌렸다. 그런 그가 물리학에 관심이 생긴 것은 교토에 있는 제삼고등학교(第三高等學校)에 입학하면서부터였다. 워낙 책 읽기를 좋아했던 터라 그는 학교 도서관에서 책을 자주 빌렸는데, 그중에는 상대성 이론을 쉽게 해설한 책도 있었다. 그때 처음으로 물리학에 끌렸다고 한다. 이런 점에서 유카와는 디랙과 비슷했다.

사람들과 잘 어울리지 못했던 히데키는 고등학교에 다니면서도 혼자서 책 읽는 걸 즐겼다. 독일어로 쓰인 물리학 교과서를 읽고 싶어 독일어를 독학하기도 했다. 어느 날 서점에 나갔다가 막스 플랑크가 쓴 《이론물리학의 기초》를 보고는 얼른 사서 읽었다. 그에게 막스 플랑크는 참 매력적이었다. 자기도 플랑크처럼 지적이고, 물리학을 잘하는 사람이 되고 싶었다.

훗날 유카와보다 조금 늦게 노벨 물리학상을 받은 도모나가 신이치로도 같은 중학교와 고등학교를 졸업했다. 도모나가의 아버지도 교토 대학 교수였다. 유카와는 도모나가보다 한 살이 어렸지만, 그가 월반하면서 고등학교는 같은 학년을 다녔다. 1926년에 두 사람은 나란히 교토 대학 물리학과에 입학했다. 그해 물리학은 격동의 시기를 지나고 있었다. 1925년에 하이젠베르크, 요르단, 보른이 양자역학 혁명을 주도했고, 뒤이어 슈뢰딩거가 자신의 이름을 딴 방정식을 내놓으며 양자역학은 급속하게 발전했다. 나이 든 교수들이 머뭇거리는 사이 갓 태어난 양자역학은 젊은 물리학자들을 원자의 세계로 정신없이 몰고 갔다. 이때는 양자역학을 이용해서 원자를 연구한 논문이 하루가 멀다 하고 발표되고 있었다. 유카와도 도모나가도 양자역학에 대한 소문은 들었지만, 그들에게 양자역학을 제대로 가르쳐 줄 사람이 교토 대학에는 없었다.

두 사람은 양자역학을 혼자 공부할 수밖에 없었다. 말 상대라고는 유카와에게는 도모나가, 도모나가에게는 유카와밖에 없었다. 양자역학이 막 세상에 나온 터라 딱히 공부할 만한 교재도 마땅한 것이 없었다. 두 사람은 양자역학이 나오기 전의 이론들, 그러니까 구식 양자 이론을 설명하는 책들을 주로 공부했다. 그리고 매일 쏟아져 나오는 논문을 하나씩 읽었다. 유카와는 지도교수였던 다마키 가주로에게 양자역학을 연구해서 졸업하고 싶다고 말했다. 다마키 교수는 유체역학을 연구하는 사람이었지만, 유카와에게 그러라고 했다. 학위에 필요한 공부를 하면서 유카와는 상대론적 양자역학과 양자장론은 아직 완전한 이론이 아니라는 사실을 알게 되었다.

1929년에 대학을 졸업하고 유카와는 다마키 교수 연구실에서 무급 조교로 근무했다. 그러던 어느 날 디랙과 하이젠베르크가 니시나 요시오의 초청으로 일본에 온다는 소식을 들었다. 유카와에게는 엄청난 기회였다. 도모나가는 유카와에게 도쿄까지 올라가서 두 사람 강의를 같이 듣자고 권했지만, 유카와는 그를 따라갈 형편이 안 됐다. 디랙과 하이젠베르크가 교토로 내려올 때까지 일주일을 더 기다려야 했다.

일주일 후 교토 대학에 온 하이젠베르크는 불확정성 원리를 짧게 설명하고 양자역학으로 자석을 이해하는 강자성체 문제와 전도체 이론을 주로 강의했다. 강의 마지막 시간에는 파울리와 함께 연구한 최신 이론을 보여 주었다. 디랙은 입자들이 무수히 많을 때 양자역학을 어떻게 이용할 수 있는지 제시하고 상대론적 양자역학을 설명하며 강의를 마쳤다. 디랙과 하이젠베르크의 강의는 유카와에게 영감의 원천이 되었다. 혼자서 공부하다 도저히 넘지 못할 것 같은 벽에 부딪혔을 때 전문가의 날카로운 한 마디는 그 벽을 단숨에 넘을 수 있게 해준다. 유카와는 디랙과 하이젠베르크의 강의를 들으며 논문에서 답답했던 부분을 속 시원히 해결할 수 있었다.

디랙과 하이젠베르크가 강의할 때 옆에서 통역해주던 니시나를 만난 것도 유카와에겐 큰 의미가 있었다. 유럽에서 연구하고 돌아온 니시나가 얼마나 뛰어난 물리학자인지는 이미 젊은 학자들 사이에 소문이 나 있었다. 유카와는 디랙과 하이젠베르크가 니시나를 깍듯하게 동료로 대하는 모습에 신선한 충격을 받았다. 지금까지는 일본의 물리학이 유럽보다 한참 뒤떨어져 있다고 생각했는데, 니시나가 디랙과 하이젠베르크와 자연스럽게 토론하는 모습을 보며 자신도 얼른 크고 싶다는 마음이 문득 생겼다.

강의가 끝난 뒤 유카와는 니시나와 이야기할 기회가 있었는데, 이미 머리가 벗어지기 시작한 그의 모습이 유카와에게는 친근하게 느껴졌다. 실제로도 그는 유카와에게 친절했다.

"요즘은 무슨 공부를 하고 있나요?"

유카와는 최신 논문을 읽으며 공부한 내용을 니시나에게 설명했다.

"오, 좋습니다. 그 논문들을 계속 공부하다 보면 좋은 연구 주제도 찾을 수 있을 겁니다."

니시나는 교토 대학에 있는 유카와와 도모나가를 눈여겨봤다. 도모나가가 강의 중에 한 질문은 무척 인상적이었다. 유카와는 내성적으로 보였지만, 그와 대화를 나누면서 앞으로 뭔가 이룰 사람이라고 여겼다.

1932년은 물리학에 지각 변동이 일어난 해였다. 유카와 히데키가 그 변화 속으로 뛰어들려면 몇 년 더 숙성의 시간을 보내야 했다. 그해 유카와는 오사카 내과병원 원장의 둘째 딸 유카와 수미와 결혼했다. 수미는 히데키와 성격이 정반대였다. 유카와는 사람을 대할 때 내성적이었지만, 그녀는 언제나 밝고 자기 생각을 말하는 데 거침이 없었다. 아버지의 사랑을 듬뿍 받고 큰 둘째 딸의 모습 그대로였다. 그녀는 직장을 잡지 못하고 강사로 출강하고 있는 유카와에게 든든한 버팀목이 되어 주었다. 집에 와서도 그가 연구에 집중할 수 있도록 도와주었다.

유카와는 초조했다. 도모나가는 작년부터 이화학연구소에서 니시나와 연구하고 있었다. 도모나가는 이따금 교토에 내려와 유카와에게 이화학연구소의 분위기를 전해 주곤 했다.

"히데키, 이화학연구소는 대학과 분위기가 완전히 달라. 나도 처음에는 니시나 선생님의 명령에 따르면서 죽을 각오로 연구하겠다고 갔는데, 니시나 선생님은 날 동료로 대하시더라고. 그래서 오히려 연구에 더 몰두할 수 있어. 니시나 선생님과 토론하며 내 생각이 논리정연하게 다듬어지고 있다는 것을 매일 느끼곤 해."

유카와가 도모나가에게 물었다.

"니시나 선생님은 유럽에서 공부하고 오셔서 그런가?"

"니시나 선생님도 한 번 말씀하신 적이 있는데, 선생님께서 닐스 보어 연구소에 있는 동안 가장 인상 깊었던 게 보어가 동료들과 토론하는 모습이었다고 해. 선생님은 닐스보어 연구소의 그런 정신을 이화학연구소에 심으려고 하시는 게 아닐까?"

유카와는 도모나가가 정말 부러웠다. 한 번씩 아내에게 나도 노벨상을 받을 만한 일을 하고 싶다고 말은 했지만, 그런 자신감은 하룻밤도 채 지나기 전에 수그러들고는 했다. 채드윅이 중성자를 발견했다는 소식을 들은 뒤에는 혼자서 핵의 구조를 연구해 봤지만, 그다지 큰 진척은 없었다. 그는 하이젠베르크가 중성자와 양성자가 서로 전자를 교환해 힘을 주고받는다고 설명한 논문을 읽으며, 일단은 하이젠베르크의 모형을 이용해보기로 마음먹었다.

◦ 하이젠베르크의 원자핵 모형

1932년에 중성자가 발견되자 하이젠베르크는 그해와 이듬해에 세 편의 논문을 연이어 발표했다. 원자핵을 설명해 보려는 첫 번째 시도였다. 당시는 아직 약력이 무엇인지 강력이 무엇인지 감조차 없던 때였다. 이제 겨우 중성자가 사람들 손에 들어왔을 뿐이었다.

그전까지만 해도 원자란, 양성자와 전자로 이루어진 핵과 그 주위를 감싸고 있는 전자로 이루어져 있다고 알고 있었다. 사람들은 이제 중성자라는 열쇠를 손에 넣었다. 핵이 무엇인지 알려면 뭐라도 해야 했다. 그 첫 번째 일을 하이젠베르크가 했다. 우선 핵은 양성자와 중성자로 되어 있을 거라는 이바넨코의 주장을 받아들였다. 양성자와 중성자의 차이는, 하나는 전하가 있고 다른 하나는 전하가 없는 입자일 뿐이라고 여겼다. 만약 전자가 핵 안에 있다면, 전자에 양자역학을 적용할 수가 없었다. 양자역학을 포기하는 것보다 핵 안에 전자가 살고 있다는 생각을 버리는 쪽이 나았다. 핵은 전자처럼 가벼운 입자가 살기에는 너무 작았다.

하이젠베르크는 수소 원자가 서로를 끌어당겨 수소 분자를 형성한다는 발터 하이틀러와 프리츠 론돈의 이론을 떠올렸다. 그 이론에서 중요한 것은 전자기력이 아니라 전자의 스핀과 파울리의 배타원리였다. 이 두 가지 때문에 전자와 전자가 서로 위치를 바꿀 때마다 파동함수의 부호가 바뀌었다. 양자역학적인 이 특성이 수소 원자 두 개가 어떻게 수소 분자를 이루는지 설명하는 데 결정적이었다. 하이틀러와 론돈은 이 힘을 교환 힘(exchange interaction)이라고 불렀다. 하이젠베르크는 양성자와 중성자 사이에도 이런 교환 힘이 있을 거라고 생각했다. 물론 이건 가정이었고 그는 이 둘 사이를 이어주는 것이 실제 무엇인지는 모르고 있었다. 우선 중성자들 사이에는 힘이 작용하지 않고, 양성자와 양성자 사이에는 전하가 같아 서로 밀치는 힘만 있다고 가정했다. 그는 1932년에 쓴 논문에서 무척 중요한 말을 남겼다.

"스핀이 없는 전자가 있으면 이런 교환 힘은 분명해진다. 그러나 스핀이 0인 전자는 실제로는 그다지 쓸모가 없을 것이다."

하이젠베르크가 자신이 한 말을 끝까지 밀고 나가지는 않았지만, 이 말은 강력을 이해하는 데 필요한 첫 번째 실마리였다. 하이젠베르크가 이 년에 걸쳐 발표한 세 편의 논문은 당시 핵을 제대로 이해하지 못해 물리학자들이 얼마나 큰 혼란을 겪고 있는지를 드러내는 논문이기도 했다. 그는 중성자가 스핀이 1/2인 기본입자라고 본질을 꿰뚫는 말까지 했지만, 여전히 중성자가 양성자와 전자가 결합한 상태일지도 모른다는 미련을 버리지 못하고 있었다.

하이젠베르크의 교환 힘에는 심각한 결함이 있었다. 실험적으로는 핵 안에 있는 양성자와 중성자의 수가 증가하면서 그들 사이의 핵자당 결합에너지가 포화 상태에 이르러 거의 같은 값이 되지만, 하이젠베르크의 모형에서는 결합에너지가 점점 커져 결국에는 핵이 심하게 찌부러지는 상태가 되어 버린다. 이걸 피하려고 하이젠베르크는 핵자가 서로 가까워질 때는 두 입자가 겹쳐지지 않도록 강한 척력을 손으로 넣어 주었다. 나중에는 이 척력이 왜 필요한지 물리적으로 설명하게 되지만, 어떻게 해서든지 실험값을 맞추려다 보니 하이젠베르크는 핵자들이 서로 밀치는 힘을 도입해야 했다.

◦ 에토레 마요라나

핵을 연구하는 사람 중에는 에토레 마요라나도 있었다. 1906년 8월 5일 시칠리아에서 태어난 마요라나는 자폐증이 의심될 정도로 부끄럼을 많이 탔고 사람들을 대하는 게 두려워 탁자 밑에 숨곤 하던 아이였다. 가족 모두가 로마로 이사 가면서 마요라나는 대부분의 교육을 로마에서 받았다. 처음에는 공학을 공부했지만, 친구였던 에밀리오 세그레를 만나면서 물리에 관심을 갖게 되었다. 세그레가 조르는 바람에 마요라나는 젊은 교수 엔리코 페르미에게 물리학을 배웠다. 페르미는 마요라나가 자신을 훌쩍 넘어서는 천재라는 사실을 한눈에 알아봤다. 1938년에 페르미는 이런 말을 했다.

"세상에는 여러 부류의 과학자가 있다. 2급이나 3급 학자들은 최선을 다해 열심히 연구하지만, 그다지 큰일을 하지 못한다. 그리고 1급의 학자들이 있다. 이들은 위대한 발견을 하면서 과학이 발전하는 데 큰 공을 세운다. 그 위에는 갈릴레이나 뉴턴 같은 천재들이 있다. 마요라나는 그런 천재 중의 한 사람이다."

정작 마요라나는 자신의 연구가 시시하다고 여겼다. 대단히 중요한 결과를 얻은 후에도 논문으로 발표하기를 꺼렸다. 앞에서도 한 번 나왔지만, 졸리오퀴리 부부가 자신들이 발견한 방사선이 중성자인지 모른 채 논문을 발표했을 때, 마요라나는 그들이 발견한 게 무엇인지 단번에 알아차렸다. 하지만 그는 그 이야기를 뒷받침할 논문을 쓰지 않았다. 페르미가 그런 좋은 생각이 있다면, 논문을 써서 사람들에게 알리라고 마요라나에게 강력하게 권했지만, 마요라나는 끝내 논문을 쓰지 않았다. 결국 중성자를 발견하는 공은 채드윅에게 돌아가고 말았다.

마요라나는 십여 년 동안, 지금까지 인용될 정도로 굵직굵직한 업적을 여럿 남겼다. 그러던 1938년 3월 25일, 그는 은행에 넣어 놓은 돈을 모두 찾아 나폴리에서 팔레르모로 가는 배를 탔다. 그때 마요라나는 나폴리 대학의 교수였는데, 나폴리 물리연구소의 소장이던 안토니오 칼렐리에게 편지 한 장을 남기고 홀연히 사라졌다. 그 편지에는 자신이 갑자기 사라지는 걸 사과하는 내용이 적혀 있었다. 지금까지도 그가 자살했는지, 아니면 수도원에 들어갔는지, 어느 도시에 가서 거지 행세를 하며 살고 있는지, 아니면 팔레르모로 가는 배가 아니라 부에노스아이레스로 가는 배를 타고 남미로 가서 숨어버렸는지 알 길이 없다. 어떤 사람들은 그가 앞으로 올 원자폭탄의 비극을 미리 알고 견딜 수 없어 사라졌다거나, 아니면 독일 나치 손에 죽임을 당했을 거라는 말까지 했다. 그는 연기처럼 사라져 버렸다. 페르미는 “그가 정말 사라지길 원했다면, 아무도 그를 찾을 수 없을 것”이라고 말했다.

이 괴상한 천재 마요라나는 1933년에 하이젠베르크의 모형을 바탕으로 조금 다른 핵 모형을 제안했다. 이 논문 첫머리에서 그는 “중성자는 무겁고 전하가 없는 기본입자”라고 말했다. 그는 하이젠베르크가 제안한 교환 힘에서 중성자를 여전히 양성자와 전자로 이루어진 입자로 다룬다는 사실이 못마땅했다. 마요라나에게 중요한 건 단순함이었다. 그에게 단순함이란 고르디우스의 매듭을 끊은 알렉산드로스의 검이었고, 오캄의 면도날이었다. 하이젠베르크가 제안한 힘이 난삽하다고 여긴 그는 중성자와 양성자 사이의 힘은 둘의 위치가 바뀌어도 그대로 있지만, 스핀이 바뀔 때는 달라진다고 주장했다. 이 힘을 '마요라나의 교환 힘'이라고 부른다. 양성자와 중성자의 스핀 방향이 반대면 서로 끌어당기고 같으면 밀친다는 것이다. 하지만 마요라나도 하이젠베르크처럼, 중성자 사이에는 서로 힘이 작용하지 않고, 양성자 사이에는 전하가 같아서 생기는 척력밖에 없다고 여겼다. 마요라나는 이 아이디어를 이용해 헬륨에 있는 양성자와 중성자는 단단히 묶여있는데, 양성자 하나와 중성자 하나로 된 중양자에는 그 둘이 왜 느슨하게 묶여있는지 잘 설명할 수 있었다. 그러나 마요라나의 힘도 원천적으로 강력이 무엇인지는 설명하지 못했다.

◦ 강력을 향한 발걸음

1932년에 유카와는 교토 대학 물리학과의 시간강사가 되어 처음으로 양자역학을 강의했다. 강의 내용은 대부분 디랙이 펴낸 양자역학 교과서에 있는 것이었다. 그는 강의를 잘하는 편은 아니었다. 목소리는 작았고 판서를 하며 칠판에 대고 강의하기가 일쑤였다. 유카와가 가르친 첫 강의에는 학부 마지막 학년이던 사카타 쇼이치와 미노루 코바야시가 있었다. 이듬해에는 다케타니 미쓰오가 유카와의 강의를 들었다. 다케타니는 유카와의 강의를 듣다 보면 스르르 잠이 든다고 말했지만, 유카와의 강의를 들었던 이 세 사람이 유카와의 영향을 받은 것은 분명했다. 이 세 사람은 훗날 유카와와 함께 메존을 연구하게 된다. 이들 중 다케타니와 사카타는 급진 마르크스주의자였다. 1929년에 미국에서 시작된 대공황은 서구 문명을 자기 것으로 소화하며 서양 문화와 민주주의를 만끽하던 1920년대 일본의 다이쇼 민주주의를 밀어냈다. 1931년에 일본 군부는 만주사변을 일으키며 일본을 군국주의로 몰고 갔다. 나라가 이렇게 변해 가는 게 사카타와 다케타니의 눈에는 참 못마땅했다.

다케타니는 1938년에 반정부 성향의 마르크스주의 잡지인 《세카이분카(世界文化)》에 정부를 비판하는 글을 기고했다. 이게 군부의 눈에 거슬렸다. 그 일로 다케타니는 체포되고 감옥에 갇혀 육 개월 동안 옥고를 치렀다. 다행히 니시나가 관여하면서 감옥에서 풀려날 수 있었다. 출옥 후에는 유카와와 함께 연구했다. 사카타는 유카와와 같이 연구하다가 나고야 대학에 가서 그곳의 입자물리학 이론 그룹을 키웠다.

1933년 4월 3일에 도호쿠 대학이 있는 센다이에서 일본 물리학 및 수학 연례학회가 열렸다. 도모나가는 니시나와 함께 연구한 내용을 발표했는데, 하이젠베르크의 전자 교환 이론을 써서 양성자와 중성자의 충돌을 설명했다. 이곳에서 유카와가 발표한 세미나의 제목은 '핵 안에 있는 전자'였다. 유카와도 하이젠베르크의 이론을 이용했지만 결정적으로 다른 게 하나 있었다. 하이젠베르크는 핵은 양성자와 중성자로 되어있다고 가정했지만, 그의 모형에는 여전히 전자가 숨어 있었다. 이제는 핵 안의 전자를 중성자 안으로 옮겨 놓았다. 하이젠베르크가 자신의 논문에서 양자역학을 핵에 적용하려면, 중성자는 스핀이 1/2인 입자이고 페르미-디랙 통계를 만족해야 한다고 말했지만, 그는 여전히 중성자가 전자와 양성자로 이루어져 있다는 주장에 미련이 있었다. 이 부분은 이미 마요라나도 비판을 했었다. 마요라나는 중성자를 기본입자로 간주했다.

유카와도 마찬가지였다. 그는 한 걸음 더 들어갔다. 전하를 띤 입자는 광자를 주고받으며 힘을 전달한다는 양자전기역학 이론을 도입해 하이젠베르크의 모형을 확장했다. 유카와는 중성자와 양성자 사이의 힘은 전자가 매개한다고 가정하고 모형을 세웠다. 이 둘 사이의 힘은 전자의 질량에 따라 거리가 커지면 급격하게 줄어들었다. 유카와가 양성자와 중성자 사이의 힘이 전자에 의해 매개된다고 생각한 데는 그럴 만한 이유가 있었다. 그는 핵력과 베타 붕괴를 동시에 설명할 방법을 찾고 있었다. 그때만 해도 물리학자들이 약력과 강력을 구분하지 못할 때였지만, 유카와의 이 생각은 대담하기 그지 없었다.

세미나가 끝나고, 니시나는 유카와에게 조언을 하나 했다.

"유카와 씨, 전자 말고 '스핀이 없는 전자'를 생각해보면 어때요?"

그때만 해도 니시나의 조언이 무슨 의미인지 유카와에게는 명확하게 와 닿지 않았다.

세미나 후에 유카와는 도호쿠 대학의 운동장에 쪼그리고 앉아 흙 위에 식을 써가며 도모나가에게 열심히 자신의 이론을 설명했다. 그리고 자신이 세운 이론의 문제점도 이야기했다.

"신이치로 형, 니시나 선생님은 내게 '스핀이 없는 전자'를 써보라고 하는데, 그런 전자는 세상에 없잖아?"

집으로 돌아온 유카와는 온종일 양성자와 중성자 사이의 힘을 어떻게 설명할 수 있을까에 대해서만 고민했다. 너무 생각을 많이 했는지 그는 몇 달 동안 불면증에 시달렸다. 그의 모습을 안쓰럽게 지켜보던 아버지가 유카와에게 말을 꺼냈다.

"히데키, 그렇게 힘들면 차라리 외국에 나가 공부해 보는 게 어떨까? 네가 공부하는 데 필요한 경비는 내가 어떻게든 마련해 보마."

유카와는 심각한 표정을 짓더니 이렇게 대답했다.

"아버지, 제가 저만의 연구라고 부를 수 있는 일을 해내기 전에 외국에 나가는 일은 절대 없을 겁니다."

◦ 새로운 입자가 필요하다

센다이 학회에 참석하면서 유카와는 나름 소득을 얻었다. 유카와의 형은 도호쿠 대학 금속공학과 교수였는데, 히데키를 자신과 친하게 지내던 야기 히데쓰구 교수에게 소개했다. 야기는 독일 드레스덴 공대에서 물리학을 공부하고 1929년에 귀국해 도호쿠 대학의 전기공학과 교수로 재직하고 있었다. 한동안 텔레비전 방송을 수신하기 위해 집집마다 지붕 위에 설치했던 야기 안테나를 발명한 바로 그 사람이다. 그는 오사카 대학 총장이던 나가오카의 부탁을 받고 1933년 봄 학기에 신설된 물리학과의 학과장으로 부임할 예정이었다. 유카와의 형은 동생을 어떻게든 번듯한 직장에 취직시키고 싶었다. 더구나 오사카 대학 물리학과는 처가가 오사카에 있는 히데키에게 안성맞춤이었다. 유카와를 야기 교수에게 소개하면서 자기 동생이 얼마나 똑똑한 물리학자인지 한참 동안 자랑을 했다. 야기 생각에도 새로 시작하는 물리학과에는 유카와처럼 젊고 유능한 학자가 와주면 좋을 것 같았다. 유카와는 형의 추천 덕분에 오사카 대학 물리학과의 조교수가 될 수 있었다. 오늘날로 치면 유카와는 낙하산을 타고 내려와 조교수 자리를 얻은 셈이었다.

유카와는 오사카 대학에 교수 자리를 얻었지만, 학과장이던 야기 히데쓰구와는 사이가 그다지 좋지 않았다. 그는 유카와와 성격이 정반대였다. 육군 공병 하사관 출신이기도 했던 야기는 아랫사람에게 말을 거칠게 했다. 유카와와는 나이가 스물한 살이나 차이가 났기 때문에 야기는 그를 막내 동생처럼 대했다. 유카와는 오사카에 온 지 육 개월 남짓 지났지만, 불면증에 걸릴 정도로 양성자와 중성자 사이의 힘에 몰두해 있었다. 그런데 하루는 야기가 유카와를 불러 꾸짖었다.

"도모나가를 교수로 데려오려고 했는데, 형 부탁으로 당신을 뽑은 겁니다. 연구 좀 열심히 하세요."

유카와는 무슨 변명이라도 하고 싶었지만, 그냥 더 열심히 하겠다는 말만 했다. 그러나 야기의 우려와 달리 유카와는 이제까지 제대로 이해하지 못했던 가장 근본적인 문제에 매달리고 있었다.

그래도 교토에서 시간강사 할 때보다는 오사카에서 지내는 게 훨씬 편했다. 1934년에는 오사카 시내에 대학 건물이 세워져 자신만의 연구실을 꾸릴 수 있었다. 같은 달에 이화학연구소에 있던 실험물리학자 기쿠치 세이시가 오사카 대학으로 왔다. 그는 이화학연구소에 있는 동안 니시나에게 배운 대로 실험실에서는 교수와 학생이 자유롭게 토론하도록 했다. 일본 최초로 오사카 대학에 콕크로프트-월턴 정전가속기도 만들었다. 유카와에게 기쿠치 그룹은 몹시 소중했다. 한 번씩 기쿠치 그룹과 점심을 먹으며 자신이 세워가고 있는 이론을 설명했고, 실험물리학자들의 의견을 구하거나 관련된 실험 결과를 유심히 듣기도 했다. 이제 오사카 대학도 핵물리학을 제대로 연구하는 곳이 되었다. 얼마 지나지 않아 이화학연구소에서 니시나, 도모나가와 함께 연구하던 사카타가 오사카로 내려와 유카와 연구그룹에 합류했다.

기쿠치 그룹에는 도쿄 대학에서 학위를 마친 후시미 코지가 있었다. 그는 오사카로 오면서 이탈리아 논문집에 발표된 페르미와 마요라나의 논문을 챙겨 왔다. 코지는 점심 때 유카와에게 논문을 보여 주었다. 얼마 후 유카와는 독일의 논문집에 실린 페르미의 논문도 읽게 되었다. 그 유명한 베타 붕괴를 설명한 논문이었다. 유카와는 망치로 머리를 맞은 듯한 충격을 받았다. 바로 자신이 그렇게나 고민하고 있던 문제를 페르미가 해결한 것이었다. 페르미는 중성미자를 도입해서 에너지 보존 문제를 깔끔하게 해결했고, 거기에 양자장론을 이용해서 베타 붕괴를 체계적으로 설명하고 있었다. 열패감이 몰려왔다. 그러나 러시아의 이고리 탐과 드미트리 이바넨코가 쓴 논문을 읽고는, 전자와 중성미자를 동시에 교환하는 방법이 핵자들 사이의 힘을 설명하기에는 그 세기가 너무 작다는 사실을 깨닫고 조금 안도할 수 있었다. 아직 기회가 있었다. 그리고 페르미의 논문에서 아직 발견되지도 않은 중성미자를 도입해 베타 붕괴를 설명했다는 사실도 유카와에게 새로운 영감을 주었다.

'그래, 새로운 입자가 필요한 것인지도 몰라. 양성자와 중성자 사이에서 힘을 교환하는 입자가 꼭 지금까지 발견된 입자일 필요는 없어.'

작년에 니시나 선생이 했던 말도 생각났다. 스핀이 없는 전자, 만약 그런 입자가 존재한다면, 양성자와 중성자 사이의 힘을 설명할 수 있을지도 모른다는 생각이 들었다. 유카와는 눈앞이 환해지는 듯했다. 끝이 희미하게나마 보였다. 그렇다고 해답을 바로 얻은 것은 아니었다. 낮에는 연구실에 나가 온종일 계산을 하고, 조수인 사카타와도 열띤 토론을 해봤지만, 결론은 좀체 나지 않았다. 집에 돌아와 잠자리에 누우면, 온갖 생각이 눈앞에 떠돌았다. 제대로 잠을 잘 수가 없었다.

∘ 강력의 탄생

그러던 그해 시월의 어느 밤이었다. 아내 수미가 둘째를 낳은 지 얼마 지나지 않았다. 그날 밤도 잠이 오지 않았다. 천장을 칠판 삼아 핵자들 사이에 미치는 힘을 고민하고 있다가 갑자기 생각 하나가 떠올랐다. 양자전기역학에서 본 내용이었다. 전자들 사이에 힘을 전해 주는 것은 광자였다. 광자는 질량이 없다. 하지만 두 전자가 아무리 멀리 떨어져도 광자는 둘 사이에 힘을 전달할 수 있다. 이 말을 달리 표현하면, 힘이 미치는 범위는 두 전자가 주고받는 광자의 질량에 반비례한다고 할 수 있었다. 그러니까 광자의 질량이 영이라는 말은 두 전자가 거의 무한대로 떨어져 있어도 서로에게 영향을 끼칠 수 있다는 의미다.

유카와는 양자전기역학에서 배운 걸 핵력을 설명하는 데도 쓸 수 있을 것 같았다. 두 핵자가 조금만 멀리 떨어져도 서로 힘을 미치지 않을 테니 핵력이 미치는 범위는 아주 짧아야 한다. 이걸 양자전기역학의 방식으로 이해하면 핵자들 사이에 힘을 전달하는 입자는 반드시 질량이 있는 입자여야 했다. 두 핵자가 질량이 있는 입자를 주고받으면, 두 핵자 사이가 아주 가까이 있을 때만 서로 힘을 미칠 수 있다. 즉, 핵력의 범위는 주고받는 입자의 질량에 반비례해야 했다.

유카와는 핵력의 범위가 대략 1펨토미터* 정도 된다는 사실을 알

* 1펨토미터는 10^{-15}m로 입자물리학과 핵물리학에서는 페르미의 이름을 따와 1페르미(1 fm)라고 부르기도 한다. 1펨토미터는 수소 원자보다 약 십만 배 정도 작은 길이다.

고 있었다. 이 정도의 범위라면 핵자들이 주고받는 입자의 질량은 전자보다 200배 정도 커야 했다. 자신이 계산해 얻은 정도의 질량을 가진 입자는 지금까지 발견된 적이 없었다. 이 입자의 전하는 양이 될 수도 있고 음이 될 수도 있었다. 니시나가 조언했듯이 이 입자에는 스핀이 없어도 상관 없었다. 유카와는 뜬눈으로 밤을 새우고 아침 일찍 연구실에 나가 밤새 생각했던 걸 꼼꼼히 다시 계산해 보았다. 한참 동안 종이에 계산을 하고는 두 손으로 눈을 비볐다. 피곤했지만 정신은 어느 때보다 맑았다. 아무래도 자신이 대단히 중요한 걸 발견한 것 같았다.

유카와는 자신이 세운 이론을 바탕으로, 양성자는 양전하를 띤 이 입자를 방출하고 중성자로 바뀌고, 중성자는 음전하를 띤 이 입자를 내보내며 양성자로 바뀐다고 말했다. 마찬가지로 양성자가 음전하를 띤 이 입자를 흡수하면 중성자로 바뀌고, 중성자는 양전하를 띤 이 입자를 받아들여 양성자로 바뀌게 된다. 유카와는 양성자와 중성자가 매우 짧은 시간에 이 입자를 방출하고 흡수하며 서로 묶여 있다고 주장했다. 그리고 변환 과정 중에 나오는 이 입자는 실험적으로 발견할 수 있다고 믿었다. 그는 이 새로운 입자가 전자와 중성미자로 붕괴할 수 있다고도 생각했다. 그래서 페르미의 이론과 달리, 중성자가 양성자와 음전하를 띤 이 입자로 붕괴하고, 뒤이어 이 입자가 전자와 중성미자로 붕괴한다고 주장했다. 유카와는 자신의 이론으로 강력도 설명하면서 동시에 베타 붕괴도 기술하고 싶었다.

그날 점심때 유카와는 자기가 얻은 결과를 기쿠치 그룹 사람들에게 보여 주었다. 그리고 어쩌면 우주선에서 이 입자를 찾을 수 있을지도 모른다는 말도 했다. 그 말을 들은 기쿠치의 표정이 심각해졌다. 그는 유카와의 얼굴을 정면으로 바라보며 이야기했다.

"유카와 선생 말이 맞을 것 같아요. 이 입자가 정말 존재한다면, 아마 우주선에서 관측될지도 모릅니다."

기쿠치는 니시나와 우주선 연구를 하면서 우주선에 관해 많은 걸 알고 있었고, 윌슨의 안개 상자도 이미 제작해서 연구실에 가지고 있었다. 그러나 유카와가 주장한 것과 비슷한 입자는 미국에서 먼저 발견된다.

유카와는 자신이 얻은 결과를 오사카 대학에서 열린 물리학-수학 연례학회에서 발표했고, 한 달도 안 돼 논문을 완성했다. 논문에서는 이 새로운 입자에 이름을 붙이지 않고 그저 '무거운 입자(heavy particle)'라고만 불렀다. 그해 11월 7일에 도쿄 대학에서 열린 학회에 자신의 논문을 바탕으로 참석자들에게 강력의 탄생을 알렸다. 유카와는 영어로 쓴 논문을 1935년 《일본 수물학회지(Proceedings of the Physico-Mathematical Society of Japan)》에 발표했다. 이건 그야말로 대담한 논문이었다. 논문이 발표된 날은 강력, 그러니까 핵 안에 있는 양성자와 중성자가 어떻게 단단히 묶일 수 있는지 설명하는 핵력이 탄생한 날이다. 이제 중력, 전자기력, 그리고 페르미가 발견한 약력에 이어 유카와의 강력이 탄생했다. 자연에 존재하는 네 가지 힘을 다 찾아낸 것이다.

유카와의 예언은 단순히 전자보다 질량이 200배 큰 입자가 있어야 한다고 말한 것이 전부가 아니었다. 그것은 물리학 역사의 전환점이었고, 새로운 학문의 시작을 알리는 장엄한 전주곡이었다. 사카타는 유카와의 논문이 20세기 초반 물리학을 짙게 덮고 있던 논리실증주의의 안개를 걷어냈다고 말했다. 오직 관찰된 사실만 믿을 수 있고, 존재하는 것만을 받아들일 수 있다는 생각에 일격을 가한 사건이기도 했다. 이 새로운 입자의 존재를 제안하면서 유카와는 디랙에 이어 물리학의 두 번째 예언자가 되었다.

유카와의 발표를 들은 니시나는 좋은 연구라고 말은 했지만, 새로운 입자를 선뜻 받아들이지는 않았다. 유카와를 오랫동안 알아왔던 도모나가도 괜찮은 연구라고만 했지 열렬한 반응을 보이지는 않았다. 유카와는 조금 실망했다. 그러나 젊은 세대는 달랐다. 유카와의 조수 사카타도, '과학 발전의 세 단계 이론'을 제시한 다케타니도 유카와의 이론에 탄성을 질렀다. 특히 사카타는 유카와가 세운 이론에 엄청나게 고무되어 이 이론을 제대로 알고 싶어 했다.

유럽에 있는 사람들은 유카와의 논문을 몰랐다. 여전히 하이젠베르크의 이론을 수정하거나 보완하며 핵을 이해하려고 애쓰고 있었다. 당시 《일본 수물학회지》는 그 존재를 아는 사람도 많지 않았다. 물리학에서 중요한 논문집도 아니었다. 무엇보다 유카와의 이론이 옳다는 것을 증명하려면 먼저 실험적인 증거가 필요했다. 강력은 이제 막 태어났지만, 세상에 알려지려면 좀 더 시간이 필요했다. 이제 실험하는 사람들이 나설 차례였다.

NUCLEAR
FORCE

10

혼돈을 헤치고

당시 유카와의 입자는 알려져 있는 메조트론의 특성과 모든 면에서 일치하는 것처럼 보였습니다.

— 칼 데이비드 앤더슨

칼 데이비드 앤더슨(왼쪽)과 세스 네더마이어가 자기장을 걸어주는 전자석과
가이거 계수기가 달린 안개 상자를 살펴 보고 있다. 두 사람은 이 장비로 1932년에 양전자를,
1936년에 뮤온을 발견했다.
(California Institute of Technology)

물리학자는 종종 새로운 입자가 존재한다고 예언하지만, 그 예언이 늘 들어맞는 건 아니다. 리처드 파인먼이 한번은 이런 말을 했다.

“당신의 이론이 얼마나 아름다운지는 중요하지 않다. 당신이 얼마나 똑똑한지도 상관없다. 당신의 이론이 실험과 맞지 않는다면, 그건 그냥 틀린 것이다.”

그렇다. 수학적으로 아무리 아름다운 이론을 제안해도 그 이론이 실험과 맞지 않는다면, 그런 이론은 과학에서 아무 쓸모가 없다. 과학자가 앞으로 놀라운 일이 일어날 것이라고 예언해도, 그 예언이 맞으리라는 보장은 없다. 그러나 때때로 과학자에게는 앞날을 내다볼 수 있는 능력이 있어서 실험으로 확인하기 전에 어떤 입자가 존재할 것이라는 예언을 하기도 한다. 디랙이 그랬고, 유카와가 그랬다. 1920년대 초까지만 해도 대부분의 물리학자들은 실험으로 밝혀진 것만을 믿었고, 이론은 늘 한발짝 뒤에 있었다. 논리실증주의의 영향이 과학자들 마음에 깊숙이 자리 잡았던 탓인지도 모르지만, 양자역학이 나오기 전까지만 해도 과학자들은 오직 눈으로 직접 확인할 수 있는 것만 믿었다.

1920년대에 실험물리학자들은 저만치 앞서가고 있었고, 이론물리학자들은 헉헉대며 실험 결과를 해석하기에 급급했다. 첫 번째 예언자 디랙이 양전자를 예측하면서 드디어 이론이 실험을 앞서나갔다. 그리고 두 번째 예언자가 왔다. 그는 유카와였다. 유카와가 예언한 입자가 발견된다면, 물리학자들은 물리학을 떠받치고 있는 네 개의 기둥 중 마지막 남은 하나를 찾아내는 것이나 다름없었다. 중력과 전자기력은 오래전부터 알고 있었다. 페르미가 베타 붕괴를 설명하면서 물리학자들은 베타 붕괴에 약력이 작용한다는 걸 어렴풋이나마 알게 되었다. 이제 강력의 차례였다. 유카와가 예언한 입자만 찾아낸다면, 물리학자들은 강력이 존재한다는 사실과 핵 안에서 양성자와 중성자가 왜 그토록 단단히 묶여 있는지 알게 될 것이었다. 그러나 자연은 그렇게 호락호락하지 않았다. 아니 자연은 자주 사람들을 골탕 먹이곤 했다. 유카와의 예언이 이루어지려면, 십이 년의 세월이 더 필요했다. 그동안 사람들은 흩어져있는 자연의 퍼즐 조각을 한 조각씩 힘들게 끌어 모았다. 1936년 앤더슨과 네더마이어가 새로운 입자를 발견했다고 발표했을 때 사람들은 그게 유카와가 예언한 입자일지도 모른다고 여겼다. 하지만 그 입자의 정체를 한 꺼풀 벗기자, 그 입자는 사람들이 고대하던 그 입자가 아니었다.

◦ 전자보다 무겁지만 양성자보다 가벼운

양전자를 발견한 앤더슨은 자신이 지도하는 대학원생 세스 네더마이어와 우주선 연구를 계속 이어가고 있었다. 앤더슨과 네더마이어는 실험물리학자의 표본이라고 할 만큼 신중하게 안개 상자에 나타난 입자들의 궤적을 분석했다. 수천 장의 사진을 여러 번 반복해서 살펴보며 전자, 양성자, 양전자의 궤적을 확인했다. 밀리컨조차도 두 사람의 결론을 따를 수밖에 없을 정도로 둘은 꼼꼼하고 철저했다.

1934년에 두 사람은 안개 상자에서 이상한 우주선의 궤적을 보았다. 이미 양전자를 발견한 터라 양전하를 띤 입자의 궤적이라도 그렇게 놀라지 않았다. 그건 핵자일 수도 있고 양전자일 수도 있었다. 그런데 자기장에서 휘는 궤적을 잘 따져보면, 이 이상한 궤적을 만들어낸 입자는 전자보다 무거웠지만 양성자보다는 확실히 가벼웠다. 두 사람은 우주선 중에서 양성자와 전자가 생성하는 궤적과 이들이 납 같은 물질을 통과하며 2차로 만들어낸 전자의 궤적을 구분할 수 있었다. 이 궤적은 양성자의 것이라고 하기에는 곡률 반지름이 그보다 작았다. 게다가 이 궤적은 음전하를 띤 입자가 만들어 내는 것이었다. 이 입자를 양성자라고 부르려면, 음전하를 띤 양성자여야 하는데 그것은 말이 되지 않았다. 이때는 반양성자가 발견되기 전이기도 했지만, 이 궤적을 아무리 여러 번 살펴보아도 양성자가 지나간 자취라고 해석하기엔 문제가 있었다. 그렇다고 이 입자들을 전자나 양전자라고 부르는 것은 더 말이 되지 않았다.

1934년에 한스 베테와 발터 하이틀러는 전하를 띤 입자가 물질 속을 빠르게 지나갈 때 에너지를 어떻게 잃는지 연구했다. 이를 물질의 저지 능력(stopping power)이라고 한다. 프리츠 자우터도 같은 시기에 비슷한 결과를 얻었다. 앤더슨과 네더마이어는 자신들이 본 궤적을 베테와 하이틀러, 자우터의 이론에 맞춰 보았지만 그 궤적은 전자나 양전자가 될 수 없었다. 양성자는 더더욱 아니었다. 두 사람이 본 궤적은 전자보다 납을 훨씬 더 쉽게 뚫고 지나갔다. 앤더슨은 자신이 얻은 이상한 결과를 1934년 런던에서 열린 학회에서 발표했지만, 그 입자가 무엇인지 정확하게 짚어주는 사람은 아무도 없었다.

이듬해 앤더슨과 네더마이어는 이 입자를 좀 더 자세히 알아보려고, 안개 상자와 7900가우스나 되는 자기장을 걸어줄 전자석을 챙겨 콜로라도로 떠났다. 우주선에 있는 새로운 입자를 좀 더 쉽게 관측하려면, 그 입자들이 붕괴하기 전에 잡아내야 했다. 그러려면 보다 높이 올라가야 했다. 안개 상자에 전자석까지 이 무거운 장비들을 높은 산에 가져가는 일은 무척 힘들었다. 두 사람은 무거운 실험 장비를 끌고 로키산맥 남단의 산꼭대기까지 올라갔다. 그곳은 높이 4300미터의 파이크스 피크였다. 전자석을 가동하려면 110볼트 전압에 225암페어의 전류가 필요했기 때문에 두 사람은 무거운 발전기까지 갖고 올라갔다. 가는 길은 험난했다. 짐이 워낙 무거워 타이어가 터져 차가 주저앉기도 했다. 가까스로 파이크스 피크에 도착한 두 사람은 자동차 엔진을 이용해서 발전기를 돌렸다.

4300미터 산꼭대기에서는 안개 상자에서 궤적을 만드는 입자가 패서디나에서 측정했을 때보다 훨씬 더 많이 검출됐다. 나중에 알게 되는 사실이지만, 앤더슨과 네더마이어가 발견한 입자는 전자와 달리 잠깐 살다가 다른 입자로 붕괴하는 수명이 짧은 입자였다. 그러니 이런 입자는 지상보다 고도가 높은 곳에서 발견될 확률이 훨씬 컸다. 높은 곳이어야 그 입자가 붕괴하기 전에 측정을 할 수 있었다. 두 사람은 새로운 입자를 발견했다고 성급하게 발표하지 않았다. 논문에서도 그저 '무거운 입자'라고만 불렀다. 자신들이 본 입자의 질량이 전자보다 무겁지만 양성자보다 가볍다고 발표하려면 신중하고 꼼꼼하게 실험 데이터를 축적해야 했다. 그 사이에 네더마이어는 박사 학위를 마쳤다. 그는 다른 곳으로 가지 않고 캘리포니아 공과대학에 머물며 앤더슨과 실험을 계속했다.

1936년 여름이 되자 두 사람은 자신들이 새로운 입자를 발견했다는 것을 확신할 수 있었다. 거의 이 년 만의 일이었다. 그해 11월에 앤더슨은 캘리포니아 공과대학에서 새로 발견한 입자에 대한 강연을 했고, 12월 12일에 양전자를 발견한 공로로 노벨 물리학상을 받게 됐다는 소식을 들었다. 그에게는 스웨덴에 갈 돈이 없었지만, 밀리컨이 흔쾌히 여행 경비를 대주었다. 앤더슨은 스웨덴에서 노벨상 수상 기념 강연을 했다. 그는 강연 마지막에 이런 말을 덧붙였다.

"납판을 가볍게 뚫고 지나가는 새로운 입자를 발견했는데, 전자도 아니고 양전자도 아니었습니다. 이 새로운 입자는 앞으로 자세히 연구해 볼 만합니다."

그러나 그곳에서도 새로운 입자가 무엇인지 질문하는 사람은 없었다.

앤더슨과 네더마이어는 1937년 5월에 새로운 입자를 발견했다고 《피지컬 리뷰》에 정식으로 발표했다. 이 입자는 전하량은 전자나 양전자와 같고, 질량은 전자보다는 크지만 양성자보다는 훨씬 작다고 말했다. 얼마 지나지 않아 하버드 대학의 커리 스트리트와 에드워드 스티븐슨이 앤더슨과 네더마이어가 발견한 입자를 자신들도 봤다고 그해 4월 말에 열린 미국 물리학회에서 발표했다. 스트리트와 스티븐슨은 그해 11월에 《피지컬 리뷰》에 발표한 논문에서 앤더슨과 네더마이어가 발견한 입자가 존재한다는 사실을 다시 한번 확인했다.

한편 일본 이화학연구소에 있는 니시나와 다케우치, 이치미야도 앤더슨과 네더마이어가 본 것과 비슷한 입자를 발견했다. 이 입자의 질량은 양성자의 십 분의 일 정도였다. 세 사람은 자신들이 발견한 내용을 정리해서 그해 8월에 《피지컬 리뷰》에 보냈는데, 논문은 12월에 나왔다. 다케우치는 자신들이 조금 더 일찍 논문을 썼는데, 심사 과정이 늦어져 스트리트와 스티븐슨의 논문보다 늦게 나왔다며 투덜거렸다. 그러나 하버드의 두 물리학자는 이미 지난 봄 학회에서 앤더슨과 네더마이어의 발견을 확인했다고 발표했으므로, 누구의 논문이 먼저 나왔느냐는 큰 의미가 없었다.

◦ 새로운 입자 메조트론

앤더슨과 네더마이어는 1938년이 되어서야 이 입자를 뭐라고 부를지 논의하기 시작했다. 이 입자는 전자보다 무거웠지만 양성자보다는 가벼웠다. 그래서 질량의 크기가 중간쯤 된다는 의미로 그리스어의 'mesos'라는 단어를 이용해 새로 발견된 입자를 메조톤(mesoton)이라고 부르기로 했다. 그리고 이 입자의 이름을 지어주는 논문을 짧게 써서 《네이처》에 투고했다. 논문을 투고하는 날 밀리컨은 학교에 없었다. 총장이었던 그는 학교를 위해 여러 회사를 돌아다니며 모금 활동을 하느라 정신없이 바빴다. 밀리컨은 밤늦게야 두 사람이 있는 실험실에 들렀다. 그리고 두 사람에게 새로 발견한 입자의 이름을 지어 학술지에 보냈다는 말을 들었다. 밀리컨의 얼굴에 실망한 기색이 역력했다.

"mesoton이라고? 이름이 이상하잖아? electron(전자)도 tron으로 끝나고, neutron(중성자)도 tron으로 끝나는데, mesoton이라니, 그 이름 바꾸는 게 좋겠어. 그 입자의 이름은 mesotron으로 합시다."

앤더슨이 곤란한 듯 머리를 긁적이며 대답했다.

"논문은 이미 투고했습니다. 그리고 양성자(proton)는 ton으로 끝나잖아요. 그러니까 mesoton도 이상할 건 없습니다."

밀리컨은 아무 말 없이 앤더슨을 한동안 쳐다보았다. 앤더슨은 자신을 쏘아보는 밀리컨의 눈초리에 당황했다. 밀리컨을 쳐다보며 어깨를 한번 으쓱하더니 어쩔 수 없다는 듯 말했다.

"알겠습니다. 바로 《네이처》에 전보를 보내 mesoton에 r자 하나를 더 넣어달라고 하겠습니다."

그제야 밀리컨의 입꼬리가 살짝 올라갔다. 앤더슨은 한때 지도교수였던 밀리컨의 의견을 무시하기 힘들었다. 결국 앤더슨은 mesoton에서 t와 o 사이에 'r'자 하나를 더 넣어 달라고 전보를 쳤다. 다행인지 불행인지 모르겠지만, 앤더슨이 보낸 'r'자는 인쇄가 들어가기 전에 도착했다. 결국 1938년 11월 12일 《네이처》에 실린 앤더슨과 네더마이어의 논문 제목은 "질량이 중간쯤 되는 새로운 입자의 이름은 메조트론"으로 바뀌었다.

이 새로운 입자는 나중에 전자와 사촌지간인 뮤온(muon)이라는 이름으로 불리게 된다. 질량은 유카와가 제안한 입자와 비슷하지만, 성격은 완전히 달랐다. 이 입자는 납판을 유유히 뚫고 지나갔다. 이게 유카와가 예언한 입자라면, 납판을 뚫지 못하고 납판에 흡수되어야 했다. 두 사람이 이 입자를 처음 봤을 때는 유카와가 핵자들 사이의 힘을 매개하는 입자를 예언하기 전이었다. 이 년이 넘게 실험 데이터를 모으고, 수도 없이 반복해서 결과를 확인하고 또 확인한 끝에 1937년에 비로소 새로운 입자를 발견했다고 공표한 것이었다.

앞에서도 이야기했지만, 밀리컨은 기자들을 모아놓고 자신이 발견한 결과를 설명하는 걸 좋아했다. 앤더슨과 네더마이어가 발견한 메조트론도 예외는 아니었다. 패서디나에 있는 신문에도 메조트론을 발견했다는 소식이 실렸고, 《로스앤젤레스 타임스》에서도 두 사람이 새로운 입자를 발견했다는 소식을 자세히 보도했다. 그러나 이 두 사람만 우주선 연구를 하고 있던 것은 아니었다. 우주선은 미국이나 유럽, 일본을 가리지 않고 공평하게 지구의 대기권으로 들어온다. 앤서슨과 네더마이어가 메조트론을 찾아내기 전에 우주선을 연구하고 있던 다른 사람들도 메조트론을 관측한 적이 있었다.

우주선을 연구하던 보테와 콜회르스터도 1929년 논문에서 납판을 뚫고 지나가는 이상한 입자를 보았지만, 그게 무엇인지 몰랐다.

파울 쿤제가 발견한 양전하를 띤 메조트론

아래쪽에 있는 궤적은 에너지가 37메가전자볼트인 전자를 나타낸다. 위에 있는 궤적은 양의 전하를 띠고 있고, 궤적의 밀도와 폭이 아래보다 커 질량이 양성자보다 작지만 전자보다는 크다는 것을 말해준다. 쿤제는 실험 결과를 발표한 1933년 당시에는 이 입자의 정체가 무엇인지 몰랐다.
(P. Kunze, *Z. Phys.*, **83** (1933) 1-18)

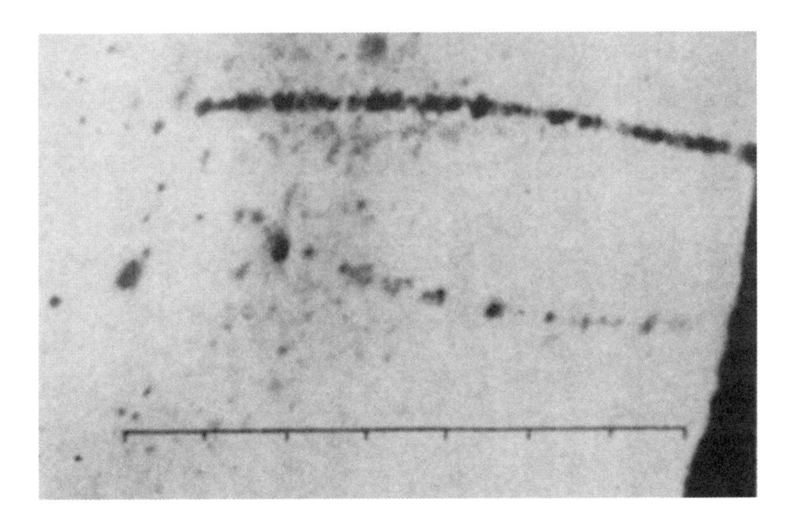

나중에 알게 되지만, 그 입자는 앤더슨과 네더마이어가 본 입자와 같은 것이었다. 1932년에 브루노 로시도 동료와 실험하다가 두께가 25센티미터나 되는 납판을 가볍게 뚫고 지나가는 우주선을 본 적이 있었다.

독일 로스토크 대학의 쿤제도 안개 상자에 강한 자기장을 걸어 우주선을 연구하고 있었다. 1933년에 쿤제는 자신이 찍은 입자 궤적 사진 몇 장을 논문으로 발표했는데, 흥미로운 사진이 하나 실려 있었다. 사진에서 아래에 있는 입자의 궤적은 에너지가 37메가전자볼트 정도 되는 전자를 나타내고, 위에 있는 궤적은 질량이 전자보다는 컸지만, 양성자보다는 작았다. 쿤제가 이 입자를 발견할 때까지만 해도 그 정체가 밝혀지지 않은 입자였다. 그는 전하를 띤 이 입자를 그저 '무거운 전자'라고 불렀다. 아쉬운 점은 쿤제가 무거운 전자의 정체를 좀 더 파고들지 않았다는 것이었다. 만약에 그가 이 무거운 전자의 질량이 얼마나 되는지 알아냈다면, 앤더슨과 네더마이어보다 일찍 뮤온을 발견했을지도 모른다. 양전자 때 기회를 놓친 쿤제는 이번에도 앤더슨에게 밀리고 말았다.

◦ 반갑지 않은 새로운 입자

니시나 그룹은 1933년부터 우주선 연구를 시작해 사 년 만에 의미 있는 발견을 해냈다. 일본은 니시나 덕에 실험에서도 단숨에 세계적인 수준으로 뛰어오를 수 있었다. 우주선 연구에서 가장 문제가 되는 것은 안개 상자를 지나는 입자가 잘 휠 수 있도록 강한 자기장을 걸어주는 것이었다. 그러려면 아주 강한 전류가 필요한데 당시에는 그 정도의 전기를 안정적으로 얻을 수 있는 연구소가 없었다. 니시나와 동료들은 먼저 도쿄시바우라전기(東京芝浦電気)에 의뢰해 강력한 전자석을 만들었다. 전자석을 돌리려면 500킬로와트나 되는 전력이 필요했다. 마침 도쿄에서 가까운 요코스카항에 잠수함의 배터리 충전용 발전기가 있었다. 니시나는 해군에 요청해서 그 발전기를 쓸 수 있도록 허가를 받았다. 다케우치와 이치미야는 1936년 봄에 안개 상자와 전자석을 요코스카 해군기지로 옮겨 실험을 시작했다.

1937년에는 닐스 보어가 일본을 방문했다. 십 년 전 니시나에게 했던 약속을 지킨 셈이었다. 보어는 미국을 거쳐 일본에 왔는데, 미국에 있을 때 앤더슨과 네더마이어가 새로운 입자를 발견했다는 소식을 들었다. 보어는 이화학연구소에서 니시나와 토론할 때 자신이 미국에서 들은 이야기를 해주었고, 니시나가 진행하는 우주선 실험에도 큰 관심을 보였다.

그는 도쿄 대학과 교토 대학, 오사카 대학을 돌며 양자역학을 강의했다. 니시나는 보어 옆에서 강의를 일본어로 통역했다. 1937년에 보어가 방문했을 때는 이미 일본의 물리학도 디랙과 하이젠베르크가 방문했던 1929년과 비교할 수 없을 정도로 성장해 있었다. 일본의 과학자와 학생들은 보어의 강의를 들으며 질문도 많이 했다.

누군가 새로운 입자를 발견했다고 그 입자를 덥석 받아들이는 사람은 많지 않았다. 이미 사람들 손에는 입자가 충분했다. 전자, 양성자, 중성자, 이 세 가지 입자만 있어도 원자와 분자를 만드는 데는 아무런 문제가 없었다. 1932년에 양전자가 새로 발견됐을 때도 사람들이 느낀 심리적 저항이 상당했다. 그런데 또 새로운 입자를 발견했다고 하니, 사람들은 당황할 수밖에 없었다.

하루는 보어가 교토에서 유카와와 니시나를 만나 토론하고 있을 때였다. 유카와는 보어에게 자신이 개발한 강력에 관한 이론을 열심히 설명했다. 보어의 반응이 영 신통치 않았다. 유카와의 설명을 다 듣고 난 보어는 이렇게 말했다.

"왜 그런 입자가 있어야 하나요?"

보어는 이미 존재하는 입자들의 목록에 새로운 입자를 추가하는 것이 못마땅했다.

보어만 그런 생각을 하고 있던 것은 아니었다. 실험물리학자였던 블래킷도 앤더슨과 네더마이어가 본 것은 새로운 입자가 아니라 에너지가 무척 큰 전자일 거라고 주장했다. 하이젠베르크도 1937년 7월에 보어에게 쓴 편지에서 앤더슨과 네더마이어가 발견했다는 그 무거운 입자의 존재를 미심쩍어 하고 있었다.

◦ 메조트론은 유카와 입자인가

니시나는 다케우치, 이치미야와 함께 1937년 12월에 《피지컬 리뷰》에 자신들도 앤더슨과 네더마이어가 발견한 입자를 관측했다고 발표했다. 이 논문에는 아쉬운 점이 하나 있었다. 세 사람은 이 논문에서 이 년 전 유카와가 쓴 논문을 인용하지 않았고, 본문에서도 유카와가 예언한 무거운 입자를 전혀 언급하지 않았다. 니시나가 보어에게 영향을 많이 받았다는 사실을 떠올려 보면 니시나가 유카와가 쓴 논문을 인용하지 않았다는 것은 어느 정도 이해가 가는 일이다. 앞에서도 이야기했지만, 보어는 발견되지 않은 입자를 입에 올리는 것을 좋아하지 않았다.

니시나의 생각도 보어와 크게 다르지 않았다. 유카와가 강력을 설명하려고 도입한 입자가 강력을 설명하는 데는 도움이 될지 모르지만, 그런 입자가 실제 존재할 것이라고는 생각하지 않았다. 자신이 발견한 입자가 유카와가 예언한 입자와 질량이 비슷하다는 걸 알았을 테니 그 입자가 유카와가 예언한 입자라고 주장할 만도 했지만, 니시나는 보어처럼 보수적인 견해를 취했다. 하지만 메조트론을 가장 먼저 발견한 앤더슨은 달랐다. 그는 이런 말을 한 적이 있다.

"제가 유카와의 1935년 논문을 읽었더라면, 저는 제가 찾은 입자가 유카와가 예언한 바로 그 입자라고 말했을 겁니다."

앤더슨과 네더마이어가 메조트론을 발견했다고 발표하자, 이론을 전공하는 학자들도 새로 발견된 입자에 관심을 보였다. 버클리의 교수로 있으면서 칼텍에서도 강의하던 로버트 오펜하이머는 1937년에 자신의 연구원인 로버트 서버와 「우주선 입자의 본성에 관한 노트」라는 짤막한 논문을 《피지컬 리뷰》에 발표했다. 여기서 유카와의 1935년 논문이 처음으로 인용되었다. 두 사람은 앤더슨과 네더마이어가 발견한 새로운 입자가 유카와가 핵자와 핵자 사이의 힘을 설명하려고 도입한 입자일 수도 있다고 언급했지만, 어조는 그리 호의적이지 않았다. 오히려 이 논문의 진정한 가치는 유카와의 논문을 세상에 처음으로 소개했다는 데 있다. 훗날 서버는 그 논문으로 유카와가 한 일을 사람들에게 알리고 싶었다고 말하기도 했다. 어쨌든 유카와의 이름이 세상에 알려지게 된 데에는 오펜하이머와 서버의 덕이 컸다.

유카와의 논문을 두 번째로 인용한 사람은 스위스 제네바에 있던 에른스트 스튀켈베르크였다. 그도 강력을 설명하는 이론을 제안했지만, 유카와의 이론과는 많이 달랐다. 그러면서 그는 "유카와가 자신의 이론에서 예측한 대로, 스트리트와 스티븐슨, 앤더슨과 네더마이어가 새로운 입자를 발견한 것은 거의 확실해 보인다"라는 말을 덧붙였다. 이로써 유카와의 논문은 1937년 여름부터 유럽과 미국에도 읽히게 되었고, 유카와라는 이름이 일본 밖에도 서서히 알려지기 시작했다.

유카와의 이론을 재빨리 받아들인 사람들은 으레 그렇듯이 젊은 이들이었다. 흥미롭게도 유카와 이론을 연구하는 젊은 사람들에게는 공통점이 하나 있었다. 발터 하이틀러, 니콜라스 케머, 헤르베르트 프뢸리히, 이 세 사람 모두 나치 독일을 떠나 영국으로 건너간 이론물리학자였다. 하이틀러는 1904년생이었고, 케머와 프뢸리히는 각각 1911년생과 1905년생이었으니, 당시 나이가 이십 대 말, 삼십 대 초반이었다. 젊은 물리학자들은 새로운 입자에 대한 거부감이 없었다. 유럽에 있는 물리학자 중에서 유카와 이론을 처음으로 받아들여 그 이론을 발전시킨 사람은 케머였다. 인도에서 영국으로 공부하러 온 호미 바바도 유카와의 이론을 연구했다.

유카와도 앤더슨과 네더마이어가 새로운 입자를 발견했다는 소식을 들었다. 그 입자가 자신이 주장한 입자와 질량이 비슷하다는 것을 알고 서둘러 《네이처》에 논문을 투고했다. 하지만 《네이처》는 유카와의 논문을 거절했다. 그런 입자는 아직 자연에 존재하지 않는데, 어떻게 당신 논문을 발표할 수 있겠느냐는 게 이유였다. 어쩌면 《네이처》의 편집위원은 아직 학계에 알려지지 않은 젊은 일본 물리학자의 논문을 싣는 모험을 하고 싶지 않았는지도 모른다. 이건 《네이처》가 페르미의 논문을 거절한 이래 두 번째로 저지른 큰 실수였다.

하는 수 없이 유카와는 그 논문을 《일본 수물학회지》에 발표했다. 이어서 유카와는 조수였던 사카타와 함께 자신의 이론을 확장해 1935년에 발표한 논문과 같은 제목으로 두 번째 논문을 《일본 수물학회지》에 보냈다. 「기본입자들의 상호작용에 관하여 2」였다. 그리고 연이어 「기본입자들의 상호작용에 관하여 3」을 사카타, 다케타니와 함께 써 역시《일본 수물학회지》에 투고했다. 그 논문은 1938년 1월에 게재되었다. 유카와는 첫 논문부터 일곱 번째 논문까지 모두《일본 수물학회지》에 발표했다.

앤더슨과 네더마이어가 발견한 입자가 유카와가 예언한 입자일지도 모른다는 생각이 사람들 사이에 점점 퍼졌다. 그러나 두 사람이 발견한 메조트론이 진짜로 유카와 입자인지 밝혀주는 결정적인 증거는 아직 하나도 없었다.

◦ 유카와의 메존

앤더슨과 네더마이어는 자신들이 발견한 입자에 메조트론이라는 이름을 지어 주었다. 하지만 이 입자가 나중에 뮤온이라는 새로운 이름을 얻기까지는 우여곡절이 많았다. 어떤 사람들은 무거운 전자라고 불렀고, 일본에서는 유카와의 이름을 따 유콘(Yukon)이라고 부른 적도 있었다. 어떤 이들은 메조톤이라고도 불렀다. 무겁다는 뜻을 지닌 바리톤(baryton)이라는 이름도 가끔 쓰였다. 그러다 1939년 인도 출신의 젊은 물리학자 호미 바바가《네이처》에 발표한 논문에서 메조트론보다는 메존(meson)이라는 이름이 더 낫다고 말하면서 메존이라는 이름이 자리 잡게 되었다.

"중간을 뜻하는 그리스어 'mesos'에는 'tr'이 없으므로 메조트론(mesotron)에 'tr'은 쓸데없이 들어간 것이다. 중성자(neutron)나 전자

(electron)의 어원은 'neutra'와 'electra'에서 왔기 때문에 'tr'이 있는 것이다. 이런 점에서 메조트론보다는 메존이라고 부르는 게 더 나아 보인다."

나중에 밝혀지지만, 한때 메조트론이라고 불리던 뮤온은 유카와의 메존이 아니다. 메존이라고 부를 수 있는 입자는 이로부터 십 년이 지나서야 발견된다. 이때만 해도 사람들은 강력과 약력의 차이를 알지 못했고, 새로 발견된 입자의 스핀이 0인지, 1/2인지도 모르고 있었다. 1947년에 파이온(파이 메존)이 발견되기 전까지 앤더슨과 네더마이어가 발견한 이 입자는 무거운 전자, 메조트론, 메존이라는 여러 이름으로 불렸다. 메조트론이라는 이름을 처음 제안했던 밀리컨은 메존이라는 말을 무척이나 싫어했다고 한다. 이유는 좀 뜬금없다. 메존이라는 단어가 프랑스어에서 집을 뜻하는 '메종(maison)'과 발음이 비슷해 메존이라는 단어를 쓰기 싫다는 것이었다.

유럽의 물리학자들도 유카와의 메존 이론에 관심을 갖기 시작했다. 유카와의 이론을 비판하는 사람도 있었지만 몇몇 사람은 이 이론이 강력을 설명하는 데 중요한 실마리를 제공해 줄 것이라고 생각했다. 유럽에 있는 학자들이 유카와 이론에 뛰어들자, 메존 이론도 발전을 거듭했다. 바바는 양성자와 양성자 사이에도 전하가 없는 메존을 교환해야 한다고 주장했다. 맞는 말이었다. 그렇게 유카와의 메존 이론은 점점 더 일반화되었다. 이로써 핵자들 사이에 힘을 매개하는 메존은 질량은 같고 전하는 음과 양, 중성의 세 종류가 있다고 말할 수 있게 되었다.

1938년 5월 30일부터 6월 3일까지 폴란드 바르샤바에서 국제학술회의가 열렸다. 닐스 보어, 유진 위그너, 루이 드브로이, 아서 에딩턴, 존 폰 노이만 같은 유명한 학자들이 많이 참석했다. 학회에서 레옹 브리앙과 오스카르 클라인, 한스 크라메르스가 유카와의 이론을 주제로 강연했다. 그렇게 유카와의 이론은 사람들에게 점점 더 알려졌다. 그리고 그해 유카와는 자신이 연구한 메존 이론으로 오사카 대학에서 박사 학위를 받았다. 같은 해 교토 대학의 다마키 교수가 세상을 떠나자 이듬해에 교토 대학에서는 유카와를 다마키의 후임으로 초빙했다. 유카와는 그 제안에 무척 기뻐했다. 유카와는 서른한 살이 되던 1939년에 교토 대학의 정교수가 되었다. 이제 정말 자기만의 연구실을 갖게 된 것이었다.

◦ 독일 물리학의 몰락

1938년이 되자 나치 치하의 독일에서는 유대인에 대한 핍박이 더욱 거세졌다. 그해 아르놀트 조머펠트의 칠순 생일을 기념하며 물리학자들의 논문을 모아 논문집에 실었는데, 나치는 유대인 물리학자의 논문은 싣지 못하게 막았다. 나치는 민족의 순수성을 강조하며 독일의 과학을 서서히 망가뜨리고 있었다. 나치가 정권을 잡던 1933년부터 유대인 과학자들은 거의 다 대학교에서 쫓겨났다. 우스꽝스러운 일도 일어났다. 1905년에 노벨 물리학상을 받은 필리프레나르트 같은 골수 나치 물리학자는 상대성 이론과 양자역학을 유대인의 물리학이라며 하찮게 여겼다. 레나르트는 처음부터 아인슈타인을 무척 미워했고 그의 명성을 시기했다. 레나르트와 또 다른 나치 물리학자 요하네스 슈타르크는 아인슈타인이 노벨상을 받을 수 없게 사사건건 방해했다. 레나르트는 뛰어난 실험물리학자였지만, 명예욕에 사로잡힌 사람이었고, 나중에는 『독일 물리학』이라는 책까지 쓰면서 독일의 물리학을 구렁텅이에 처넣었다.

수백 년 동안 쌓아온 독일의 물리학 전통이 나치가 정권을 잡으면서 한순간에 박살이 났다. 당시 독일에서 가장 존경받는 과학자였던 막스 플랑크는 어떻게든 유대계 과학자를 지키려고 히틀러까지 만났지만, 그의 힘만으로는 파국으로 치닫는 독일 과학계를 붙잡을 수가 없었다. 유대인 과학자들이 당시 대학에서 어떤 일을 겪었는지는 1947년 한스 베테가 자신의 스승 조머펠트에게 쓴 편지에 잘 나타나 있다. 제2차 세계 대전이 끝나고 2년 뒤인 1947년에 은퇴를 앞둔 조머펠트는 베테에게 뮌헨 대학에 이론물리학 교수로 오지 않겠느냐는 편지를 보냈다. 베테는 지도교수의 요청을 거절하는 정중하고 긴 답장을 보냈다. 편지의 앞부분은 이렇게 시작한다.

"저를 선생님 후임으로 생각한다는 말씀은 저에게는 큰 영광이고, 대단히 감사하게 생각합니다. 1933년부터 그 이후에 있었던 일들이 없었다면, 저는 선생님의 요청을 무척 기쁘게 받아들였을 겁니다. 제게 물리학을 가르쳐 주셨고, 신중하게 문제를 풀어야 한다는 것을 일러주신 선생님께로 돌아가는 것은 정말 좋은 일이었을 겁니다. 제가 선생님의 조수로, 그리고 강사로 있으면서 선생님과 함께 연구한 시간은 제 인생에서 가장 결실이 많았던 때였습니다. 제가 그곳에서 선생님의 뒤를 이어 연구하고 선생님께서 가르치셨듯이 뮌헨 대학의 학생들을 가르치는 것은 생각만 해도 멋진 일입니다. 선생님과 지내면서 물리학의 최신 동향을 가장 먼저 접할 수 있고, 더불어 수학적 엄밀함도 배울 수 있었습니다. 요즘 물리학자들은 이런 중요한 사실을 너무 가볍게 생각합니다.

하지만 불행하게도 저는 지난 십사 년 동안 겪은 일을 기억에서 지워 버릴 수 없습니다. 제 장인 어른인 파울 에발트도 이미 선생님께 편지를 썼으니 제가 어떤 느낌인지는 선생님께서도 잘 알고 계실 겁니다. 독일에서 쫓겨난 저희가 그동안 겪은 일을 어떻게 잊겠습니까? 1933년 튀빙겐 대학의 물리학과 학생들은 제가 가르치는 이론물리학 강의를 듣고 싶어하지 않았습니다. 그것도 대다수의 학생들이 그랬습니다. 1947년의 학생들은 그렇지 않다고 말씀하셔도, 저는 그걸 믿을 수가 없습니다. …"

1939년이 되자 히틀러 정권은 독일을 완전히 장악했고 유럽의 분위기는 심상치 않게 돌아가고 있었다.

◦ 전쟁과 물리학자

유카와는 1939년에 유럽 여러 곳에서 학회에 와달라는 초청을 받았다. 먼저 4월에 유서 깊은 솔베이 학회에서 유카와를 초청했다. 강의 요청은 없었지만 정식 초청을 받은 참석자였다. 솔베이 학회에 초대를 받은 것은 유카와에게 영광스러운 일이었다. 그가 솔베이 학회에 초대를 받았다는 것은 이제 칼 앤더슨, 엔리코 페르미, 졸리오퀴리 부부, 리제 마이트너와 같이 쟁쟁한 사람들과 어깨를 견줄 수 있다는 말이었다. 유카와는 뛸 듯이 기뻐하며 사카타와 기쿠치에게 자신이 초청받았다는 말을 했다. 도쿄에서 만난 니시나에게도 자신이 초청받은 사실을 전했다. 이 사실을 알게 된 아사히신문에서는 유카와와 인터뷰를 하며 1939년 4월 19일자 신문에 그 소식을 전했다. 학술진흥위원회는 유카와를 솔베이 학회의 일본 대표 사절로 임명했다. 그해 5월에는 하루 차이를 두고 파울리와 하이젠베르크에게서 각각 편지가 왔다. 두 사람 모두 유카와를 각기 다른 학회에 초청하고 싶다는 뜻을 전했다. 유카와는 초청에 응했다.

1939년 5월이 되자 유카와는 정신없이 바빴다. 오사카에서 교토로 이사를 해야 했고, 유럽 여행 준비도 서둘러야 했다. 그는 8월 7일에 독일의 베를린에 도착했다. 그의 머릿속에는 온통 어떻게 하면 학회에서 발표를 잘할 수 있을까 하는 생각밖에 없었다. 유카와는 베를린에 있는 숙소에서 발표 자료를 정리하고 있었다. 그때 도모나가에게서 연락이 왔다. 도모나가도 그때 연구년이라 라이프치히에서 하이젠베르크와 함께 연구하고 있었다.

"히데키, 베를린에만 처박혀 있지 말고 라이프치히로 가자. 거기 대학 도서관을 이용하면 발표 준비가 훨씬 수월하지 않겠어?"

유카와는 도모나가를 따라 라이프치히로 내려갔다. 그런데 여름 방학 기간이라 휴가를 떠난 사람이 많아 도서관을 이용하는 게 쉽지 않았다. 그는 베를린으로 돌아가 강연 준비에 집중했다. 그런데 독일 정치 상황이 이상하게 돌아가고 있었다. 유카와는 일본대사관에서 전보 한 통을 받았다. "곧 전쟁이 일어날 테니 지금 당장 독일을 떠나라"는 내용이었다. 유카와는 못내 아쉬웠다. 국제학술대회에서 처음으로 발표할 기회를 얻었는데 전쟁이라니, 참으로 난감한 일이었다. 그러나 달리 어쩔 도리가 없었다. 허겁지겁 짐을 챙긴 유카와는 일본으로 돌아가는 배를 탔다. 얼마 지나지 않아 도모나가 역시 일본으로 돌아왔다. 1939년 9월 1일 나치 독일이 폴란드를 침공하면서 제2차 세계 대전이 일어났다. 일본 역시 1941년 12월 미국의 진주만을 공습하면서 세상의 반대편 절반을 전쟁으로 몰고 갔다.

제2차 세계 대전이 계속되는 동안 과학자들은 각자 자기 나라의 무기 개발 프로젝트에 참여했다. 그중에서도 가장 규모가 컸던 것은 핵폭탄을 만들 목적으로 조직된 맨해튼 프로젝트였다. 독일에서 미국으로 망명한 과학자들 대부분이 맨해튼 프로젝트에 참여했다. 그 중 몇몇은 양심적인 이유로 레이더 개발이나 방어적인 무기를 만드는 일을 하는 곳으로 옮기기도 했다. 독일에 있던 하이젠베르크도 미국이나 영국에 있던 동료들과 크게 다르지 않았다. 그는 유대인 과학자에 대한 핍박을 좋지 않게 생각했지만, 그렇다고 나치의 만행에 맞서지도 않았다. 그는 나치의 명령을 받고 핵폭탄 개발을 주도하는 역할을 맡았다. 하지만 마음속으로는 실제 원자폭탄을 만드는 게 가능할지 확신하지 못하고 있었다. 훗날 그는 미국의 동료들이 그런 무시무시한 폭탄을 개발할 거라고는 상상도 못했다고 변명했지만, 그가 독일에 있으면서 실제로 핵폭탄을 제작하는 일에 관여한 것만큼은 사실이었다.

일본의 현대물리학을 세운 거나 다름없는 니시나도 이 부분에서는 마찬가지였다. 이화학연구소에 있으면서 일본 육군의 요청에 따라 니고(二號) 계획을 책임졌다. 일본의 원자폭탄 개발 연구가 바로 니고 계획이었다. 그는 우라늄-235의 핵분열을 연구하려면 더 큰 사이클로트론이 필요하다고 주장해 육군의 지원을 받아낼 수 있었다. 핵폭탄 개발은 극비였으므로 사이클로트론을 이용한 실험 중에서 극히 일부만 논문으로 발표할 수 있었다. 니시나는 핵폭탄을 만들 수 있을 만큼 우라늄을 농축하는 것은 엄청난 비용이 들뿐 아니라 실제로 만드는 게 가능하지 않을 거라고 생각했다. 일본이 전쟁에 패하자 니시나가 정성 들여 만들었던 사이클로트론은 일본을 점령한 미군들 손에 도쿄 앞바다에 수장되었다. 자기 자식처럼 여겼던 사이클로트론이 바닷속으로 가라앉는 것을 지켜보며 니시나는 엄청난 충격을 받았고, 얼마 지나지 않아 간암에 걸려 예순두 살에 세상을 떠났다.

독일과 일본에서는 원자폭탄을 만드는 것이 불가능하다고 여겼지만 미국은 달랐다. 미국은 독일과 일본에 비해 엄청난 이점이 두 가지 있었다. 첫째, 미국은 원자폭탄을 만드는 데 필요한 엄청난 자원을 조달할 능력이 있었고, 둘째, 유럽에서 쫓겨나 미국으로 망명한 뛰어난 과학자들이 많이 있었다. 미국의 루스벨트 정부는 원자폭탄을 만드는 맨해튼 프로젝트를 극비리에 진행했고, 미국에서 가장 뛰어난 이론물리학자 중 한 사람이던 로버트 오펜하이머의 주도로 다수의 과학자들이 원자폭탄 개발에 뛰어들었다. 과학자들은 피에르 퀴리와 프레더릭 소디가 예언했던 것처럼 핵에 잠재돼 있는 에너지를 꺼내 세상을 파괴할 무기를 만들었다. 과학자들이 만든 핵폭탄은 일본의 두 도시 히로시마와 나가사키를 순식간에 잿더미로 만들었고, 일본이 미국에 무조건 항복을 하면서 태평양 전쟁은 끝이 났다. 핵폭탄이 사람들에게 심어준 공포는 실로 엄청났다.

◦ 메조트론의 붕괴

앞에서 잠깐 설명했지만, 유카와는 1935년에 발표한 논문에서 '무거운 입자'가 전자와 중성미자로 붕괴할 수 있다며, 베타 붕괴 현상도 페르미의 이론이 아니라 자신이 제안한 이론으로 설명할 수 있다고 주장했다. 유카와는 양성자와 중성자 사이에 작용하는 힘과 중성자가 양성자로 붕괴하는 과정 둘 다 자신이 도입한 무거운 입자를 이용해 설명하고 싶었다. 유카와는 페르미의 베타 붕괴 이론을 비판하면서, 중성자 붕괴도 자신의 이론으로 더 잘 설명할 수 있다고 주장했다. 그러나 어떤 이론이 옳고 그르냐를 판단하는 것은 실험이다. 유카와의 이론은 강력은 잘 설명했지만, 중성자 붕괴는 잘 설명하지 못했다. 강력과 약력이 서로 다른 힘이라는 것은 시간이 한참 지나서야 분명해진다. 유카와의 주장대로라면, 무거운 입자는 불안정한 입자여야 했다. 일정 시간이 지나면 무거운 입자는 전자와 중성미자로 붕괴해야만 했다.

앤더슨과 네더마이어가 메조트론을 발견하자 사람들은 메조트론이 유카와가 예언한 입자일지 모른다고 생각했다. 무엇보다 두 사람이 발견한 입자의 질량이 유카와가 예언한 입자와 비슷했다. 그러나 한 가지 이상한 점이 있었다. 메조트론이 핵력을 매개하는 입자라면 납 같은 물질을 쉽게 통과하지 못하고 원자핵에 흡수돼야 하는데, 에너지가 높은 메조트론은 두꺼운 납판을 가볍게 뚫고 지나갔다. 이런 이유로 메조트론이 정말 유카와 입자인지 의심하는 사람들이 있었다. 게다가 우주선에서 메조트론이 관측되는 확률은 전자보다 훨씬 낮았다. 그 사실은 전자와 달리 메조트론이 붕괴한다는 것을 암시했다. 메조트론이 붕괴한다는 사실은 분명 유카와의 주장과 일치했지만, 1938년 이전에 메조트론의 붕괴를 심각하게 고민하는 사람은 없었다.

1938년 1월 15일에 나온 호미 바바의 《네이처》 논문은 메조트론의 정체를 밝힐 수 있는 중요한 실마리를 제공했다. 메조트론이 전자로 붕괴하기까지 걸린 시간, 즉 메조트론의 수명을 측정하면 메조트론이 유카와 입자인지 아닌지를 판가름할 수 있다는 것을 보인 것이다. 그런데 실험에서 측정한 메조트론의 진행 속도는 무척 빨랐다. 아인슈타인의 특수 상대성 이론에 따르면 속도가 빠르다는 말은 메조트론의 수명이 정지해 있을 때보다 움직이고 있을 때 더 오래 산다는 것을 의미했다. 따라서 메조트론의 정확한 수명을 측정하려면 메조트론이 정지한 후 전자로 붕괴하는 과정을 지켜봐야 했다.

바바가 메조트론의 붕괴 과정이 유카와 입자 여부를 확인하는 데 무척 중요하다는 제안을 하자, 유카와를 비롯한 여러 사람이 유카와 입자의 수명을 계산했다. 유카와는 강력을 매개하는 입자를 예언한 첫 논문에서 그 입자의 수명이 얼마인지 말하지 않았다. 단지 그 입자가 전자와 중성미자로 붕괴할 수 있다는 말만 했다. 사카타와 함께 쓴 두 번째 논문에서도 유카와 입자의 수명이 얼마인지에 대해서는 별다른 말을 하지 않았다. 사카타, 다케타니와 함께 쓴 세 번째 논문에서야 유카와는 드디어 자신이 예언한 입자의 수명을 계산했는데, 정지했을 때 유카와 입자의 수명은 0.5마이크로초였다.

얼마 후에 하이젠베르크의 학생인 한스 오일러는 유카와 입자라고 알려진 메조트론의 수명을 계산했는데, 그가 구한 값은 약 2마이크로초였다. 이 값은 유카와가 얻은 값보다 네 배나 컸다. 오일러는 하이젠베르크와 함께 계산을 다듬어 최종적으로 2.7마이크로초를 얻었다. 유카와가 구한 값의 다섯 배나 됐지만, 계산 과정에 큰 문제는 없었다. 1938년 6월 16일 하이젠베르크는 유카와에게 편지를 썼다. 그때는 배편으로 편지를 주고받았을 때였으니 유카와는 하이젠베르크의 편지를 몇 주 후에나 받을 수 있었다. 하이젠베르크에게 편지를 받다니 유카와로서는 영광이었다. 구 년 전 하이젠베르크가 일본에 왔을 때만 해도 유카와는 그를 우러러봤다. 유카와가 강력을 처음 연구할 때도 그가 가장 먼저 한 작업은 하이젠베르크가 세운 핵 모형을 따라가는 것이었다. 그런데 이제는 하이젠베르크의 칭찬이 담긴 편지를 받았다. 그리고 편지에는 오일러가 계산한 메조트론의 수명이 하이젠베르크 자신이 구한 값과 비슷하다는 내용이 적혀 있었다.

유카와는 서둘러 답장을 썼다. 편지는 8월 초가 돼서야 하이젠베르크에게 도착했다. 편지를 받아 영광이라는 말과 함께 사카타와 다케타니와 같이 쓴 논문에는 오류가 있다는 내용이었다.

"안타깝지만 논문에 나오는 결과를 2로 나눠주어야 올바른 값이 나옵니다. 그러니까 그 값은 0.25마이크로초입니다."

하이젠베르크는 오일러에게 이 사실을 알렸다. 오일러의 표정에는 실망한 표정이 역력했다. 하이젠베르크는 오일러를 다독거리며 이렇게 말했다.

"내 생각에는 우리 계산 결과가 맞아요. 왜냐하면 유카와가 구한 값대로라면, 메조트론은 지상에 도달하기도 전에 다 붕괴하고 말 겁니다."

역시 달리 하이젠베르크가 아니었다. 더욱 놀라운 점은 1930년대 말에 하이젠베르크와 오일러가 계산한 값이 오늘날 측정한 뮤온의 수명과 거의 일치한다는 점이다. 물론 당시에는 메조트론이 여전히 유카와 입자라고 여기고 있었다.

∘ 망명객 로시

유카와를 비롯한 여러 학자들이 메조트론의 수명이 얼마나 될지 예측하는 동안, 실험물리학자들도 메조트론의 수명을 측정하려 애쓰고 있었다. 메조트론의 수명을 측정하는 데 가장 큰 공을 세운 사람은 이탈리아의 실험물리학자들이었다. 1938년에는 이탈리아의 사정도 독일과 크게 다를 바가 없었다. 이탈리아의 최고 통치자 베니토 무솔리니는 파시스트로, 독일의 히틀러 정권과 손을 잡고 1936년에 로마-베를린 추축국 협정을 맺으며 이탈리아를 전쟁의 소용돌이 속으로 몰아넣고 있었다. 이탈리아의 유대계 이탈리아인들도 독일의 유대인들과 비슷한 위기감을 느꼈다. 1938년에 인종차별법이 통과되면서 이탈리아에서도 유대인 탄압이 시작되었다. 로마 대학의 교수로 이탈리아 물리학을 이끌던 엔리코 페르미는 유대인이었던 아내가 걱정되어 이탈리아를 떠나기로 마음먹었다. 그는 1938년 노벨 물리학상을 받으러 스웨덴으로 가면서, 그 길로 곧장 아내와 미국으로 망명해 버렸다. 페르미를 잃은 이탈리아 물리학자들은 연구의 구심점을 잃어버리고 말았다.

파도바 대학에 교수로 있던 브루노 로시 역시 유대인이었다. 그도 인종차별법을 피할 수 없었다. 하루아침에 대학에서 쫓겨났다. 로시는 당시 겪었던 일을 이렇게 말했다.

"1938년 9월 초에 나는 내가 더는 이탈리아 시민이 아니라는 것과 이탈리아에서 선생으로서 그리고 과학자로서 나의 경력이 끝났다는 걸 알게 되었다. 이것은 비극이라고 부르기에도 참 우스꽝스러운 일이었다”

다행히 로시는 아내와 함께 덴마크의 닐스보어 연구소에 머물다가 맨체스터 대학에서 교수로 있던 블래킷의 초청을 받아 영국으로 떠났다. 블래킷은 로시 부부를 따뜻하게 맞아주었다. 로시는 콤프턴의 초대를 받아 시카고 대학으로 가기 전까지 6개월 동안 맨체스터에 머물며 우주선 연구를 계속했다. 미국으로 가는 길에 닐스보어 연구소에도 머물렀는데, 그곳에서 그는 오일러와 하이젠베르크가 쓴 논문에 영감을 받아 메조트론들의 에너지가 서로 같다고 가정하고 메조트론의 수명이 약 2마이크로초쯤 된다는 걸 보였다.

파울 에렌페스트의 아들인 파울 에렌페스트 주니어도 물리학자였다. 그 역시 우주선을 관측하고 있었다. 에렌페스트 주니어도 자신의 측정 결과를 오일러와 하이젠베르크에게 보냈다. 그가 측정한 값은 2~6마이크로초 정도였다. 이 값은 유카와가 계산한 값보다 적게는 열 배, 많게는 스무 배 정도 차이가 나는 결과였다. 많은 사람들이 메조트론의 수명이 수 마이크로초일 것이라고 추측했고, 이 입자가 유카와 입자가 아닐 수도 있다는 생각은 점점 퍼져 갔다.

그 사이에 로시는 맨체스터를 거쳐 시카고에 안착했다. 그가 도착한 지 얼마 되지 않아 콤프턴이 주최하는 심포지엄이 1939년 6월 말에 열렸다. 로시는 메조트론의 수명이 길어야 3마이크로초 정도일 것이고, 아무리 짧아도 1마이크로초 이하로 내려가지는 않을 것이라고 말했다. 심포지엄에 참석한 사람들은 메조트론이 유카와가 예언한 입자인지 판단하려면 메조트론의 수명을 정확하게 측정하는 것이 중요하다고 의견을 모았다. 로시는 시카고에 있으면서 메조트론의 수명을 측정하는 일을 본격적으로 시작했다. 그는 콤프턴에게 메조트론의 수명을 측정하는 데 필요한 몇 가지 아이디어를 이야기했다. 콤프턴은 로시의 이야기를 흥미롭게 듣고는 로시에게 한마디 했다.

"브루노, 그런 실험을 하려면 콜로라도에 있는 에번스산이 적격입니다."

에번스산은 높이가 해발 4350미터나 되는 로키산맥에서도 상당히 높은 산이었다. 이 산이 높긴 했지만 4000미터까지는 차로 갈 수 있었다. 로시는 콤프턴의 제안이 마음에 들었다.

"아서, 그럼 내년 여름에 그곳에 가게 도와줄 수 있나요?"

"내년 여름? 이번 여름에 바로 가세요!"

로시는 아서의 제안에 움찔했다. 역시 콤프턴의 추진력은 놀라웠다.

로시는 미시간 대학에서 7월에 열린 여름학교에 강사로 다녀온 뒤, 서둘러 에번스산으로 갈 준비를 했다. 아무리 늦어도 8월 말에는 에번스산으로 출발해야 했다. 그렇지 않으면 산꼭대기가 눈으로 덮이기 시작할 테니 이번 기회를 놓치면 내년 여름까지 기다려야 했다. 시간이 별로 없었다. 그는 먼저 가이거-뮐러 계수기를 만들기 시작했다. 계수기의 모양은 좀 어설펐지만 성능은 훌륭했다. 로시는 이런 측정 장치를 만드는 능력이 뛰어났다. 그는 오래전 보테에게 가이거-뮐러 계수기를 만드는 법과 동시 방법을 배운 적이 있었다. 진공관을 이용해 측정에 필요한 전자 장치도 꾸준히 개발하고 있었다. 특히 동시 회로는 메조트론의 수명을 정확하게 측정하는 데 무척 중요했다. 로시는 콤프턴에게 부탁해 동물학과에서 쓰던 오래된 버스 한 대도 빌릴 수 있었다. 무거운 장비를 나르려면 힘센 사람도 필요했다. 콤프턴은 대학 수영 팀에 속한 물리학과 대학원생 한 명을 소개해 주었다. 한 달 만에 여행 준비를 마친 로시는 1939년 8월 26일에 에번스산을 향해 길을 나섰다.

시카고에서 덴버까지는 사흘이 걸렸다. 로시는 덴버에서 우주선을 측정했다. 그리고 해발 3000미터에 있는 에코호수(Echo lake)로 갔다. 로시는 그곳에서도 우주선을 측정했다. 이제 에코호수에서 에번스산까지 가야 하는데, 문제는 길이었다. 비포장도로를 운전해서 가야 했다. 로시는 낡은 버스가 험한 길을 잘 버텨 주길 바랄 뿐이었다. 버스에는 무거운 납판이 실려 있었고, 이제부터 가야 할 길은 가파른 오르막이었다. 일단 채울 수 있는 통을 다 동원해서 호숫물을 채웠다. 버스가 오르막을 오르다가 혹시라도 라디에이터가 터지면 큰일이었다. 가파른 언덕길을 오르는 내내 버스 보닛에 앉아 라디에이터에 물을 끼얹는 일은 로시의 아내가 맡았다. 로시는 그렇게 에번스산 꼭대기와 에코호수를 오가며 우주선을 측정했다. 로시 일행이 측정을 마치고 시카고로 돌아온 것은 9월 말이었다.

로시는 그때 실험에 참여했던 사람들과 함께《피지컬 리뷰》에 논문을 냈다. 그들이 측정한 메조트론의 수명은 2.4마이크로초였다. 당시에는 메조트론의 질량이 지금만큼 잘 알려져 있지 않았다. 오늘날 우리가 알고 있는 뮤온의 질량을 이용했다면, 메조트론의 수명으로 2.64마이크로초를 얻었을 것이다. 로시는 1940년에 코넬 대학의 교수가 되었다. 1943년에 대학원생인 노리스 네레슨과 좀 더 정교한 방법으로 메조트론의 수명을 측정했는데, 그 값은 약 2.15마이크로초였다. 이 값은 현재 알려져 있는 뮤온의 수명인 2.197마이크로초와 비교해도 큰 차이가 없다.

◦ 비아 파니스페르나의 아이들

프랑코 라세티는 엔리코 페르미와 마찬가지로 1901년에 태어났다. 그는 원래 피사 대학에서 공학을 전공했는데, 페르미를 만나면서 물리학으로 전공을 바꿨다. 그의 인생에 가장 큰 영향을 준 사람은 단연 페르미였다. 그는 대학에 다니면서 교수에게 배운 것보다 페르미에게 배운 게 더 많다고 말하곤 했다. 1922년에 박사 학위를 마치고 아르체트리에 있는 물리연구소 소장인 가르바소의 조수로 일하다가 1927년에 로마 대학의 물리연구소로 옮겼다. 그가 피렌체의 아르체트리에서 로마로 간 이유는 페르미가 그곳에 있어서였다. 페르미는 스물네 살에 로마 대학 물리연구소의 이론물리학 교수가 되었다. 정식 이론물리 교수로는 이탈리아에서 첫 번째였다. 물리연구소 소장이던 오르소 코르비노는 정치적 영향력이 있었는데, 실험물리학자였던 그는 이론물리학자가 있어야 물리연구소가 균형 있게 발전할 것이라고 생각했다. 그래서 페르미를 그곳에 불러 학생들을 가르치며 연구할 수 있도록 했다. 코르비노는 페르미의 조수로 라세티를 불렀다. 라세티도 흔쾌히 로마로 가겠다고 답했다.

당시 이탈리아에는 공학이 물리학보다 훨씬 더 인기가 높았던 탓에 물리연구소에 들어와 페르미와 연구하려는 학생이 없었다. 코르비노는 공학 전공 학생 중에서 몇 명을 데려올 수 있을 거라고 생각했다. 코르비노의 눈에 들어온 첫 번째 학생은 에밀리오 세그레였다. 페르미와 이야기를 한참 나눈 뒤 세그레는 결국 페르미의 학생이 되었다. 그는 훗날 페르미가 가르친 오언 체임벌린과 함께 반양성자를 발견한 공로로 노벨 물리학상을 받게 된다. 두 번째 학생은 에도아르도 아말디였다. 그는 나중에 유럽원자핵공동연구소(CERN)을 세우는 데 중요한 역할을 했다. 세 번째 학생은 세그레가 데리고 왔는데, 페르미보다 더 똑똑하다고 알려진 에토레 마요라나였다.

이 다섯 사람 중에 둘이 교수였고 셋이 학생이었지만, 나이 차가 크지 않아 늘 같이 어울려 다녔다. 이 다섯 명이 물리학만 열심히 한 것은 아니었다. 등산도 같이 하고, 수영도 같이 다니고, 식사도 함께 자주 했다. 페르미는 세미나를 하면서 이 세 학생을 가르쳤는데, 세 명 모두 페르미에게 물리학도 배웠지만, 페르미의 생각하는 방식도 같이 배웠다. 이 점에서는 라세티도 마찬가지였다.

페르미 곁에 있던 이 네 사람은 '비아 파니스페르나의 아이들(Ragazzi di Via Panisperna)'이라고 불렸다. 그 별명은 물리학 연구소가 있던 파니스페르나 거리에서 따온 것이었다. 서로 별명도 지어줬는데, 페르미의 별명은 '교황(il Papa)'이었다. 소장인 코르비노는 소장답게 '하늘에 계신 아버지(Padreterno)'였고, 라세티는 '교황의 오른팔'이었다. 성격이 괄괄했던 세그레는 뱀과 같이 생긴 괴물을 뜻하는 '바실리스크(Basilisk)'라고 불렸다. 아말디는 '수도원 원장(l'Abate)'이었다. 라세티는 별명만큼이나 페르미와 무척 친했다. 나중에 브루노 폰테코르보가 비아 파니스페르나의 아이들에 합류해 막내가 된다. 막내였던 그는 '강아지(il Cucciolo)'라고 불렸다.

1938년에 이탈리아에 인종차별법이 시행되면서 이들은 외국으로 뿔뿔이 흩어졌다. 아말디만 홀로 남아 로마 대학의 물리학 그룹을 지켜내려고 애썼다. 라세티도 유대계 이탈리아인이었다. 그도 어쩔 수 없이 1939년에 캐나다 퀘벡으로 떠났다. 1947년에 미국의 존스홉킨스 대학으로 옮기기 전까지 그는 퀘벡의 라발 대학에서 학생들을 가르치며 우주선 실험을 했다. 라세티에게는 당시 핵물리학자와는 남다른 점이 있었다. 그는 로마에서 함께 지냈던 비아 파니스페르나의 아이들 중 유일하게 맨해튼 프로젝트에 관여하지 않았다. 페르미와 함께 핵분열 실험을 했지만, 핵폭탄을 만드는 것은 옳지 않다고 여겼다. 그는 캐나다에서 망명 생활을 하면서도 연구를 계속했는데, 그 역시 당시 대단히 중요한 문제였던 메조트론의 붕괴에 집중했다. 라세티는 두께가 10센티미터인 강철판에 메조트론이 지나가도록 장치를 꾸몄는데, 강철판을 미처 통과하지 못하고 중간에 멈춘 메조트론이 붕괴하면서 나오는 전자를 관측했다. 그는 메조트론이 멈춘 뒤 전자가 튀어나올 때까지 걸린 지연 시간을 측정했는데, 그렇게 얻은 메조트론의 수명이 1.5마이크로초였다.

미국의 이론물리학자들도 유카와의 이론으로 유카와 입자의 수명을 계산하기 시작했다. 듀크 대학의 로타르 노르트하임 역시 나치의 박해를 피해 미국으로 건너온 사람이었다. 그가 계산한 유카와 입자의 수명은 1.6나노초였다. 실험으로 측정한 메조트론의 수명보다 천 배나 작은 값이었다. 나중에 노르트하임은 한스 베테와 함께 유카와 입자의 수명을 다시 계산했는데, 여러 번 다시 계산해봐도 여전히 실험 결과보다 작게 나왔다. 두 사람은 유카와 입자의 수명은 10나노초 정도밖에 되지 않는다고 결론을 내렸다. 이제 사람들 사이에서 메조트론이 유카와가 예언한 입자가 아닐 수도 있다는 의심이 일었다.

1942년에 유카와의 제자였던 사카타 쇼이치와 이노우에 다케시가 놀라운 주장을 했다. 아직 유카와가 예언한 입자가 발견되기 전이었지만, 이 두 사람은 메조트론과 유카와 입자는 서로 다른 것일지도 모른다고 생각했다. 유카와가 예언한 입자는 스핀이 0이고 메조트론과 중성미자로 붕괴할 것이라고 주장했다. 그리고 스핀이 1/2인 메조트론은 전자와 두 개의 중성미자로 바로 붕괴할 것이라고 예측했다. 유카와 입자인 파이온이 발견되기 오 년 전에 나온 사카타와 이노우에의 통찰은 정말 놀라웠다.

메조트론이 유카와의 예언대로 강력을 전달하는 입자라면, 메조트론은 핵과 강하게 상호작용해야 했다. 1940년에 도모나가와 아라키 겐타로는《피지컬 리뷰》에 발표한 논문에서 중요한 제안을 내놓았다. 메조트론은 어떤 물질의 원자핵과도 상호작용할 것이지만, 메조트론의 전하가 음이냐 양이냐에 따라 핵에 포획되는 확률은 다를 것이라는 주장이었다. 즉, 음전하를 띤 메조트론은 쿨롱 인력에 의해 양전하를 띤 메조트론보다 핵에 포획될 확률이 높을 것이라는 말이었다. 두 사람은 공기 중에서도, 가벼운 알루미늄 핵에서도, 그리고 무거운 납 핵에서도 음전하를 띤 메조트론이 핵에 포획될 확률이 훨씬 크다고 주장했다. 원자핵은 양전하를 띠므로, 음전하를 띤 메조트론이 붕괴하기 전에 핵에 포획될 것이라는 주장은 타당해 보였다. 더구나 이 논문에서 여러 예까지 들었으니, 도모나가와 아라키의 주장을 실험으로 확인하는 것도 그다지 어려워 보이지 않았다. 두 사람은 여전히 메조트론이 유카와가 예언한 입자라고 여겼다. 이제 두 사람의 주장을 실험으로 확인만 하면, 메조트론이 유카와 입자인지 아닌지 판단할 수 있는 구체적인 근거가 생길 것이었다.

페르미와 그의 제자들이 파시스트의 박해를 피해 이탈리아를 떠난 뒤에도 아말디는 로마 대학의 물리연구소에 남아 학생들을 가르쳤다. 그 중에는 세 명의 실험물리 전공자가 있었다. 그들의 이름은 마르첼로 콘베르시, 에토레 판치니, 오레스테 피치오니였다. 이 세 사람은 전쟁 중에도 메조트론이 유카와가 예측한 입자가 아니라는 사실에 마침표를 찍는 연구를 했다. 그들의 실험은 물리학 역사에 길이 남을 중요하면서도 멋진 작품이었다.

콘베르시가 박사 학위를 마치기 한 달 전인 1940년 6월 10일, 무솔리니는 프랑스와 영국에 선전포고를 했다. 그해 9월에도 콘베르시와 판치니는 여전히 가이거-뮐러 계수기를 만들며 우주선 측정 준비를 하고 있었다. 콘베르시는 지독한 약시라 군대를 면제받았지만, 판치니는 얼마 지나지 않아 징집돼 북부 전선에 배치되었다. 1941년부터 콘베르시는 피치오니와 함께 우주선 연구를 시작했다. 피치오니는 전자회로를 만드는 데 무척 뛰어났다. 이 두 사람은 지연 동시 방법(delayed coincidence method)을 제안했는데, 이 방법을 이용하면 메조트론이 정지한 후 전자로 붕괴되어 나오기까지 시간 차이를 매우 정확하게 측정할 수 있었다.

연합군은 1943년 7월 19일에 로마에 대대적인 공습을 감행했다. 콘베르시는 폭격이 시작되기 전에 실험실 창 옆에 두었던 실험 장비를 안전한 곳으로 옮겼다. 이날 미군의 B-17 폭격기 150대가 11시부터 12시까지 로마의 공장 지대에 무차별적으로 폭탄을 투하했다. 이 중 팔십여 발은 로마 대학 근처에 떨어졌는데, 이 폭격 탓에 물리 연구소의 창문이 다 깨져 버렸다. 다행히 실험 장치는 무사했다. 콘베르시는 이곳에서 실험하는 것은 무리라고 여겨 실험 장비를 바티칸 궁전에서 멀지 않은 리체오 비르길리오 고등학교의 지하실로 옮졌다. 콘베르시와 피치오니는 이곳에서 로마에 진주하고 있던 나치 친위대의 눈을 피해 연구를 계속했다. 이 실험실은 나치에 대항하는 저항군의 연락처로 사용되기도 했다.

1943년 9월 이탈리아가 독일에 점령되자 판치니는 저항군에 가담하려고 로마를 떠났다. 그는 더 이상 실험에 참여할 수 없었다. 콘베르시는 우선 피치오니와 메조트론의 수명을 측정하는 실험을 시작했다. 두 사람의 실험은 오늘날 핵물리학과 입자물리학에서 하는 실험의 원형 같았다. 보테가 제안한 동시 방법은 로시의 손을 거치며 제 모습을 갖췄고, 콘베르시와 피치오니의 실험에서 꽃을 피웠다. 이 두 사람은 전자회로를 제작하는 일에 대단히 능숙했다. 메조트론의 수명을 측정하려고 우선 두꺼운 납덩어리로 차폐를 한 다음 그 안에 두께가 5센티미터인 철을 넣고 그 주위를 가이거-뮐러 계수기로 촘촘히 둘렀다. 이 가이거-뮐러 계수기에는 진공관이 잔뜩 달린 회로가 연결되어 있었다.

콘베르시와 피치오니가 이 회로를 만들면서 쓴 방법이 지연 동시 방법이었다. 이 방법은 오늘날에도 입자들의 수명을 측정할 때 쓰인다. 바깥에서 납 차폐물을 뚫고 들어온 메조트론은 5센티미터 두께의 철 안에서 멈춘 뒤에 바로 전자로 붕괴한다. 중성미자도 같이 나오지만 당시에는 중성미자를 관측할 방법이 없었다. 메조트론이 철에서 멈춘 다음, 바로 붕괴하기 때문에 메조트론을 측정하는 계수기와 메조트론이 붕괴하면서 내놓는 전자를 재는 계수기 사이에 적당한 시간 지연을 두어야 했다. 지연 동시 회로를 잘 조정하면 계수기에 잡힌 전자가 메조트론이 붕괴하면서 내놓는 전자라고 정확하게 판단할 수 있었다. 이렇게 메조트론과 전자 사이의 관측 지연 시간을 기록하면 메조트론의 수명을 측정할 수 있었다. 철 바깥으로 지나는 메조트론이나 다른 곳에서 우연히 들어오는 전자의 신호는 반 동시 방법(anti-coincidence method)으로 제거했다. 트랜지스터가 나오기 전이었으니, 콘베르시와 피치오니가 가이거-뮐러 계수기에 진공관을 연결해서 만든 실험 장치는 마치 바흐의 음악을 중세 악기로 연주하는 걸 떠올렸다.

두 사람이 측정한 메조트론의 수명은 2.33마이크로초였다. 이 값은 오늘날 잘 알려진 뮤온의 수명과 6퍼센트 정도밖에 차이가 나지 않을 만큼 정확한 값이다. 두 사람은 메조트론의 수명 말고도 메조트론이 전하에 따라 철에 어떻게 흡수되는지도 살펴 보았다. 과연 도모나가와 아라키가 주장한 것처럼, 양전하를 띤 메조트론의 붕괴가 측정이 되고, 음전하를 띤 메조트론의 붕괴는 나타나지 않았다. 양전하를 띤 메조트론은 자발적으로 붕괴했고, 음전하를 띤 메조트론은 핵에 붙들려 붕괴하지 않은 것이었다. 메조트론이 핵과 상호작용을 하는데, 쿨롱 힘 때문에 핵의 전하에 따라 다르게 나타나는 게 분명했다.

1945년 5월에 전쟁이 끝나자 판치니가 로마로 돌아왔고, 콘베르시와 피치오니가 하는 실험에 합류했다. 세 사람은 도모나가와 아라키의 주장을 좀 더 확실하게 검증할 방법을 궁리했다. 이번에는 철 대신에 탄소에 메조트론을 흡수시켜 붕괴 시간을 측정하기로 했다. 철의 원자핵에는 양성자가 스물여섯 개, 중성자가 서른 개 들어 있고, 탄소 핵에는 양성자가 철 핵의 사분의 일에 불과한 여섯 개,

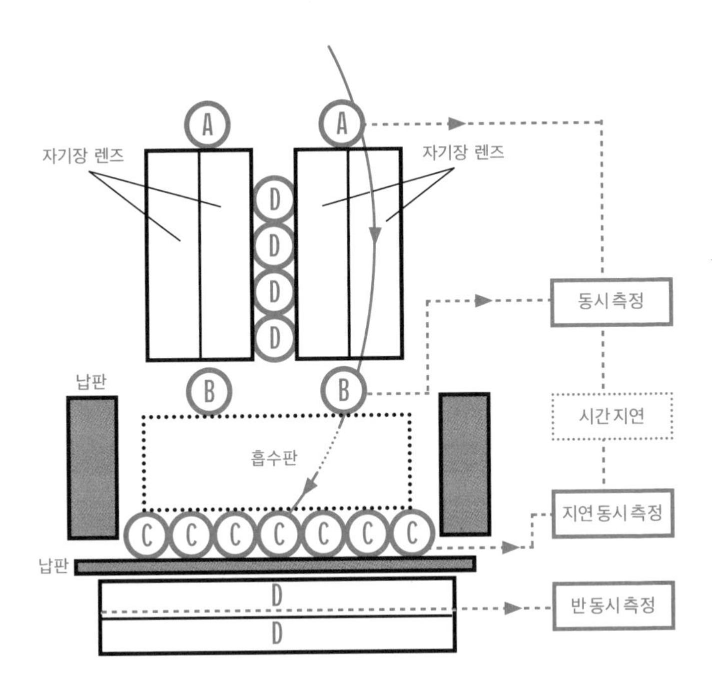

콘베르시, 판치니, 피치오니의 실험

콘베르시 등은 우선 전자석으로 만든 자기장 렌즈를 이용해 특정 전하의 메조트론만 철 흡수판에 닿게 했다. 전자석의 위와 아래에는 가이거-뮐러 계수기(A, B)를 설치해 특정 전하의 메조트론이 철 흡수판으로 들어왔다는 사실을 동시 방법으로 확인했다. 철에 포획된 메조트론에서 붕괴되어 나온 전자는 철 흡수판 아래에 설치되어 있는 가이거-뮐러 계수기(C)에 검출된다. 지연 동시 방법을 이용해 메조트론이 철에 멈췄다가 붕괴해서 생겨난 전자의 도착 시간을 측정해서 메조트론의 수명을 알아냈다(B와 C의 시간 차이). 주위에 납판을 설치하고 가이거-밀러 계수기(D)를 이용한 반 동시 방법으로 메조트론이 붕괴하면서 내놓는 전자 외에 다른 모든 입자를 걸러냈다. A, B, C, D 모두 가이거-뮐러 계수기이고, D는 평행하게 놓여 있다.

(M. Conversi, E. Pancini, & O. Piccioni, *Phys. Rev.* **71** (1947) 209)

중성자는 여섯 개밖에 들어 있지 않았다.

세 사람은 우선 양전하를 띤 메조트론이 탄소에서 정지한 후 얼마나 붕괴하는지 측정해 보았다. 철보다는 적었지만 탄소에서도 역시 붕괴가 관측되었다. 이번에는 음전하를 띤 메조트론으로 얼마나 붕괴하는지 실험해 보았다. 도모나가와 아라키의 예측대로라면, 음전하를 띤 메조트론은 핵에 붙들려 붕괴가 거의 안 될 것이었다. 실험 결과는 놀라웠다. 음전하를 띤 메조트론이 붕괴하는 것이 관측된 것이었다. 그것도 양전하를 띤 메조트론보다 작기는 했지만 거의 같은 수준의 붕괴가 측정되었다. 철을 이용해 메조트론을 정지시켰을 때와는 완전히 다른 결과였다. 이건 도모나가와 아라키의 주장에 반하는 결과였다. 메조트론은 핵과 상호작용을 하는 것이 아니었다.

도모나가와 아라키는 원자번호에 상관없이 어떤 핵이든 음전하를 띤 메조트론이 핵에 포획될 확률이 양전하를 띤 메조트론보다 훨씬 더 높을 것으로 예측했다. 하지만 콘베르시, 판치니, 피치오니의 실험에서는 철을 썼을 때와 탄소를 사용했을 때 결과가 달랐다. 이건 무엇을 의미하는 걸까? 메조트론이 유카와가 예언한 입자였다면 핵과 상호작용을 해서 핵에 완전히 포획되어야 했다. 그러니까 핵이 무겁든지 가볍든지 상관없이 음전하를 띤 메조트론은 핵에 포획되어야 했다. 그런데 원자량이 큰 철에서는 핵에 쉽게 포획되었던 음의 메조트론이 탄소에서는 쉽사리 포획되지 않고 오히려 양의 메조트론과 마찬가지로 붕괴했다. 메조트론은 핵과 약하게 상호작용하는 입자로, 유카와가 말한 입자가 아니었다. 나중에 밝혀지지만, 음의 메조트론은 핵 속으로 사라진 것이 아니라 마치 전자처럼 철 원자에 있는 전자 대신에 잠시 그 자리를 차지한다. 이런 원자를 뮤온 원자(muonic atom)라고 부른다.

세 사람의 실험이 유카와의 이론에 일격을 날린 셈이 되었다. 콘베르시와 피치오니는 이렇게 훌륭한 결과를 얻었지만, 이탈리아가 연합군과 전쟁 중이어서 전쟁이 끝난 그 이듬해인 1946년이 되어서야《피지컬 리뷰》에 논문을 보낼 수 있었다.

루이 앨버레즈는 1968년에 노벨 물리학상을 받으며 한 강연에서 콘베르시와 판치니, 피치오니의 실험 결과가 매우 중요한 사실이었음을 다시 한 번 강조했다. 이 연구는 십 년 넘게 물리학을 덮고 있던 혼돈의 안개를 거둬냈다. 그러나 혼돈의 안개는 사람들 마음속에 품고 있던 희망마저 가져가 버렸다. 무엇보다 유카와의 실망은 말할 수 없이 컸다. 그는 메조트론이 자신이 예언한 입자라고 철석같이 믿고 있었지만, 그 믿음은 여지없이 깨져버리고 말았다. 그러나 그것은 찬란한 빛을 보기 위해 지나야 했던 칠흑 같은 어둠일 뿐이었다. 이 절망은 일 년 후에 다시 환희로 바뀔 터였다.

NUCLEAR
FORCE

11

예언의 적중

과학의 모든 도구는 자연에 대한 창문입니다. 새로운 창문 하나하나는 우리의 시야를 넓혀 주었습니다. 입자를 검출하는 원자핵 건판의 고유한 특징 덕분에 다른 방법으로는 찾아낼 수 없었던 물질의 순간적인 형태가 존재한다는 것을 발견할 수 있었습니다.

— 세실 파월

세실 파월(왼쪽)이 주세페 오키알리니와 브리스톨 대학의 연구실에서 논의하고 있다.
오른쪽에는 원자핵 건판을 조사하는 여성들의 모습이 보인다. 1947년.
(R. R. Hillier, University of Bristol)

양자전기역학을 집대성한 프리먼 다이슨은 이런 말을 했다. "과학에서 혁명은 종종 자연을 관찰하는 새로운 도구가 발명되면서 비롯된다."

실험물리학자에게 강력한 무기는 새로운 개념이 아니라 새로운 기술이었다. 그토록 애타게 기다리던 유카와 입자가 발견된 것은 새로운 검출기 덕이었다. 그것은 감광유제(light-sensitive emulsion)가 얇게 발린 사진 건판이었다. 이 사진 건판은 오래 전부터 있었다. 1826년에 처음 나온 흑백 사진은 19세기 말에 이미 그 기술이 충분히 발달해 있었다. 뢴트겐도 엑스선으로 사람의 뼈를 찍을 때 사진 건판을 사용했다. 베크렐도 몰타 십자가가 찍힌 사진을 보고 방사선의 존재를 알아차렸다. 1900년대에 사람들은 감광유제의 주성분인 은 이온이 엑스선이나 감마선을 받아 은 원자가 되며 색이 변한다는 것도 잘 알고 있었다.

이 사진 건판을 이용해서 알파입자를 본격적으로 측정한 사람은 맨체스터에서 러더퍼드와 함께 실험하던 기노시타 스에키치였다. 1910년에 그는 알파입자가 사진 건판에 부딪치면 검은색의 둥근 점이 생기는 걸 발견했다. 검은 점의 주위는 안개가 낀 듯 부옇게 변해 있었다. 감마선 때문이었다. 기노시타는 사진 건판에 할로겐화은(silver halide)의 낱알(결정립, grain)이 어느 정도 들어있어야 알파입자가 이 낱알과 마주치는지도 알아냈다. 사진 건판은 방사선 물질에서 나오는 알파입자의 개수를 세는 데 확실히 쓸모가 있었다. 기노시타는 사진 건판을 수직으로 세워서 알파입자를 측정했기 때문에 알파입자가 남긴 자국만 봤을 뿐, 알파입자의 궤적을 측정하지는 못했다. 들어오는 알파입자 방향으로 사진 건판을 비스듬하게 놓았더라면, 아마도 알파입자가 사진 건판에 만드는 궤적을 보았을 것이다.

기노시타 이후에도 사진 건판은 꾸준히 사용되었지만, 이 사진 건판을 본격적으로 이용해서 우주선을 측정한 사람은 따로 있었다. 마리에타 블라우였다. 그녀는 하늘에서 쏟아지는 별을 사진 건판에 담으려 애쓰다가 그만 하늘의 별이 되어 버렸다. 그녀는 하늘에서 쏟아지는 우주선을 별을 담듯 사진 건판에 오롯이 담아냈지만, 유대인 여성이었다는 이유만으로 고초를 겪어야 했던 비운의 과학자였다.

◦ 마리에타 블라우

실험에는 기발한 착상도 중요하지만, 그에 못지않게 아이디어를 검증할 수 있는 측정 장치 역시 중요하다. 우주선을 처음 측정하던

19세기 말에 과학자들이 사용하던 장비는 검전기였다. 1911년에 안개 상자가 등장하면서 그 뒤로 우주선 관측은 주로 안개 상자를 이용했다. 블래킷과 오키알리니는 안개 상자의 위와 아래에 가이거-뮐러 계수기를 붙여 우주선을 좀 더 정확하게 관측할 수 있었고, 보테가 개발한 동시 방법은 우주선의 정체를 밝히는 데 큰 도움을 주었다. 스코벨친은 안개 상자에 전자석을 결합해 강력한 자기장을 걸어 우주선의 에너지와 운동량을 알아낼 수 있었다. 그리고 이제 감광유제가 그 뒤를 잇는다.

검출기와 주요 실험

검출기 및 검출 방법	주요 인물	주요 실험
검전기	피에르 퀴리와 마리 퀴리, 테오도르 불프, 빅토르 헤스, 로버트 밀리컨, 아서 콤프턴	방사선 연구 우주선의 발견
섬광 계수기	어니스트 러더퍼드, 한스 가이거	원자핵의 발견
가이거-뮐러 계수기 (가이거 계수기, 바늘 계수기) 이온화 체임버	한스 가이거, 어니스트 러더퍼드, 베르너 콜회르스터 졸리오 퀴리 부부, 제임스 채드윅	우주선과 입자의 성질 연구 중성자의 발견
동시 방법	발터 보테, 브루노 로시, 마르첼로 콘베르시 외	우주선과 입자의 성질 연구
안개 상자	찰스 윌슨, 칼 앤더슨, 패트릭 블래킷	양전자와 뮤온의 발견
원자핵 감광유제	마리에타 블라우, 세실 파월, 주세페 오키알리니	파이온의 발견

오스트리아 빈에 있는 라듐 연구소는 20세기 초부터 우주선 연구로 유명했다. 우주선을 관측해 노벨상을 받은 빅토르 헤스가 실험을 시작한 곳이 바로 이 연구소였다. 1910년에 문을 연 이곳의 소장은 프란츠 엑스너였지만, 실제 소장 업무는 슈테판 마이어가 맡고 있었다. 그는 오스트리아에서 라듐을 처음으로 추출하는 데 성공한 물리학자였다. 오스트리아가 나치 독일에 합병되면서 유대인이었던 마이어는 소장 자리에서 쫓겨났지만, 그는 정직하고 소신 있는 사람이었다. 라듐 연구소의 소장이면서 빈 대학의 교수이기도 했던 그는 여학생들이 물리학을 계속할 수 있도록 격려를 아끼지 않았다. 1900년대 초에는 대학에서 여성의 위치가 무척 낮았다. 그런 점에서 마이어는 선각자였다. 라듐 연구소는 지금도 오스트리아 빈에 있는데, 2004년부터는 슈테판 마이어의 이름을 기려 슈테판마이어 연구소로 이름을 바꾸었다.

마리에타 블라우는 1894년에 오스트리아 빈의 중산층 유대인 가정에서 태어났다. 아버지는 변호사였고 블라우의 집안은 빈에서 가장 유명한 음악 분야 출판사를 운영하고 있었다. 블라우가 대학에 들어갈 즈음 제1차 세계 대전이 발발했고, 블라우가 빈 대학에서 박사 학위를 마칠 즈음 전쟁이 끝났다. 전쟁이 끝나자 블라우가 살던 나라는 네 조각으로 나뉘었다. 합스부르크 왕가가 지배하던 헝가리-오스트리아 제국은 이제 존재하지 않았다. 빈은 제국을 다스리던 유럽의 중심에서 오스트리아라는 작은 나라의 수도가 되었다. 전쟁 후 빈을 덮친 것은 기근과 인플레이션이었다. 그리고 반유대주의가 고개를 치켜들었다. 으레 그렇듯, 살기 힘들어지면 사람들은 희생양을 찾기 마련이었다. 유대인들은 이들에게 좋은 먹잇감이 되었다.

블라우는 빈의 상황이 가장 힘들었던 1919년 3월 말에 마이어의 지도로 박사 학위를 마쳤다. 그녀는 오스트리아에서 직장을 찾을 수가 없었다. 블라우는 대학에 남고 싶었지만, 유대인이어서 그리고 여자여서, 대학에서 일자리를 구할 수 없었다. 어쩔 수 없이 그녀는 베를린으로 가서 엑스선 튜브를 만드는 회사에 취직했다. 1922년 1월에는 프랑크푸르트 대학에 있는 의학물리 연구소에 조교수로 자리를 옮겼다. 블라우는 그곳에서 전기공학 관련 일을 하면서 의사들에게 방사선학을 가르쳤다. 그 덕에 막 태동하기 시작한 핵물리학에 관심을 갖게 되었다. 블라우는 의학물리연구소에서 일하면서 중요한 사실 하나를 깨달았다. 의사들은 엑스선으로 사람 몸을 찍을 때 사진 건판을 사용했다. 이 사진 건판에는 엑스선에 민감하게 반응하는 감광유제가 발려 있었다. 블라우는 이때 감광유제가 발린 사진 건판을 핵물리학 연구에도 쓸 수 있다는 것을 알게 되었다. 감광유제는 훗날 중성자와 우주선 관측 장비 개발에 중요한 모티프가 된다.

블라우는 1923년 가을에 어머니가 아프다는 소식을 듣고 빈으로 돌아와야 했다. 그녀는 지도교수였던 마이어를 찾아갔다. 전쟁이 막 끝난 후라서 사설연구소였던 라듐 연구소의 재정 사정은 무척 나빴다. 마이어는 그녀가 라듐 연구소와 빈 대학의 제2물리연구소에서 일할 수 있도록 무급 비정규직 연구원 자리를 하나 내주었다.

블라우는 대학에서 물리학 실습 시간에 학생들을 가르치며 근근이 먹고 살았다. 그녀는 독일에서 눈여겨본 감광유제를 핵물리학 연구에 사용해 보고 싶었다. 감광유제를 바른 사진 건판은 사진을 찍을 때 쓰는 카메라 필름과 크게 다르지 않았다. 아교처럼 끈끈한 젤라틴에 브로민화은을 균일하게 섞은 것이 감광유제였다. 유리판에 감광유제를 얇게 바르면 원자핵 건판(nuclear emulsion plate)이 된다. 유리판 대신 셀룰로이드 필름에 감광 유제를 바른 것이 사진 필름이다. 핵물리학 연구에는 의학용 엑스선 사진에 사용하는 감광유제보다 민감도가 낮은 물질을 써야 했다. 그렇게 하지 않으면 감마선이 사진 건판에 부옇게 찍혀 버려 양성자나 알파입자를 원자핵 건판으로 확인하는 것이 쉽지 않았다.

◦ 새로운 검출기, 감광유제

1920년대에 입자를 검출할 때 사용하던 측정 도구는 섬광 계수기와 안개 상자, 가이거-뮐러 계수기였다. 섬광 계수기는 입자가 화면에 부딪쳐 빛을 낼 때마다 사람이 지켜보며 관측해야 했다. 관측자가 오래 지켜볼 수 없었고, 측정이 부정확할 수 있었다. 안개 상자에서는 속도가 빠른 양성자와 핵이 지날 때 자기장에서 휘는 걸 보기도 전에 지나가 버려 측정이 쉽지 않았다. 중성자는 전하가 없어 안개 상자나 섬광 계수기로는 측정하기 어려웠다. 가이거 계수기도 무척 유용한 검출기이긴 했지만, 제작이 까다로웠고, 안정적인 결과를 얻기가 쉽지 않았다. 그에 비해, 원자핵 건판은 안개 상자나 섬광 계수기보다 양성자나 알파입자 그리고 중성자를 측정하는 데 강점이 있었다. 원자핵 건판을 이용해서 입자를 측정하는 방법은 이미 알려져 있었지만, 이 건판이 우주선을 측정하는 안정적인 검출기라고 여기는 사람은 많지 않았다. 이런 원자핵 건판을 우주선을 관측하는 데 적극적으로 도입한 사람이 블라우였다.

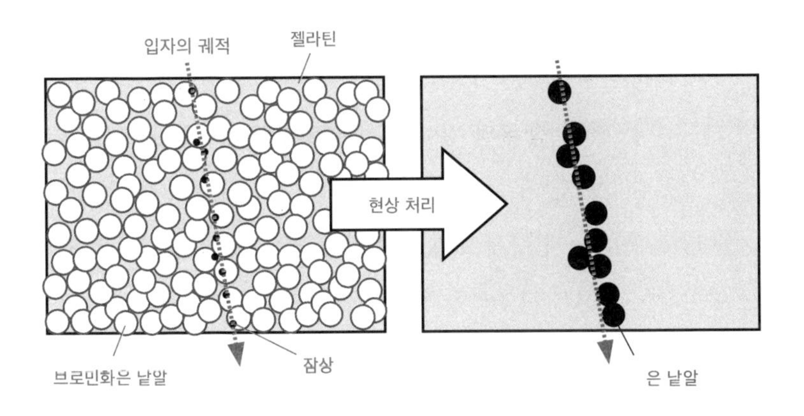

감광유제를 바른 사진 건판에 입사한 입자의 궤적

(왼쪽) 감광유제를 바른 건판에 전하를 띤 입자가 들어오면 브로민화은 낱알의 전자가 움직여 은 이온을 은 원자로 환원시킨다. 이렇게 환원된 은 원자가 일정 개수 이상 모이면 잠상(latent image)이 만들어진다. (오른쪽) 잠상이 있는 브로민화은 낱알을 현상하면 은 낱알이 만들어지고 나머지가 씻겨나가 입자의 궤적이 나타난다. 은 낱알은 보통 마이크로미터 이하의 크기다.

1925년에 블라우는 감광유제를 이용해서 알파입자와 충돌해 튀어나오는 원자를 측정했다. 그녀는 방사선원에서 나오는 알파입자를 알루미늄과 파라핀에 충돌시키는 실험을 했다. 그건 십여 년 전 가이거와 마스덴이 한 실험과 비슷했다. 다른 점이 있다면, 가이거와 마스덴은 알파입자 충돌 실험에 섬광 계수기를 썼고, 블라우는 원자핵 건판을 썼다는 점이었다. 원자핵 건판에는 양성자의 궤적이 아주 희미하게 찍혀 있었다. 그러나 블라우가 사용한 알파입자 방사선의 세기가 약해서 실험은 쉽지 않았다. 블라우는 필름 제조회사인 일포드에 브로민화은의 입자 크기를 비롯해서 여러 조건을 바꿔가며 감광유제를 제작해 달라고 요청했다.

당시 라듐 연구소에는 여성 과학자들이 많았다. 연구소에서 일하는 연구원 중 거의 삼 분의 일이 여성이었다. 여기에는 몇 가지 이유가 있었다. 1903년에 마리 퀴리가 방사선 분야에서 노벨 물리학상을 받고, 1911년에 다시 노벨 화학상을 받으면서 과학을 공부하는 여학생들을 크게 고무시켰다. 그리고 이제 막 시작된 방사선 분야는 물리학을 전공한 여학생들이 뛰어들기에 적당했다. 1930년부터 1937년까지 블라우가 지도한 박사 과정 여학생은 다섯 명이었다. 학생 가운데에는 훗날 라듐 연구소 소장이 될 베르타 카를리크와 헤르타 밤바허가 있었다. 밤바허는 블라우보다 아홉 살이 어렸다. 키는 더 컸지만, 인상은 차가웠다. 두 사람에게 공통점이 있다면, 같은 고등학교를 졸업했다는 것뿐이었다. 두 사람은 확연하게 달랐지만, 연구할 때는 서로 잘 맞았다.

1932년부터 두 사람은 함께 양성자와 핵을 측정하는 데 적당한 감광유제를 개발하며 실험을 거듭했다. 우선 채드윅의 중성자 실험을 원자핵 건판으로 재현해 보았다. 베릴륨에서 나오는 중성자를 파라핀 왁스에 충돌시켰더니 양성자가 튀어나오면서 원자핵 건판에 자국을 남겼다. 블라우는 현미경으로 원자핵 건판을 들여다봤다. 양성자가 지나간 궤적이 원자핵 건판에 고스란히 담겼다.

그러나 이 궤적이 정말 양성자 때문에 생긴 것인지 먼저 확인해야만 했다. 블라우와 밤바허는 안개 상자와 섬광 계수기를 써서 비슷한 실험을 했다. 이 장치에서 보여 주는 양성자의 궤적이 두 사람이 원자핵 건판으로 얻은 것과 비슷해 보였다. 두 사람은 원자핵 건판을 이용해서 실험을 이어갔다. 중성자와 부딪쳐 튀어나오는 양성자를 관측하면 중성자의 에너지를 측정할 수 있다는 사실을 알아냈다. 이 중성자의 에너지를 좀 더 정확하게 측정하려면, 원자핵 건판에 바르는 감광유제의 두께가 좀 더 두꺼워야 했다. 감광유제 사진 건판을 만드는 회사인 일포드에서 블라우가 원하는 대로 전에 만들었던 것보다 감광유제를 좀 더 두껍게 만들긴 했지만, 여전히 감광유제의 두께는 제대로 된 실험을 하기에는 얇았다. 그리고 이 원자핵 건판을 이용한 방법이 중성자의 에너지를 정확하게 측정하는 데는 좋은 방법이 아니라는 비판도 받아야 했다. 원자핵 건판은 전하를 띤 입자의 움직임을 측정하게 되는데, 중성자는 전하가 없었다. 그래서 중성자가 충돌하며 튕겨내는 양성자의 움직임

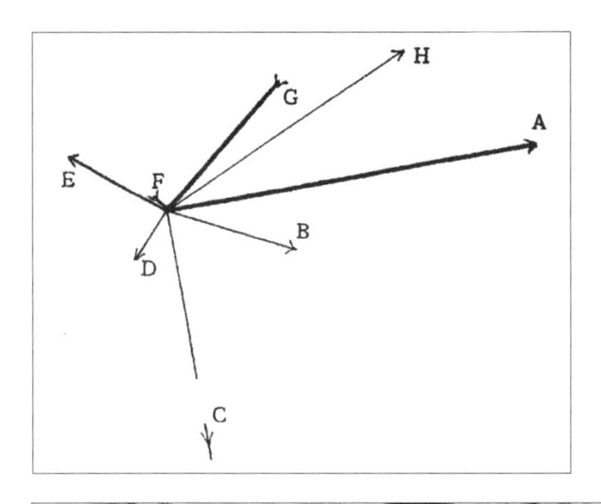

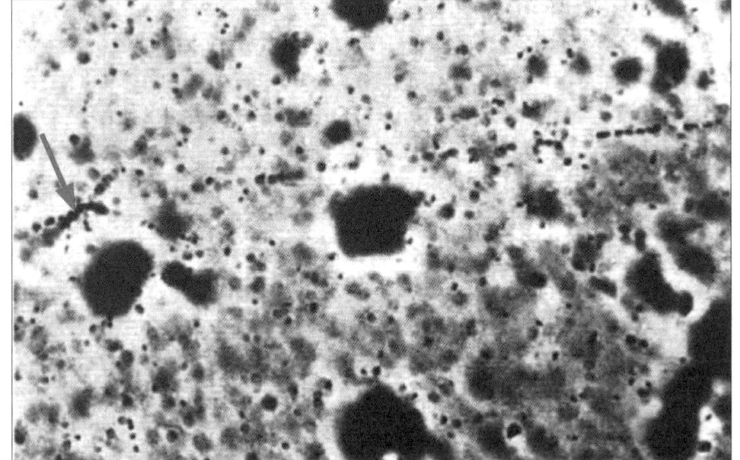

원자핵 건판으로 확인한 우주선 입자의 궤적

블라우와 밤바허가 원자핵 건판을 이용해 관측한 우주선 사진이다. 왼쪽 중앙의 한 점은 블라우가 처음으로 발견한 '붕괴하는 별'의 모습이다. 이 별에서 사방으로 8개의 궤적이 갈라져 나간다. 블라우가 썼던 원자핵 건판의 질이 좋지 않아서 커다란 점들이 보이지만, 이 8개의 궤적이 퍼져 나가는 '붕괴하는 별'은 분명하게 구분할 수 있다. 선의 굵기는 길이당 낱알의 개수를 상대적으로 나타낸 것이고, 화살표는 붕괴한 입자의 진행 방향을 나타낸다.

(M. Blau & H. Wambacher, *Nature*, **140** (1937) 585)

으로 중성자의 궤적을 추정하는 식으로 측정이 이루어졌다. 어쨌든 이건 무척 중요한 결과였다. 두 사람 덕에 이제 과학자들은 안개상자, 섬광 계수기, 가이거-뮐러 계수기 외에 또 하나의 검출기를 갖게 되었다.

1936년에 블라우는 헤르타 밤바허와 함께 감광유제를 이용한 우주선 측정 방법을 개발했다. 블라우는 우주선을 오래 연구한 헤스에게 자신이 개발한 원자핵 건판을 우주선 측정에 사용해 보고 싶다고 요청했다. 헤스는 기꺼이 도와주겠다고 말했다. 오스트리아 인스부르크에 있는 고도 2334미터의 하펠레카르산에는 헤스가 관리하는 우주선 관측소가 있었다. 블라우와 밤바허는 이곳에서 원자핵 건판을 이용해 오 개월 동안 우주선을 측정했다. 결과는 놀라웠다. 칠흑 같은 하늘에 별이 빛나듯 하나의 점에서 여덟 갈래로 입자의 궤적이 갈라지는 모습이 원자핵 건판에 찍혀 있었다. 감광유제의 핵이 우주선과 부딪쳐 붕괴하는 모습이었다. 두 사람은 오랜만에 서로를 보며 활짝 웃었다. 그동안 고생한 보람이 있었다. 그리고 원자핵 건판에 나온 하나의 점에서 여러 갈래로 갈라지는 궤적을 '붕괴하는 별(disintegrated star)'이라고 불렀다. 많은 사람들이 두 사람이 찍은 궤적에 깊은 관심을 보였다. 어쩌면 사진 감광유제를 이용하는 것이 우주선을 측정하는 데 매우 효과적일 수도 있었다.

나치에 막힌 연구의 꿈

1938년 3월 11일, 히틀러가 오스트리아를 침공하겠다고 협박하자, 오스트리아의 수상 쿠르트 슈쉬니크가 자리에서 물러나면서 오스트리아군에게 독일군에 대항하지 말라고 명령을 내렸다. 그리고 이틀 뒤인 3월 13일 새로운 수상은 오스트리아는 독일과 합병되었음을 천명했다. 당시 오스트리아의 대통령 빌헬름 미클라스는 합병서에 서명하길 거부하다 자리에서 쫓겨났다. 그리고 다음 날, 히틀러는 독일군을 이끌고 개선장군처럼 거만하게 빈으로 들어왔다. 유대인이었던 마이어는 오스트리아가 독일에 합병되자 바로 소장 자리에서 쫓겨났다.

블라우는 자신에게도 위험이 닥쳐오고 있다는 사실을 알았다. 그녀와 함께 연구하던 밤바허도 골수 나치가 되었다. 배신감이 들었다. 나치당에 가입한 교수 삼인방인 게오르그 슈테터, 구스타프 오르트너, 게르하르트 키르쉬는 그녀를 집요하게 괴롭혔다. 그녀는 노르웨이로 잠시 몸을 피하기로 했다. 노르웨이의 오슬로에 도착한 블라우는 친구들의 도움을 받아 빈에 있던 어머니를 탈출시키고, 이번에는 멕시코로 향했다. 멕시코로 가는 데는 프린스턴의 고등과학원에 자리를 잡은 아인슈타인의 도움이 컸다. 그녀는 멕시코의 한 공과대학에서 학생들을 가르쳤다.

일 년 후 그녀는 동생 루트비히가 사는 뉴욕으로 갔다. 그녀는 컬럼비아 대학에 2년 계약직 연구원이 되었다. 비록 계약직 연구원이었지만, 블라우는 그곳에서 학생들에게 원자핵 건판을 이용해 가속기에서 나오는 입자를 측정하는 방법을 가르쳤다. 1950년에는 브룩헤이븐에 새로 생긴 국립연구소에서 연구원으로 일할 수 있게 되었다. 1956년에는 마이애미 대학으로 옮겨 원자핵 건판을 이용한 실험을 계속했다. 그 사이 그녀의 건강은 서서히 나빠지고 있었다. 방사선과 가속기 연구를 한 사람들이 으레 그렇듯, 블라우도 백내장이 심해져 시력이 무척 안 좋았다. 더 큰 문제는 동맥경화였다. 동맥경화 때문에 심장이 자주 문제를 일으켰다.

1960년에 블라우는 마침내 고향으로 돌아왔다. 오스트리아를 떠난 지 이십삼년 만의 일이었다. 빈에 도착한 블라우는 그곳의 친숙한 분위기가 좋았다. 빈에 있던 몇몇 동료들도 그녀를 반갑게 맞아주었다. 그중에는 그녀를 노벨 물리학상 후보로 두 번이나 추천했던 에르빈 슈뢰딩거도 있었고, 1955년에 그녀를 노벨 물리학상 후보로 추천했던 한스 터링도 있었다. 그녀는 빈으로 돌아와 다시 라듐 연구소의 무급 연구원이 되었다. 빈을 떠나기 전 무급 연구원으로 시작해 오랜 세월이 지나 빈으로 돌아왔지만 다시 무급 연구원이 된 셈이었다. 그녀는 미국의 연구소와 대학에서 은퇴하며 받게 된 몇 푼 안 되는 연금으로 생활했다. 그녀의 후배이자 오랜 친구인 베르타 카를리크는 슈테판 마이어의 뒤를 이어 1956년에 라듐 연구소의 소장이 되었고 여성으로는 처음으로 빈 대학 물리학과의 정교수가 되었다. 카를리크 역시 겉으로는 블라우를 반갑게 맞는 듯 했다. 하지만 얼마 지나지 않아 두 사람은 사이가 나빠졌고, 끝내는 친구 관계도 끝이 나고 말았다. 거기에는 이유가 있었다.

제2차 세계 대전이 끝난 지 얼마 지나지 않아 나치에 적극적으로 가담한 자들과 부역한 자들 대부분이 복권되었다. 게오르그 슈테터는 자신이 나치당에 가입한 것은 자신의 의지가 아니었다고 변명했고, 1952년에는 빈 대학 제1 물리연구소의 소장이 되었다. 라듐 연구소에서 나치 삼인방의 한 사람으로 악명을 떨친 구스타프 오르트너도 이집트에 가서 카이로 대학의 교수로 지내다가 1960년에 빈 공과대학의 핵물리학 교수가 되었다. 그녀를 참 힘들게 했던 밤바허는 1950년에 암으로 사망했다. 카를리크는 라듐 연구소의 소장이 되면서 전쟁 때문에 무너진 학계를 되살리려 애쓰고 있었다. 그래서 나치에 깊숙이 간여했던 사람들을 복권하는 일에 참여하고 있었다. 블라우는 그런 카를리크의 모습에 큰 상처를 받았다. 카를리크는 블라우가 빈에 돌아와 옛날 일을 꺼내는 것을 반기지 않았다. 다른 사람들에게도 "블라우는 자기 혼자서는 그런 명성을 얻을 수 없었다"는 말을 하기도 했다. 카를리크가 보기에 블라우가 겪었던 그 엄청난 고난은 그저 옛날 일일 뿐이었다.

그녀는 말년에 병원에 입원했다 퇴원하길 수없이 반복했다. 그녀가 자주 아팠기 때문만은 아니었다. 그녀는 어떻게든 병원비를 아껴야 했다. 1970년에 그녀는 가난과 병마에 시달리다 쓸쓸히 세상을 떠났다. 그녀가 죽었지만 신문이나 학계에는 그 어떤 부고도 없었고, 그녀를 기념하는 학회도 열리지 않았다.

세실 파월이 1950년에 노벨 물리학상을 받을 때, 슈뢰딩거의 추천으로 블라우와 밤바허도 후보에 들어 있었다. 하지만 블라우는 노벨상을 받지 못했다. 파월이 파이온을 발견했을 때 썼던 방법도 블라우가 개발한 원자핵 감광유제였다. 파월은 노벨상 수상 강연에서 블라우의 이름을 언급하지 않았다. 블라우는 네 번이나 노벨 물리학상 후보에 올랐지만 상을 받지 못했다. 그리고 그녀는 사람들 기억 속에서 완전히 잊혔다. 2005년이 되어서야 그녀가 근무했던 멕시코 공과대학에서 그녀의 이름 뒤에 교수라는 직함을 붙였고, 빈 대학에서도 새로 지은 강의실 하나를 그녀의 이름을 따서 불렀다.

◦ 세실 파월

세실 파월은 실험을 하려고 태어난 사람 같았다. 교사였던 외할아버지는 어린 그를 방문할 때마다 과학책이나 수학책을 선물로 주곤 했다. 파월이 어려서부터 과학에 흥미를 갖게 된 건 외할아버지 덕이었다. 가난한 집안 형편 탓에 실험에 필요한 화학 약품은 용돈을 아껴 구입하고 장치는 직접 꾸며야 했다. 한 번씩 사고를 치긴 했지만 그 덕에 파월은 일찍부터 실험에 필요한 손재주를 익힌 셈이었다. 그가 손재주만 좋았던 것은 아니었다. 파월은 케임브리지 대학에 들어가서도 그 어렵다는 수학 트리포스 시험을 우수한 성적으로 통과했다. 그곳에서 학부를 마치고 캐번디시 연구소에서 연구를 시작했는데, 이곳은 딱 파월 같은 사람을 위한 곳이었다. 캐번디시 연구소는 그게 무엇이든 직접 만들어서 실험하는 곳이었으니 말이다. 파월은 안개 상자를 처음으로 만든 윌슨 밑에서 박사 학위를 마쳤다.

파월은 1928년부터 브리스틀 대학의 윌스 물리학 연구소(HH Wills Physical Laboratory)에서 아서 틴덜 교수의 조교를 하다가 1931년에 조교수가 되었다. 1932년에 캐번디시 연구소의 존 콕크로프트와 어니스트 월턴이 정전 가속기를 만들어 드디어 양성자를 인공적으로 가속할 수 있게 되자, 파월은 브리스틀에도 이 가속기를 짓고 싶었다. 1939년에 그는 이 가속기를 만들었지만, 제2차 세계 대전이 일어나면서 가속기는 해체되고 말았다.

브리스틀 대학에는 나치의 유대인 박해를 피해 머물고 있던 발터 하이틀러가 연구원으로 있었다. 1938년에 하이틀러는 논문 한 편을 틴덜에게 건넸다. 블라우와 밤바허가《네이처》에 발표한 바로 그 논문이었다. 하이틀러는 블라우를 알고 있었다. 그는 이 논문을 틴덜에게 주며 이렇게 말했다.

"교수님, 이 논문에 나오는 방법은 매우 간단해서 이론을 연구하는 사람이라도 이 방법으로 측정할 수 있을 것 같습니다."

하이틀러는 파월에게도 원자핵 건판을 써서 우주선을 측정해 보는 게 어떻겠냐고 제안했다. 손재주가 뛰어났던 파월은 바로 원자핵 건판을 넣은 상자를 하나 만들었다. 그 상자 안에는 우주선의 속도를 조절할 납판도 들어 있었다. 하이틀러는 파월이 만든 상자를 들고 스위스의 융프라우요흐로 향했다. 그는 스위스 취리히에서 연구한 적이 있었던 터라 그곳 지리를 잘 알고 있었다. 1938년 8월부터 이듬해 3월까지 그는 융프라우요흐에 머물면서 230일 동안 우주선을 측정했다.

하이틀러가 산에 가 있는 동안, 파월은 원자핵 건판이 검출기로 의미가 있으려면, 안개 상자나 가이거-뮐러 계수기와 비교해서 장점이 있어야 한다고 생각했다. 그는 몇 년 전에 캘리포니아 공과대학에서 베릴륨과 붕소, 탄소의 핵에 중양자를 때리면, 그 핵들이 다른 핵들로 변환하면서 중성자가 나오는 실험을 한 사실을 떠올렸다. 파월은 자신의 동료 한 사람과 같이 이와 비슷한 실험을 해서 과연 원자핵 건판이 안개 상자와 가이거-뮐러 계수기와 비슷한 결과를 내는지 확인해보기로 했다. 두 사람은 붕소에 중양자를 때린 다음에 붕소가 자신의 동위원소로 바뀌면서 양성자 하나를 내놓는 실험을 했다. 이 실험에는 일포드에서 만든 원자핵 건판을 사용했다. 결과는 흥미로웠다. 원자핵 건판을 쓴 결과는 계수기를 이용해서 측정한 결과와 별반 차이가 없었다. 이번에는 중성자를 내놓는 실험을 하고 원자핵 건판으로 측정해 보았다. 중성자가 감광유제를 지나가며 튕겨낸 양성자의 궤적을 추적하면, 중성자도 관측이 가능했다. 중성자의 원자핵 건판 관측 결과를 안개 상자를 써서 구한 결과와 비교해 보았다. 놀랍게도 해상도는 원자핵 건판을 쓴 결과가 훨씬 더 나았다. 무엇보다도 원자핵 건판은 크기가 안개 상자나 계수기로 만든 검출기보다 훨씬 더 작았다. 게다가 중성자가 발생하는 곳 가까이에 원자핵 건판을 갖다 둘 수도 있었다. 이건 안개 상자로는 가능하지 않은 측정도 할 수 있다는 말이었다.

융프라우요흐에서 돌아온 하이틀러는 파월과 같이 원자핵 건판에 담긴 입자들의 궤적을 살펴보았다. 그건 몇 년 전 블라우와 밤바허가 봤던 것과 비슷했다. 두 사람은 우주선이 남긴 궤적의 길이와 원자핵 건판에 나타난 낱알들 사이의 간격을 보고 입자들의 종류를 분석해 냈다. 브리스틀에 있는 콕크로프트-월턴 가속기에서 나오는 양성자를 측정한 결과와 비교하면서 원자핵 건판에 찍힌 우주선의 궤적 중에서 긴 것이 양성자라는 사실을 알아냈다. 하지만 짧은 궤적은 알파입자라고 여기기는 했지만, 아직까지 원자핵 건판이 양성자와 알파입자를 구분해 내기에는 해상도가 충분하지 않았다. 궤적 중에서는 양성자와 알파입자가 만들어 내는 궤적보다 길고 낱알의 밀도가 세 배나 더 높은 것도 있었다. 그건 분명히 전하수가 매우 큰 무거운 핵이었다. 파월은 원자핵 건판이 안개 상자보다 해상도가 더 뛰어나고 입자들을 더 쉽게 측정할 수 있다는 사실에 고무되었다. 원자핵 건판의 유용함을 간파한 파월은 우주선 연구에 본격적으로 뛰어들었다.

1939년 제2차 세계 대전이 시작되었고, 이듬해부터 채드윅은 파월과 우라늄 핵분열에 필요한 중성자의 에너지를 원자핵 건판으로 측정할 방법을 의논했다. 파월은 감광유제로 관측한 사진을 분석할 사람을 모았다. 사진을 광학현미경으로 꼼꼼하게 살펴야 하는 일이었다. 주로 젊은 여성들을 뽑았는데, 그들은 '스캐너(scanner)'라고 불렸다. 파월은 조직력이 탁월한 사람이었다. 파월은 앨런 메이의 도움을 받아 원자핵 건판으로 중성자를 측정하는 연구를 시작했다. 메이는 훗날 원자폭탄을 만드는 데 필요한 정보를 소련에 넘긴 혐의로 수감된다. 파월은 양심에 걸린다는 이유로 원자폭탄을 만드는 일에 직접 간여하지 않았지만, 그 일에 간접적으로 도움이 되는, 우라늄에 중성자를 충돌시키는 실험을 원자핵 건판으로 했다. 원자폭탄을 개발하는 데 동원이 되었던 다른 물리학자들도 핵분열에 필요한 중성자의 에너지를 분석하는 일에 원자핵 건판을 썼다. 이렇게 원자핵 건판을 입자를 검출하는 데 쓰는 사람들은 점점 더 늘어갔다.

전쟁이 끝나자, 블래킷은 정부에 물리학의 발전을 위해 두 개의 토론 패널을 구성하자고 제안했다. 그중 하나는 영국에 가속기를 짓는 걸 토론하는 패널이었고 다른 하나는 감광유제를 개선할 방법을 모색하는 패널이었다. 감광유제 패널은 폴란드 출신의 영국 물리학자 조지프 로트블랫이 이끌었다. 한때 영국과 미국에서 원자폭탄을 만드는 일을 도왔던 그는 나중에 핵무기 반대에 앞장 선 공로로 노벨평화상을 수상한다. 감광유제 패널에는 필름 제조 회사인 일포드와 코닥도 참여했다. 원자핵 건판이 가이거-뮐러 계수기나 안개 상자보다 더 나은 검출기라는 건 틀림없는 사실이었지만, 아직 보완해야 할 점이 많았다. 그중에서도 감마선 때문에 사진이 부옇게 변하는 현상은 바로 잡아야 했다.

일포드에서는 감마선에는 최소한으로 반응하면서 전하를 띤 입자에는 좀 더 민감한 감광유제 필름을 개발했다. 새로 만든 감광유제에는 알파벳과 번호를 체계적으로 붙였다. 이를테면 필름에 들어가는 브로민화은 낱알의 크기에 맞춰 이름을 A, B, C 순서로 붙였고, 감광유제의 감도에 따라 1, 2, 3과 같이 번호를 붙였다. 그러니까 B1

은 C2보다 브로민화은 낱알의 크기가 더 작고 감도가 더 떨어지는 제품이었다. 이 두 제품은 우주선을 측정하는 데 자주 쓰였다. 그리고 1948년에 코닥에서 개발한 NT4 감광유제와 그 이듬해 일포드에서 개발한 G5 감광유제는 전자와 양성자를 측정하는 데 쓰였을 뿐 아니라, 1950년대에 우주선과 가속기에서 새로운 입자를 발견하는 데 무척 유용하게 사용되었다.

◦ 향상된 감광유제

1934년에 오키알리니는 캐번디시 연구소를 떠나 아르체트리로 돌아왔다. 아르체트리는 더는 예전의 아르체트리가 아니었다. 그가 영국으로 떠나던 해에 아르체트리를 지켜주던 가르바소가 세상을 떠났다. 로시도 파도바 대학의 교수가 되어 아르체트리를 떠났다. 오키알리니를 더욱 힘들게 했던 것은 이탈리아의 정치였다. 베니토 무솔리니가 정권을 잡은 뒤, 이탈리아는 파시스트들의 나라로 변했다. 그는 대학에 남아 계속 연구하려고 파시스트당에 가입한 이력과 무솔리니에게 충성을 맹세했던 사실 때문에 무척 괴로워했다. 이탈리아의 동료들은 오키알리니가 캐번디시 연구소에 있는 동안 블래킷과 함께 한 연구가 얼마나 중요한지 알고 있었다. 그러나 그런 오키알리니도 실험에 필요한 돈을 구하는 데 어려움을 겪었다. 게다가 군에도 입대해야 했다. 군 복무를 마친 뒤, 몇몇 대학에서 물리학 강의도 하고, 과학고등학교의 교사 생활도 했지만, 연구를 제대로 할 수 없어 오키알리니는 무척 힘들어했다.

1937년에 오키알리니는 아버지의 친구인 글렙 와타긴의 편지를 받았다. 와타긴은 1934년에 새로 생긴 브라질 상파울루 대학의 물리학과를 이끌고 있었다. 오키알리니는 이탈리아를 벗어날 좋은 기회라고 여겼다. 그리고 그곳에 가면 연구도 계속할 수 있을 것 같았다. 1937년 8월에 오키알리니는 브라질로 가는 배를 탔다.

상파울루 대학의 교수가 된 오키알리니는 와타긴과 우주선 연구에 바로 착수했다. 우주선은 어디에나 있었다. 상파울루에서도 안개 상자와 같이 간단한 실험 장치만 있다면 유럽 못지않은 연구 결과를 낼 수 있었다. 오키알리니와 와타긴에게 배운 학생들도 금세 물리학 연구의 최첨단에 들어섰다. 그 중 우고 카메리니와 세사르 라테스가 두각을 나타냈다. 두 사람 모두 유대계 이탈리아인이었다. 카메리니는 밀라노에서 살다가 무솔리니의 박해를 피해 가족 모두가 브라질로 망명한 사람이었다. 두 사람은 오키알리니를 만나면서 훗날 세계적인 실험물리학자로 거듭나게 된다. 라테스는 원래 이론물리학을 전공하려고 했지만, 오키알리니를 만나면서 생각을 바꿨다. 카메리니도 마찬가지였다. 두 사람은 오키알리니와 함께 안개 상자와 가이거-뮐러 계수기를 만들며 우주선 연구를 배워갔다.

제2차 세계 대전은 상파울루 대학에서 연구에 전념하던 오키알리니의 인생을 또 한 번 흔들어 놓았다. 1942년 8월에 브라질은 독일, 이탈리아, 일본으로 이루어진 추축국에 선전포고를 했다. 오키알리니는 이제 적국의 시민이 되고 만 것이었다. 그는 이탈리아로 쫓겨날까 두려웠다. 결국 학교에 사표를 내고 사라졌다. 그가 도망친 곳은 상파울루에서 300킬로미터나 떨어진 이타티아이아 국립공원이었다. 그곳에서 산악가이드를 하며 1943년 9월에 이탈리아가 항복할 때까지 숨어 지냈다. 전쟁이 끝나갈 무렵에 오키알리니는 블래킷의 도움으로 우여곡절 끝에 다시 영국으로 돌아왔다. 그리고 1945년 9월에 파월의 실험 그룹이 있는 브리스틀 대학으로 왔다.

오키알리니가 파월의 그룹에 합류하면서 우주선 연구는 한층 탄력을 받았다. 그는 물리학을 시작할 때부터 우주선 연구를 손에서 놓은 적이 없었다. 오키알리니는 원자핵 건판으로 우주선을 측정한다는 말을 들었을 때 지대한 관심을 보였다. 원자핵 건판은 낯선 측정 장치였지만, 그는 그것이 우주선 검출에 매우 유용하다는 것을 금방 깨달았다. 그뿐만 아니라 그때까지 쓰고 있던 감광유제 원자핵 건판의 문제점도 쉽게 간파했다. 감광유제의 감도를 조절하는 방법은 세 가지였다. 브로민화은 낱알의 크기, 브로민화은과 젤라틴의 비율, 유리에 바르는 감광유제의 두께였다. 그 중 브로민화은과 젤라틴의 비가 가장 중요했다. 오키알리니는 브로민화은의 양을 늘리면 입자의 궤적을 보다 뚜렷하게 볼 수 있을 거라고 생각했다. 파월과 오키알리니는 감광유제를 만드는 일포드에 자신들의 생각을 전했다. 1945년 11월, 일포드에서 새로 제작한 C2 감광유제는 그 전 제품들보다 입자의 궤적을 훨씬 더 분명하게 보여주었다.

원자핵 건판에 찍힌 궤적을 분석해서 입자의 질량을 구하고 어떻게 붕괴하는지 분석하는 방법도 점점 향상되었다. 전하를 띤 입자는 감광유제 속을 지나면서 전자를 움직여 브로민화은의 은 이온을 환원시킨다. 원자핵 건판을 현상(development)하면 반응하지 않은 은 이온이 모두 씻겨 나가고 환원된 은 원자들이 서로 합쳐져 검은 낟알(낱알)로 보이게 된다. 현상이 끝난 원자핵 건판을 현미경으로 보며 검게 변한 은 낟알의 개수를 세고 낟알 사이의 간격을 재면, 건판으로 들어온 입자의 질량과 붕괴 과정을 알 수 있다. 이런 방법을 낟알 계수 방법(grain counting method)이라고 부른다.

파월은 조직을 운영할 줄 아는 사람이었다. 원자핵 건판에 찍힌 궤적을 잘 읽어낼 수 있게 해상도가 높은 현미경을 사들이고, 그걸 보며 궤적을 읽어내도록 스캐너들을 더 고용했다. 그들은 원자핵 건판을 현미경으로 보다가 별처럼 찍힌 점을 발견하면 물리학자들에게 보고했다. 이렇게 기반을 갖춰 놓고, 파월은 우주선을 측정할 팀을 꾸려 프랑스 피레네산맥에 있는 2877미터 높이의 산, 피크뒤미디(Pic du Midi de Bigorre)로 보낼 준비를 하고 있었다. 그곳 정상에는 천문대가 있었다.

새로운 발견의 전조

파월이 그 당시로는 큰 규모의 실험 그룹을 꾸려 가는 동안, 런던의 임페리얼 컬리지에서는 도널드 퍼킨스라는 박사 과정 대학원생이 비슷한 연구를 하고 있었다. 그의 지도교수는 영국에서 원자폭탄 개발을 지휘하던 조지 패짓 톰슨이었다. 그는 전자를 발견한 조지프 존 톰슨의 아들이었다. 톰슨은 퍼킨스에게 여러 연구 주제를 제안했다. 퍼킨스는 우주선 연구를 하고 싶다고 자기 생각을 밝혔다. 그러자 톰슨은 그에게 블라우와 밤바허가 1937년에 쓴 논문을 건네 주었다. 퍼킨스는 이 논문에서 원자핵 건판을 사용해서 우주선을 측정한다는 사실을 처음 접했다. 그가 보기에 이 방법은 단순하지만 훌륭했다. 그리고 퍼킨스도 블래킷의 초청을 받아 감광유제 패널에 참석할 수 있게 되었다. 퍼킨스는 원자핵 건판을 이용해서 우주선을 측정하는 방법에 점점 더 매료되어 갔다. 그는 우주선을 측정하러 세계의 곳곳을 다닐 수 있는 것 또한 우주선 연구의 매력이라고 여겼다. 그래서 지도교수에게 안데스산맥에 가서 우주선을 측정하고 싶다고 말했다. 그러나 톰슨은 그건 너무 돈이 많이 드는 일이니, 어느 산으로 갈까 고민하지 말고 가까운 알프스에 가서 우주선을 측정하라고 말했다.

퍼킨스가 보기에 알프스에 있는 산 중에서 융프라우요흐가 가장 만만했다. 그곳은 하이틀러가 원자핵 건판으로 230일 동안 우주선을 관측했던 곳이었다. 그러나 퍼킨스에게는 그 이유보다는 산꼭대기까지 기차를 타고 갈 수 있다는 점이 더 마음에 들었다. 융프라우요흐에 가려고 준비하는 동안, 그는 더 나은 방법이 있다는 걸 발견했다. 그건 비행기를 타고 하늘로 올라가서 우주선을 관측하는 것이었다. 다행히 퍼킨스의 지도교수는 원자폭탄을 만드는 프로젝트를 이끈 사람이라서 정부에 대해 상당한 영향력을 행사할 수 있는 물리학자였다. 그는 지도교수의 도움을 받아서 영국 공군의 정찰기를 타고 실험을 할 수 있게 되었다. 그러나 비행기는 공중에 무한정 오랫동안 머물 수 없다는 점이 단점이었다. 감광유제 원자핵 건판은 제법 오랜 시간 동안 우주선을 측정해야지만 의미 있는 결과를 얻을 수 있는데, 비행기를 타면 기껏해야 몇 시간 만에 측정을 마쳐야만 했다. 퍼킨스는 일포드에서 제작한 B1 원자핵 건판을 들고 정찰기에 탔다.

정찰기는 1만 미터가 넘는 상공까지 올라갔다. 퍼킨스는 일포드 B1 감광유제가 50마이크로미터 두께로 발려 있는 원자핵 건판으로 우주선을 관측했다. 그는 실험실로 돌아와 현미경으로 사진을 들여다보았다. 아니나 다를까 원자핵 건판에는 우주선이 지나간 자취가 찍혀 있었다. 대부분은 우주선 입자들이 감광유제와 부딪쳐 생긴 것이었는데, 그 중 하나가 특이했다. 그 별은 네 가닥의 궤적이 바깥으로 퍼져 나가는 모양을 하고 있었다. 이 네 개의 가닥 중에서 세 개는 원자핵 건판의 평면에 나란하게 놓여 있었고, 다른 하나는 원자핵 건판 밑으로 40도의 각도로 내려가서 유리판에서 끝나 있었다. 원자핵 건판에 나란히 놓여 있는 가닥 중 하나와 원자핵 건판을 지나 유리에서 끝나는 궤적은 분명히 양성자였다. 그리고 또 한 가닥은 양성자 하나와 중성자 두 개로 이루어진 삼중양자를 나타내는 게 분명해 보였다.

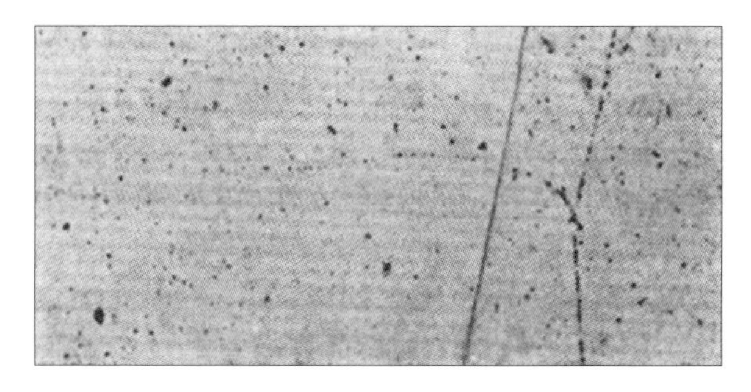

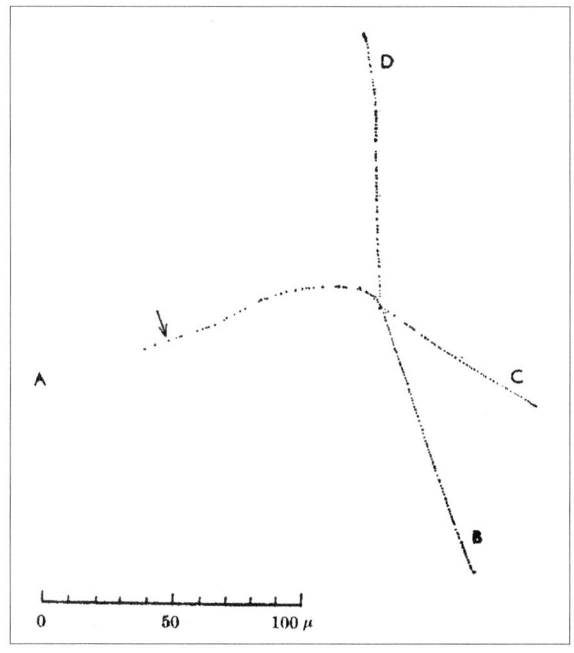

퍼킨스가 원자핵 건판으로 검출한 파이온의 궤적과 '붕괴하는 별'의 모습. A 궤적으로 들어온 파이온이 감광유제에 멈췄고 핵에 바로 포획되었다. 포획된 파이온의 질량이 에너지로 바뀌며 핵이 붕괴했고, 이 때 양성자 두 개와 삼중양자 한 개를 내놓았다. C와 D 궤적은 양성자를, B 궤적은 삼중양자를 나타낸다. 퍼킨스는 A 궤적이 핵과 강한 상호작용을 하는 메존을 의미하는 걸 몰랐고, 전하를 띤 '느린 메존'으로 추정했다. (D. H. Perkins, *Nature*, **159** (1947) 126-127)

문제는 나머지 한 가닥이었다. 퍼킨스는 우선 이 가닥이 전하를 띠고 있는 입자라고 가정했다. 이 가닥은 별의 중심으로 갈수록 원자핵 건판에 찍힌 낱알들이 촘촘해졌다. 이 말은 입자가 감광유제 속을 진행하면서 에너지를 잃는다는 말이었고, 에너지를 잃을수록 이 입자는 감광유제와 더 세게 상호작용을 할 수 있다는 의미였다. 그러니까 이 가닥이 중심에서 시작해서 바깥으로 나가는 게 아니라 바깥에서 안으로 들어오는 게 분명했다. 이 입자는 전자라고 하기에는 낱알들의 밀도가 너무 높았고, 산란 되는 정도는 너무 작았다. 또 양성자라고 하기에는 산란 되는 정도가 너무 컸다. 그러니 이 가닥은 전자보다는 무겁고 양성자보다는 가벼운 입자였다. 이건 메존이 틀림없었다. 퍼킨스는 새로 발견된 이 메존이 감광유제의 젤라틴에 있는 탄소나 산소 또는 질소 핵에 포획되면서 그 핵을 들뜨게 한 후, 다시 삼중양자와 양성자 두 개, 중성자를 내놓고 다른 핵으로 바뀌는 과정을 가정했다. 이 가정대로라면 퍼킨스가 관찰한 다른 세 가닥의 궤적은 중양자와 양성자 두 개를 가리켰다. 그는 이 과정을 꼼꼼히 분석한 뒤에 이 새로운 입자의 질량이 전자보다 120배에서 200배 정도 크다는 결론을 내렸다.

퍼킨스가 본 것은 유카와가 그토록 오랫동안 기다렸던 입자였지만, 퍼킨스는 이 새로운 입자가 무얼 뜻하는지 처음 발견했을 때만 해도 몰랐다. 이건 마치 쿤제가 메조트론을 앤더슨과 네더마이어보다 먼저 발견했으면서도 그 입자의 정체를 끝까지 물고 늘어지지 않았던 일과 비슷했다. 이제 공은 파월에게로 넘어갔다.

◦ 파이온의 발견

퍼킨스가 정찰기를 타고 우주선 실험을 하는 동안, 파월 그룹의 오키알리니는 일포드에서 새롭게 개발한 C2 원자핵 건판을 챙겨 피크뒤미디산으로 향했다. 오키알리니는 그곳에서 6주 동안 우주선의 흔적을 원자핵 건판에 담았다. 당시 원자핵 건판의 단점 중 하나는 우주선에 오래 노출시켜야 한다는 점이었다. 꽤 오래 노출해야 했기 때문에 먼저 찍힌 궤적이 희미해지는 것을 막기가 쉽지 않았다. 파월과 오키알리니는 이런 문제점을 잘 알고 있었다. 그래서 6주 동안 원자핵 건판을 우주선에 노출시킨 뒤 브리스틀로 바로 돌아와 현상한 후 스캐너에게 사진 분석을 맡겼다.

사진에는 우주선이 남긴 별들이 가득했다. 제곱센티미터 당 적어도 두 개의 별이 찍혀 있었다. 그런 별들이 무려 800개 가량 되었다. 파월은 당시 느꼈던 놀라움을 이렇게 표현했다.

"그건 완전히 새로운 세상이었다. 그건 마치 과수원 담장을 뚫고 들어가서 잘 보존된 나무에 열린, 탐스럽게 익어가는 온갖 이국적인 과일을 보는 것만 같았다."

파월 그룹은 곧 그 탐스러운 과일 중에서 가장 귀한 걸 얻게 될 터였다. 오키알리니와 파월도 퍼킨스가 본 것과 같은 이상한 별을 보았다. 우선 그들이 본 건 건판 속을 진행하면서 속도가 느려진 메존이 건판 속의 핵에 포획되면서 2차 입자들을 내놓는 반응이었다. 오키알리니와 파월은 이런 반응을 여섯 개 더 찾아서 논문으로 발표했다. 논문은 퍼킨스보다 2주 늦은 1947년 2월에 발표되었다. 이 두 논문은 유카와가 예언한 입자를 발견하기 위해 첫발을 내딛는 논문이나 마찬가지였다.

파월 그룹은 퍼킨스에 비해 여러 이점이 있었다. 퍼킨스는 복잡하고 까다로운 감광유제 사진 분석을 혼자 해야 했다. 뿐만 아니라 퍼킨스가 썼던 현미경은 궤적을 분석하는 데 그다지 효과적이지 않았다. 하지만 파월에게는 우주선의 흔적을 담아온 원자핵 건판을 분석하는 스캐너가 스무 명 가까이 있었다. 스캐너들이 사용하던 현미경도 퍼킨스의 것보다 성능이 뛰어났다. 그리고 무엇보다도 파월 그룹에는 오키알리니와 같이 우주선을 깊이 이해하고 있는 물리학자가 있었다. 게다가 오키알리니에게서 훈련을 받은 뛰어난 젊은 물리학도 두 사람이 1946년 겨울에 파월 그룹에 합류하였다. 그들은 오키알리니의 제자였던 라테스와 카메리니였다. 카메리니는 나중에 위스콘신 대학의 교수가 되었는데, 학사 학위만 가지고 정교수까지 될 정도로 뛰어난 물리학자였다. 그는 평생 한 번도 학위 논문을 써본 적이 없었다.

이 논문이 나온 뒤로 브리스틀 대학의 파월 연구팀은 일주일 내내 쉬지 않고 연구에 몰입했다. 연구원들은 면도할 시간도 씻을 시간도 없었고, 일주일 내내 새벽 두 시까지 때로는 새벽 네 시까지 연구했다. 그들 모두는 스캐너들이 원자핵 건판에서 찾아낸 별들을 분석하며 얻은 새로운 결과 때문에, 그리고 하루에도 몇 잔씩 마신 진한 커피 탓에 온종일 흥분한 상태였다. 그들은 스캐너가 건넨 별들이 찍힌 사진을 들고 다시 연구실로 뛰어가곤 했고, 연구실에서는 토론이 끊이질 않았다. 연구실에서는 종종 다투는 목소리도 들려왔고, 때로는 웃음소리도 흘러나왔다. 연구소 바깥에 있는 사람들이 보기에 그들 모두는 제정신이 아니었다. 그러던 어느 날, 한 스캐너가 놀라운 사진 한 장을 파월에게 가져왔다. 파월 곁에는 대학을 막 졸업한 휴 뮤어헤드가 같이 있었다. 사진을 본 두 사람은 그 모양이 서로 다른 메존 두 개의 궤적을 연결시켜 놓은 것이라고 바로 알아보았다. 그건 메존이 붕괴하면서 2차로 발생한 다른 메존이었다. 며칠 후에는 다른 스캐너가 비슷한 사진을 가져왔다. 이 사진에서도 메존이 붕괴되면서 생겨난 2차 메존의 궤적이 분명하게 찍혀 있었다.

파월은 서둘러 논문을 썼다. 논문은 1947년 5월 24일 《네이처》에 발표되었다. 이건 역사적인 논문이었다. 이 논문에는 스캐너가 발견한 두 개의 궤적이 나란히 실렸다. 이 사진은 원자핵 건판에 담긴 메존의 궤적을 하나씩 오려 붙여서 2차원에 펼쳐낸 것이었다. 이 논문에서 드디어 질량이 서로 다른 두 개의 메존이 확인되었다. 그러나 이 논문이 역사적인 논문이긴 했지만, 첫 번째 메존이 붕괴하면서 2차 메존이 나오는 궤적은 스캐너가 발견한 두 개의 궤적밖에 없었다. 나머지 메존들은 궤적이 원자핵 건판 바깥으로 지나가는 바람에 첫 번째 메존이 다른 메존으로 붕괴한다는 사실을 확인할 수 없었다. 게다가 또 다른 문제가 있었다. 파월과 그의 동료들은 메존의 질량을 구하려고 궤적에 찍힌 낱알의 수를 셌다. 그래서 궤적의 길

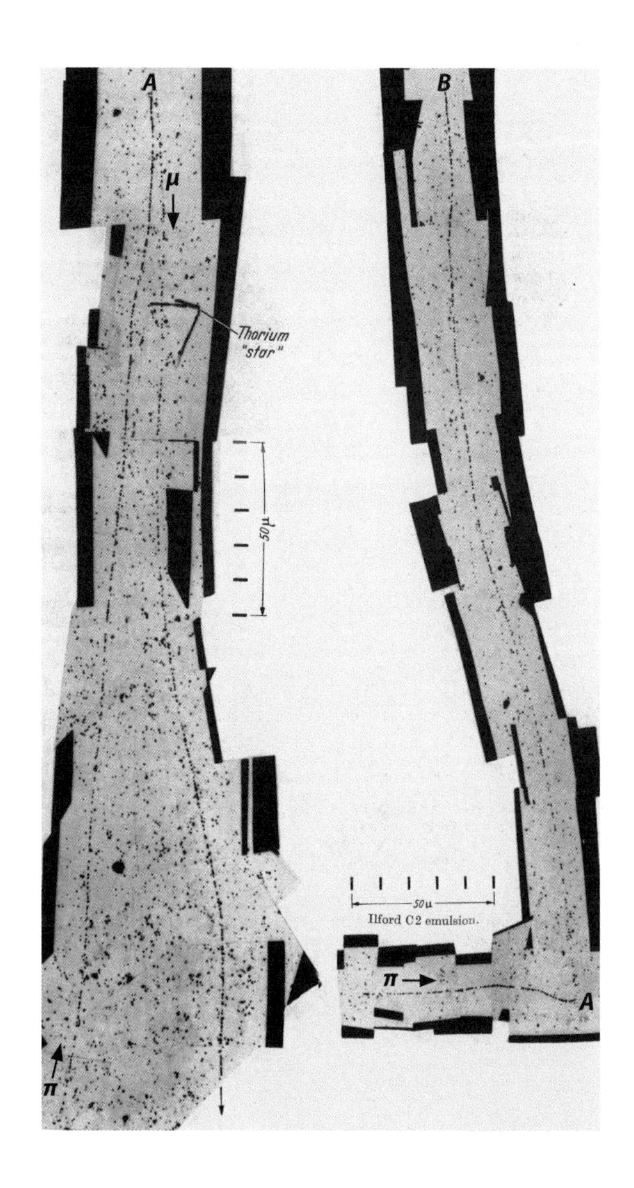

파월 팀이 발견한 파이온이 뮤온으로 붕괴하는 모습

왼쪽 사진) 파이온(π)이 아래에서 위로 진행하다 사진 윗부분(A)에서 멈춰 붕괴하고, 이때 발생한 뮤온(μ)이 파이온과 반대 방향으로 진행하다 감광유제층을 빠져 나갔다. (오른쪽 사진) 파이온이 사진 왼쪽 아래에서 들어와 붕괴하고(A), 이때 생겨난 뮤온이 위로 진행하다 사진 윗 부분(B)에서 멈췄다.
(C. Lattes, H. Muirhead, G. Occhialini, & C. Powell, *Nature*, **159** (1947) 694–697)

이 당 낱알 수로 이 낱알의 밀도를 구했고, 그 밀도로 궤적이 나타내는 메존의 질량을 얻었다. 그러나 이 방법으로 메존의 질량을 정확하게 결정하는 건 쉬운 일이 아니었다. 그래서 붕괴하는 메존의 질량과 거기서 나오는 2차 메존의 질량이 서로 다르다고 확신하기에는 아직 일렀다. 실제로 처음에 온 스캐너가 발견한 궤적으로부터 얻은 첫 번째 메존과 2차 메존의 질량은 대략 전자의 350배와 330배였지만, 그 다음 스캐너가 포착한 궤적에서는 첫 번째 메존의 질량이 전자의 330배쯤 되었다. 파월은 첫 번째 메존이 2차 메존으로 붕괴한다는 결론을 완벽하게 내리려면 데이터를 좀 더 모아야만 했다.

◦ 셸터 아일랜드 학회

파월의 논문이 나온 지 열흘이 채 지나지 않은 1947년 6월 4일부터 미국 뉴욕 근처에 있는 섬인 셸터 아일랜드에서 학회가 하나 열렸다. 그 학회는 제2차 세계대전이 끝난 뒤, 이론물리학이 나아가야 할 방향을 제시한 학회였다. 학회 명칭은 '양자역학의 토대(Foundations of Quantum Mechanics)'였다. 이 셸터 아일랜드 학회는 20세기 물리학 역사상 가장 중요한 학회라고도 일컫는다. 이 학회의 참석자는 스물네 명이었다. 대부분 한스 베테, 에드워드 텔러, 로버트 오펜하이머, 존 폰 노이만 같은 이론물리학자나 수학자였고, 실험물리학자는 이시도어 라비, 윌리스 램, 브루노 로시뿐이었다. 이들이 한 자리에 모였다. 그들 중에는 노벨물리학상을 받은 물리학자들도 여럿 있었지만, 훗날 양자전기역학을 연구해서 미국 이론물리학을 이끌어 갈 줄리언 슈윙거와 리차드 파인먼과 같은 젊은 학자들도 있었다.

학회에서 다룬 주제 중에는 윌리스 램이 측정했다고 발표한 수소 원자 스펙트럼이 사람들의 관심을 가장 많이 끌었다. '램 이동(Lamb shift)'이라고 알려진 이 실험 결과는 이후 이론물리학자들이 양자전기역학을 탄탄히 세울 수 있는 기틀을 마련해 주었다. 그리고 또 다른 주제가 바로 메존이었다. 참석자들은 아직 영국의 파월 그룹에서 서로 다른 두 개의 메존을 발견했다는 사실을 모르고 있었다. 파월의 논문이 나온 지 이제 열흘 정도 됐을 뿐이었다. 영국에서 발표된 논문이 배편으로 미국까지 오려면 몇 주를 더 기다려야 했다. 하지만 이론물리학자들은 그전부터 콘베르시와 그의 동료들이 얻은 실험 결과에 주목하고 있었다. 파월 그룹의 실험 결과를 알기 전이었지만, 유카와가 제안한 메존과 앤더슨과 네더마이어가 찾아낸 메조트론 사이에 존재하는 모순을 그대로 내버려 둘 수는 없었다.

◦ 두 개의 메존

셸터 아일랜드 학회에 참석한 사람 중에는 로버트 마샤도 있었다. 그는 1939년에 코넬 대학에서 베테의 지도를 받아 박사학위를 마친 이제 갓 서른이 넘은 젊은 이론물리학자였다. 그는 학회에서 유카와가 제안한 메존과 메조트론은 서로 다른 입자라고 주장하면서, 메조트론은 메존이 붕괴하며 나오는 2차 메존일 것이라고 말했다. 파월이 이 말을 직접 들었다면 무척이나 놀랐을 것이다. 마샥은 학회에서 펼친 자신의 주장을 정리해 지도교수인 베테와 함께 그해 7월에 《피지컬 리뷰》에 논문을 발표했다. 마샥과 베테는 중성자가 무거운 메존을 내놓으면서 양성자로 붕괴하고, 이 무거운 메존은 다시 가벼운 메존으로 붕괴할 것이라고 예측했다. 중성자가 양성자로 바뀌면서 무거운 메존을 내놓을 것이라고 말한 건 맞지 않았지만, 적어도 무거운 메존이 가벼운 메존으로 붕괴할 거라고 예측한 건 옳았다.

MIT의 빅터 바이스코프도 셸터 아일랜드 학회에 참가하고 있었다. 그는 1947년 2월에 페르미, 에드워드 텔러와 함께 도모나가와 아라키의 이론이 콘베르시와 그의 동료들이 얻은 실험 결과가 일치하지 않는 이유를 설명하는 논문을 발표했다. 세 사람은 콘베르시의 실험에서 탄소 핵에 갇혔다가 다시 붕괴하는 메조트론의 수명이 이미 여러 차례 실험으로 확인했던 2마이크로초 정도라고 말했다. 그러니까 마이크로초 수준인 메조트론의 수명은 유카와의 이론으로 계산한 메존의 수명인 수십 나노초와는 매우 큰 차이가 있었던 것이다. 메조트론은 도모나가와 아라키의 생각과 달리 유카와의 메존이 아니었다. 바이스코프도 마샥처럼 메존은 두 종류가 있을 것이라고 생각했다. 그도 자신의 이런 생각을 짤막하게 정리해 《피지컬 리뷰》에 발표했다. 그의 논문은 마샥과 베테의 논문 바로 뒤에 실렸다.

그러나 마샤과 바이스코프는 자신들이 주장한 두 개의 메존 이론을 사카타와 이노우에가 이미 오 년 전에 전에 주장했다는 사실을 전혀 모르고 있었다. 그건 당연했다. 유카와의 제자였던 사카타는 1942년, 교토를 떠나 1939년에 생긴 나고야 대학의 교수로 갔다. 그리고 그해에 이노우에 다케시와 「두 개의 중간자 이론」을 일본물리학회지에 발표했다. 1942년은 미국과 일본이 한창 태평양 전쟁으로 서로를 적대시할 때였으니, 사카타와 이노우에가 한 연구가 미국에 전해질 리 없었다. 이 논문은 영어로 다시 써서 전쟁이 끝난 뒤 1946년에 유카와가 새로 만든 논문집인 《이론물리학의 진보(Progress of Theoretical Physics)》의 첫 번째 권에 영어로 실렸다. 그러나 전쟁 통에 일본에서 나오는 논문을 보는 사람은 없었다. 이 논문에서 사카타는 유카와가 제안한 메존과 앤더슨과 네더마이어가 발견한 메존은 서로 다르다는 걸 제안하였다. 두 사람은 중성자가 유카와의 중간자를 내놓으면서 양성자로 바뀌고, 양성자는 역으로 유카와의 메존을 흡수하면서 다시 중성자로 바뀐다고 주장했다. 게다가 유카와의 메존은 스핀이 0이라고 주장했다. 두 사람의 논문은 마샤과 베테가 내놓은 두 개의 메존 이론보다 한발 더 나아간 연구였다.

◦ 완벽한 증거

파월에게는 정말 무거운 메존이 가벼운 메존으로 붕괴한다는 사실을 완벽하게 증명할 증거가 필요했다. 오키알리니는 다시 프랑스 피레네산맥에 있는 피크뒤미디산의 관측소로 갔다. 라테스는 볼리비아의 안데스산맥에 있는, 높이 5400미터가 넘는 차칼타야산(Chacaltaya)에 가서 우주선을 측정하기로 했다. 그곳에도 기상관측소가 하나 있었다. 그런데 정말 끔찍할 수도 있는 일이 일어날 뻔했다. 브리스틀 대학의 물리연구소 소장으로 있던 틴덜은 라테스에게 볼리비아로 갈 때 영국 항공을 이용하라고 권했다. 그러나 라테스는 브라질에서 새로 생긴 신생 항공사였던 바리그 브라질 항공(Varig)을 이용하고 싶었다. 거긴 신생 항공사라서 록히드에서 새로 만든 신형 비행기를 운영하고 있었다. 라테스는 자기 뜻대로 바리그 브라질 항공의 비행기를 타고 볼리비아로 떠났다. 만약에 그가 틴덜의 말을 들었더라면 어떤 일이 벌어졌을까? 틴덜이 타라고 한 비행기는 악천후를 만나 다카르에서 추락하고 말았다. 그리고 그 비행기에 탔던 승무원과 승객들은 모두 사망했다. 라테스는 그야말로 천우신조로 살아난 셈이었다. 게다가 그가 차칼타야산에서 얻은 데이터 속에 숨겨진, 그 보석 같은 메존도 세상에 모습을 드러내지 못했을 것이다.

파월 그룹은 피크뒤미디산과 차칼타야산에서 얻은 데이터를 분석했고 11개나 되는 궤적에서 첫 번째 메존이 2차 메존으로 붕괴하는 걸 완벽하게 확인했다. 실제로 얻은 메존의 궤적은 이보다 훨씬 더 많았다. 피크뒤미디산에서 451개, 차칼타야산에서 193개, 다 합쳐서 644개의 궤적을 얻었다. 이중에서 2차 메존이 붕괴한 반응은

40개였고, 2차 메존이 건판 속에서 완전히 정지한 반응은 11개였다. 이렇게 원자핵 건판 속에서 정지한 2차 메존의 진행 거리는 평균 614마이크로미터였다.

파월은 라테스와 오키알리니와 같이 새로운 메존을 발견했다는 논문을 1947년 10월 4일자《네이처》에 실었다. 이 논문에서 파월 연구팀이 그토록 오랜 시간 동안 온갖 노력을 기울여 찾아내려고 애썼던 바로 그 보석 같은 입자가 존재한다는 사실을 세상에 알렸다. 원자핵 건판에 나타난 첫 번째 메존의 궤적이 거기서 붕괴되어 나오는 2차 메존의 궤적보다 훨씬 더 짧았다. 이 말은 첫 번째 메존의 수명이 2차 메존의 수명보다 훨씬 짧다는 걸 암시했다. 파월은 수명이 짧은 첫 번째 입자를 파이 메존(π meson)이라고 불렀고, 수명이 긴 2차 메존에는 뮤 메존(μ meson)이라는 이름을 붙였다. 이 두 입자는 나중에 각각 파이온(pion)과 뮤온(muon)이라고 부르게 된다. 이 논문에서 뮤온의 질량이 전자의 200배 정도 된다고 가정하면, 파이온과 뮤온의 질량비가 오늘날 알고 있는 값인 1.2와 거의 같게 나왔다. 오늘날 전하를 띤 파이온의 질량은 139.57메가전자볼트이고, 뮤온의 질량은 105.67메가전자볼트다.

파월은 1947년,《네이처》에 실은 논문에서 유카와의 논문을 인용하지 않았고, 유카와의 이름을 언급하지도 않았다. 그러나 그가 발견한 파이온은 유카와가 오랫동안 애타게 기다리던 입자였다. 핵자들 사이의 힘을 매개하는 입자, 그 입자가 바로 파이온이었다. 앤더슨과 네더마이어가 발견한 것은, 유카와의 입자가 아니라 파월이 발견한 첫 번째 메존인 메조트론, 그러니까 뮤온이었다. 1949년에 잭 스타인버거가 뮤온은 스핀이 1/2인 페르미온이라는 사실을 실험적으로 확인했다. 뮤온은 메존이 아니라 전자와 형제 격인 렙톤이었다. 이로써 12년 동안 물리학자들을 괴롭히던 혼란은 사라졌다. 유카와가 예언했던 입자는 스핀이 1/2인 뮤온이 아니라 스핀이 0인 파이온이었던 것이다.

1946년 미국 UC 버클리에는 사이클로트론이라고 부르는 가속기가 있었는데, 이 가속기는 알파입자를 380메가전자볼트까지 가속할 수 있었다. 이 정도 에너지라면 파이온을 만들어 내기에 충분했다. 그러나 파이온을 보고도 그게 무엇인지 몰라서 자신들이 본 것을 발표하지 않았다. 결국, 파이온을 처음 발견한 공로는 파월과 그 동료들에게 돌아갔다.

그렇게 강력한 가속기가 있으면서도 미국의 과학자들은 왜 파이온을 발견하지 못했을까? 거기에는 여러 이유가 있었다. 어니스트 로런스가 이끄는 버클리 방사연구소에서는 가속기를 개발하는 데만 치중했지 검출기에는 큰 관심이 없었다. 하지만 측정을 하려면 가속기만큼이나 검출기도 중요했다. 로런스는 사이클로트론을 최초로 만든 사람이었다. 그리고 야망이 있는 물리학자였다. 그의 관심은 더 큰 가속기, 더 큰 연구소였다. 그는 가속기의 아버지이자, 거대과학의 아버지이기도 했지만, 검출기의 중요성을 간과했다. 그 일로 학회에서 곤욕을 치른 일도 있었다. 버클리에는 380메가전자볼트의 에너지로 알파입자를 가속할 수 있는 세계 최대 사이클로트론이 있었지만, 양성자 두 개와 중성자 두 개로 구성된 알파입자에 들어 있는 핵자 당 에너지를 생각하면, 핵자 하나를 가속하는 에너지는 95메가전자볼트밖에 되질 않았다. 이 에너지로는 질량이 140메가전자볼트인 파이온을 만들어 내기에 부족했다. 또 다른 문제는 물리적인 것이었다. 알파입자에 들어 있는 핵자는 밖에 나와서 제 마음대로 다닐 수 있는 핵자가 아니었다. 핵 안에 있는 핵자는 단 하나의 운동량만 가지는 게 아니라 연속적인 운동량을 가질 수밖에 없었다. 과녁으로 쓰는 핵 안의 핵자도 마찬가지였다.

이런 어려움이 있다 해도 380메가전자볼트의 사이클로트론을 이용해서 파이온을 볼 수 없는 것은 아니었다. 하지만 사이클로트론을 이용해 파이온을 보려면, 생각을 한층 더 깊이 해야 했다. 그러려면 가속기나 검출기 자체보다 물리학을 깊이 파고드는 능력이 필요했다. 아쉽게도 당시 버클리에는 그 일을 할 수 있는 사람이 없었다. 로런스가 이끌던 버클리 그룹은 자신들이 가지고 있는 사이클로트론보다 훨씬 더 큰 가속기를 지으려고 컬럼비아 대학교에 있는 이시도어 라비와 한창 경쟁하고 있었다. 이 경쟁에서 이기려면, 큰 것 한 방이 필요했다.

1947년 말에 세사르 라테스는 록펠러 재단에서 주는 연구비를 받아 버클리를 방문했다. 그는 파월과 함께 발견한 파이온을 버클리에 있는 사이클로트론으로도 찾을 수 있다는 것을 알고 있었다. 그러려면 파이온에 특화된 반응이 필요했다. 라테스는 버클리 방사연구소에 있는 유진 가드너와 실험 장치를 꾸몄다. 과녁으로는 아주 얇은 탄소 박막을 사용했다. 여기에 알파입자의 에너지를 최대로 올려 과녁의 주변부를 때려 주었다. 검출기는 라테스가 가장 잘 아는 원자핵 건판을 썼다. 놀랍게도 원자핵 건판마다 전하가 음인 파이온이 오십 개 정도 발견된 것이었다. 이 연구로 로런스는 라비와의 경쟁에서 앞서갈 수 있었다. 라비는 경쟁자였지만, 로런스에게 축하 메시지를 보냈다.

"물리학, 정말 놀랍지 않아요?"

라테스는 이듬해에도 유사한 방법으로 전하가 양인 파이온을 발견했다. 이제 전하가 양, 음, 중성인 세 가지 파이온 중 중성인 파이온만 찾아내면, 파이온 삼 형제를 모두 찾게 되는 것이었다.

◦ 전하가 없는 파이온

전하를 띤 파이온과 달리 전하가 없는 파이온을 찾는 일은 만만치 않았다. 거기에는 이유가 있었다. 파이온은 약력에 의해 붕괴하지만, 전기적으로 중성인 파이온은 그렇지 않았다. 중성인 파이온은 광자 두 개로 붕괴했다. 이 말은 전하가 없는 파이온은 전자기력에 의해 붕괴한다는 걸 의미했다. 전자기력은 약력보다 강한 힘이다. 상호작용의 크기가 클수록 입자는 더 빨리 붕괴한다. 전하가 없는 파이온은 전하가 있는 파이온보다 훨씬 더 빨리 붕괴했다. 그러니 전하를 띤 파이온을 측정할 때보다 훨씬 더 짧은 시간 안에 전하가 없는 파이온을 찾아야 했다.

1950년에 잭 스타인버거가 동료들과 함께 전하가 없는 파이온을 찾아냈다. 이 실험은 앞선 실험보다 훨씬 더 정교했다. 버클리에 있는 350메가전자볼트의 전자 싱크로트론이 사용됐다. 가속기에서 나오는 전자를 그대로 쓴 것이 아니라 함께 나오는 330메가전자볼트의 감마선을 베릴륨 과녁에 쏴주었다. 그리고 이때 나오는 광자 중에서 동시에 나오는 것들을 찾아냈다. 그들이 이렇게 동시에 나오는 광자를 찾으려고 한 이유는 이 광자 둘을 역으로 추적하면, 그들의 어머니 격인 전하가 없는 파이온을 찾을 수 있기 때문이었다. 전하를 띤 파이온을 찾을 때보다는 조금 더 간접적인 측정 방법이었지만, 이 방법으로 스타인버거와 동료들은 전하가 없는 파이온을 찾을 수 있었다.

드디어 파이온 삼 형제를 모두 찾아냈다. 비록 파이온의 첫 발견은 브리스틀의 파월 팀에서 해냈지만, 파이온이 존재한다는 사실에 종지부를 찍은 것은 가속기 실험이었다. 이제 과학자들은 더 이상 우주선을 찾아 하늘만 쳐다보고 있지 않았다. 가속기의 에너지만 충분히 높다면 가속기에서 새로운 입자를 원하는 대로 만들 수 있게 되었다.

유카와는 파이온을 예측한 업적을 인정받아 일본인 최초로 1949년에 노벨 물리학상을 받았다. 그리고 이듬해에는 파이온을 발견한 파월이 노벨 물리학상을 받았다. 하지만 안개 상자에 가이거-뮐러 계수기를 달아 양전자 발견에 큰 공을 세웠고, 파이온 발견에도 적지 않은 역할을 했지만 오키알리니는 노벨상을 받지 못했다. 오키알리니는 노벨상을 받을 기회가 두 번이나 있었지만, 결국 상을 받지 못했다. 파월이 오키알리니와 친했다고 하지만, 그는 노벨상 수상 기념 강연에서 오키알리니에 대해서는 인용한 논문을 제외하고는 한 마디도 언급하지 않았다. 어떤 사람들은 오키알리니가 노벨상을 받지 못한 이유가 그의 정치적인 성향 때문이라고 말하기도 했다. 그는 공산주의자였다. 동서가 냉전으로 치닫던 1940년대 말에 그에게 노벨상을 수여하는 것은 노벨상 위원회로서는 부담이 되었을지도 모른다. 그러나 냉전 중에도 소련 물리학자들이 노벨상을 받은 걸 보면, 그 이유는 그리 타당해 보이지 않는다.

◦ 뮤온과 파이온

1935년 유카와가 파이온의 존재를 예언한 뒤 1947년 파월이 파이온을 발견하면서 과학자들은 핵자를 원자핵 안에 꽁꽁 묶어 놓는 강력한 힘이 있다는 것을 알아냈다. 이제 자연에 존재하는 네 개의 힘을 다 찾아낸 셈이었다. 뉴턴에서 시작해 아인슈타인이 완벽하게 설명한 중력과, 패러데이와 맥스웰을 거쳐 양자전기역학까지 나아간 전자기력에, 페르미가 양자장론을 이용해 설명한 베타 붕괴 이론은 약력이라는 새로운 힘을 더했다. 마지막으로 유카와가 강력을 설명하며 예언한 파이온이 발견되면서 물리학을 받치고 있는 네 개의 기둥을 모두 찾아냈다. 이로써 현대물리학의 기틀이 마련되었다.

파이온은 핵자와 강하게 작용하는 입자다. 이렇게 강하게 상호작용하는 입자를 통틀어 강입자(hadron)라고 부른다. 1947년에 파월 연구팀이 찾아낸 파이온은 첫 번째 메존이었다. 파이온은 가장 가벼운 강입자다. 그것은 핵자들 사이에서 힘을 전달하는 입자이기도 했다. 전자는 광자의 구름, 광자의 옷을 입고 있지만, 핵자는 파이온의 옷을 입고 있었다. 다른 말로 핵자는 파이온 구름(pion cloud)으로 감싸여 있다고도 했다. 디랙의 예언, 그리고 이어진 유카와의 예언, 이 예언은 앞으로 펼쳐질 물리학의 모습을 어렴풋이 보여 주었다. 과학자들은 이제 단순히 눈에 보이는 현상을 설명하는 데 머물지 않았다. 그들은 보이지 않는 세계를 향해 한 발짝 더 나아갔다.

그러나 이제 겨우 강력의 희미한 정체만 파악했을 뿐이었다. 진짜는 이제부터 시작이었다. "강력의 실체는 무엇인가"라는 질문에 답하려면 과학자들은 고통의 길을 다시 걸어가야만 했다. 혼돈에서 질서로, 그리고 다시 혼돈으로 가는 길이었다. 그 혼돈은 다시 질서로 이어질 터이지만, 1947년은 앞으로 삼십 년 넘게 과학자들을 괴롭힐, 혼돈의 문을 여는 야누스 같은 해였다. 강력의 진정한 모습은 1970년대가 되어서야 비로소 알게 된다.

나가며

이 책에서는 엑스선이 발견된 1895년부터 파이온을 찾아낸 1947년까지의 이야기를 다루었다. 마지막 장에서 설명했듯이 물리학의 두 번째 예언이 적중하면서 우주에는 서로 다른 네 개의 힘이 존재한다는 사실이 밝혀졌다. 하지만 그것은 끝이 아니라 시작이었다. 입자 가속기가 나오면서 과학자들은 더는 하늘만 쳐다보고 있지 않았다. 가속기에서는 생전 처음 보는 입자들이 우수수 쏟아져 나왔다. 그들의 정체를 밝히는 것은 스핑크스의 수수께끼를 푸는 것만큼이나 힘들었다. 사람들은 마침내 양성자와 중성자 안에 유령과도 같은 입자가 살고 있다는 걸 알아냈다. 그것은 쿼크였다.

처음에는 쿼크를 '수학적 도구'에 불과하다고 여겼다. 하지만 시간이 어느 정도 흐르자 쿼크가 존재해야 한다는 사실을 보여 주는 실험 결과들이 하나둘 쌓였다. 눈에 보이지는 않지만, 그리고 양성자 바깥으로 떼어낼 수도 없지만, 사람들은 이제 쿼크가 존재한다는 것을 알고 있다. 강력도 한 단계 더 내려가 쿼크들 사이에 작용하는 힘으로 거듭나야 했다. 그곳에는 중간자가 설 자리가 없었다. 쿼크가 서로의 존재를 알아차리려면 다른 심부름꾼이 필요했다. 쿼크를 끈끈하게 이어주는 것은 글루온이었다.

파이온이 발견된 1947년은 또 다른 혼돈을 예고하는 해였다. 그 문은 웃으면서 사람들을 유혹했지만, 문 안쪽은 혼돈으로 가득했다. 사람들은 이제 삼십 년이 넘는 시간에 걸쳐 강력의 제대로 된 모습을 찾아 나설 터였다. 이제와 돌이켜보면 그 힘은 참으로 복잡하기 짝이 없는 힘이었다. 오늘날 강력을 이해하는 이론은 양자색역학(quantum chromodynamics)이다. 이에 관한 《강력의 탄생》 이후 이야기는 다음 책에서 볼 수 있을 것이다.

참고문헌

책 전체에서 참고한 문헌은 아래와 같다.

Brandt, S., *The Harvest of a Century: Discoveries of Modern Physics in 100 Episodes* (Oxford University Press, Oxford, 2009).

Brown, L. M and Hoddeson, L., eds., *The Birth of Particle Physics* (Cambridge University Press, Cambridge, 1983).

Brown, L. M. and Rechenberg, H., *The Origin of the Concept of Nuclear Forces* (IOP Publishing, Bristol, 1996).

Fernandez, B., *Unravelling the Mistery of the Atomic Nucleus: A Sixty Year Journey 1896–1956*, translated by G. Ripka (Springer, New York, 2013).

Pais, A., *Inward Bound: Of Matters and Forces in the Physical World* (Oxford University Press, Oxford, 1986).

Perez-Peraza, J. A., eds., *Homage to the Discovery of Cosmic Rays, the Meson-Muon and Solar Cosmic Rays* (Nova Science Publishers, New York, 2013).

1 여정의 시작

Becquerel, A. H., "Sur les radiations émises par phosphorescence," *Comptes Rendus l'Académie des Sciences*, **122**, 420 (1896).

Becquerel, A. H., "Sur les radiations invisibles émises par les sels d'uranium," *Comptes Rendus de l'Académie des Sciences*, **122**, 689 (1896).

Bragg, W. H. and Kleeman, R., "On the Ionization Curves of Radium," *Philosophical Magazine Series 6*, **8**, 726 (1904).

Campos, L. A., *Radium and the Secret of Life* (The University of Chicago Press, Chicago, USA, 2015).

Cregan, E. R. C., *Marie Curie: Pioneering Physicist* (Teacher Created Materials Publishing, CA, USA, 2007).

Curie, E., *Marie Curie* (Doubleday, Doran & Company, New York, 1937) | 에브 퀴리, 《퀴리부인》, 안응렬 옮김 (동서문화사, 2012).

Curie, M., "Rayons émis par les composés de l'uranium et du thorium," *C. R. hebd. Séanc. Acad. Sci. Paris*, **126**, 1101 (1898).

Curie, P., and Curie, M., "Sur une substance nouvelle radio-active, contenue dans la pechblende," *C. R. hebd. Séanc. Acad. Sci. Paris*, **127**, 175 (1898).

Emiling, S., *Marie Curie and Her Daughters* (Griffin, New York, 2013)

Giesel, F., "Über den Emanationskörper (Emanium)," *Berichte der deutschen chemischen Gesellschaft*, **37**, 1696 (1904).

Giesel, F., "Über Emanium," *Berichte der deutschen chemischen Gesellschaft*, **38**, 775 (1905).

Goldsmith, B., Obsessive Genius: *The Inner World of Marie Curie* (W. W. Norton & Company, New York, 2005). | 바바라 골드스미스,《열정적인 천재, 마리 퀴리》, 김희원 옮김 (승산, 2009).

Hiltzik, M., *Big Science: Ernest Lawrence and the Invention that Launched the Military-Industrial Complex* (Simon & Schuster, New York, 2016).

Kirby, H. W., "The Discovery of Actinium," *Isis*, **62**, 290 (1971).

Kragh, H., "The Origin of Radioactivity: From Solvable Problem to Unsolved Non-Problem," *Archive for History of Exact Sciences*, **50**, 331 (1997)

Krull, K., *Marie Curie* (Puffin Books, New York, 2009).

L'Annunziata, M. F., *Radioactivity: Introduction and History* (Elsevier, Amsterdam, 2007).

Malley, M. C., "The Discovery of Atomic Transmutation: Scientific Styles and Philosophies in France and Britain," *Isis*, **70**, 213 (1979).

Malley, M. C., Radioactivity: *A History of a Mysterious Science* (Oxford University Press, New York, 2011).

Mann, W.B., Ayres, R. L., and Garfinkel, S. B., *Radioactivity and Its Measurement* (Pergamon Press, Oxford, 1980)

McGrayne, S. B., Nobel Prize Women in Science: *Their Lives, Struggles, and Momentous Discoveries* (Joseph Henry Press, Washington, D.C., 1998)

Mladjenovic, M., *The History of Early Nuclear Physics* (1896–1931) (World Scientific, Singapore, 1992)

Moore, K., *The Radium Girls: The Dark Story of America's Shining Women* (The Source Books, Naperville IL, 2017). | 케이트 모어,《라듐 걸스》, 이지민 옮김 (사일런스북, 2018).

Ogilvie, M. B., *Marie Curie*: A Biography (Greenwood Press, Westport, CT, 2004).

Pasachoff, N., *Marie Curie: And the Science of Radioactivity* (Oxford University Press, New York, 1997).

Perrin, J., "Les hypothèses moléculaires," *Revue Scientifique*, **15**, 449–61, April 13, (1901).

Poincaré, H., "Les rayons cathodiques et les rayons Röntgen," *Revue Générale des Sciences*, 7, 52 (1896).

Preston, D., Before the Fallout: *From Marie Curie to Hiroshima* (Walker & Company, New York, USA, 2005).

Quinn, S., *Marie Curie*: A Life (Plunkett Lake Press, Lexington, MA, 2011).

Radvanyi, P., and Villain, J., "The Discovery of Radioactivity," *Comptes Rendus Physique*, **18**, 544 (2017).

Rötgen, W. C., "Über eine neue Art von Strahlen. Vorläufige Mittheilung," *Sitzungsberichte der physicalisch-medicinischen Gesellschaft zu Würzburg*, 132–141 (1895).

Röntgen, W. C., "Über eine neue Art von Strahlen. zweite Mittheilung," *Sitzungsberichte der physicalisch-medicinischen Gesellschaft zu Würzburg*, 17–19 (1896).

Schmidt, G. C., "Über die von den Thorverbindungen und einigen anderen Substanzen ausgehende Strahlung," *Annalen der Physik*, **301**, 141 (1898).

Sinclair, S. B., "Early History of Radioactivity (1896-1904)," Ph. D. Thesis, Imperial College of Science and

Technology, University of London, (1976).

"Atop the Physics Wave," *Rutherford's Nuclear World* (blog), 2021년 5월 10일 접속, https://history.aip.org/exhibits/rutherford/sections/atop-physics-wave.html

Curie, M., "Radium and the New Concepts in Chemistry," Nobel Lecture, December 11 (1911). https://www.nobelprize.org/prizes/chemistry/1911/marie-curie/lecture/

2 원자 속으로

Aaserud, F. and Heilbron, J. L., Love, *Literature and the Quantum Atom: Niels Bohr's 1913 Trilogy Revisited* (Oxford University Press, Oxford, 2013).

Adloff, J. P., "The Centenary of a Controversial Discovery: Actinium," *Radiochimica Acta*, **88**, 123 (2000).

Bohr, N., "On the Constitution of Atoms and Molecules, Part I," *Philosophical Magazine*, **26**, 1 (1913).

Bohr, N., "On the Constitution of Atoms and Molecules, Part II Systems Containing Only a Single Nucleus," *Philosophical Magazine*, **26**, 476 (1913).

Bohr, N., "On the Constitution of Atoms and Molecules, Part III Systems Containing Several Nuclei," *Philosophical Magazine*, **26**, 857 (1913).

Cragg, R. H., "Lord Ernest Rutherford of Nelson," *Royal Institute of Chemistry, Reviews*, **4**, 129 (1971).

Darwin, C. G., "A Theory of the Absorption and Scattering of the Alpha Rays," *Philosophical Magazine*, **23**, 901 (1912).

Davies, M., "Frederick Soddy: The Scientist as Prophet," *Annals of Science*, **49**, 351 (1992).

A. Debierne, "Sur une nouvelle matière radioactive," *C. R. hebd. Séanc. Acad. Sci. Paris*, **129**, 593 (1899).

Fleck, A., "Frederick Soddy," *Bior. Mems Fell. R. Soc.*, **3**, 203 (1957).

Freeman, M. I., "Frederick Soddy and the Practical Significance of Radioactive Matter," *The British Journal for the History of Science*, **12**, 257 (1979).

Geiger, H., "On the Scattering of the *α* particles by Matter," *Proceedings of the Royal Society A*, **81**, 174 (1908).

Geiger, H., "The Scattering of the *α* particles by Matter," *Proceedings of the Royal Society A*, **83**, 492 (1908).

Geiger, H., and Marsden, E., "On a Diffuse Reflection of the *α* particles," *Proceedings of the Royal Society A*, **82**, 495 (1909).

Geiger, H., and Marsden, E., "The scattering of the *α* particles by matter," *Proceedings of the Royal Society A*, **83**, 492 (1910).

Geiger, H., and Marsden, E., "The Laws of Deflexion of *α* particles through Large Angles," *Philosophical Magazine*, **25**, 604 (1913).

Giesel, F. O., "Über die Ablenkbarkeit der Becquerelstrahlen im magnetischen Felde," *Annalen der Physik*, **305**, 834 (1899).

Giesel, F. O., "Über den Emannationskörper," *Berichte der deutschen chemischen Gesellschaft*, **38**, 775 (1904).

Giesel, F. O., "Über Emanium," *Berichte der deutschen chemischen Gesellschaft*, **38**, 775 (1905).

Heilbron, J. L., "The Scattering of and particles and Rutherford's Atom," *Archive for History of Exact Sciences*, **4**, 247 (1968).

Heilbron, J. L., *Ernest Rutherford: And the Explosion of Atoms* (Oxford University Press, New York, 2003).

Jammer, M., *The Conceptual Development of Quantum Mechanics* (McGraw-Hill Book Company, New York, 1966).

Kirby, H. W., "The Discovery of Actinium," *Isis*, **62**, 290 (1971).

Kragh, H., "Rutherford, Radioactivity, and the Atomic Nucleus," Arxiv:1202.0954 (2012).

Krebs, A. T., "Hans Geiger," *Science*, **124**, 166 (1956).

L'Annunziata, M. F., Radioactivity: *Introduction and History* (Elsevier, Amsterdam, 2007).

Malley, M., "The Discovery of Atomic Transmutation: Scientific Styles and Philosophies in France and Britain," *Isis*, **70**, 2 (1979)

Marshall, J. L. and Marshall, V. R., "Ernest Rutherford, The True Discoverer of Radon," *Bulletin for the History of Chemistry*, **28**, 76 (2003).

Mehra, J. and Rechenberg, H., *The Historical Development of Quantum Theory, Vol. 1, Part 1, The Quantum Theory of Planck, Einstein, Bohr and Sommerfeld: In Foundation and Rise of Its Difficulties 1900-1925* (Springer Verlag, New York, 1982).

Oliphant, Sir M., "Rutherford," *Endeavour*, **11**, 133 (1987).

Owens, R. B., "Thorium Radiation," *Philosophical Magazine Series 5*, **48**, 360 (1899).

Pais, A., *Niels Bohr's Times, In Physics, Philosophy, and Polity* (Clarendon Press, Oxford, UK, 1991).

Rutherford, E., "Uranium Radiation and the Electrical Conduction produced by it," *Philosophical Magazine Series 5*, **47**, 109 (1899).

Rutherford, E., "A Radioactive Substance emitted from Thorium Compounds," *Philosophical Magazine Series 5*, **49**, 1 (1900).

Rutherford, E., and Soddy, F., "The Radioactivity of Thorium Compounds I. An Investigation of the Radioactive Emanation," *Transactions of the Chemical Society*, **81**, 321 (1902).

Rutherford, E., and Soddy, F., "The Radioactivity of Thorium Compounds II. The Cause and Nature of Radioactivity," *Transactions of the Chemical Society*, **81**, 837 (1902).

Rutherford, E., and Soddy, F., "The Cause and Nature of Radioactivity-Part I," *Philosophical Magazine Series 6*, **4**, 370 (1902).

Rutherford, E., and Soddy, F., "The Cause and Nature of Radioactivity-Part II," *Philosophical Magazine Series 6*, **4**, 569 (1902).

Rutherford, E., "The magnetic and Electric Deviation of the Easily Absorbed Rays from Radium," *Philosophical Magazine Series 6*, **5**, 177 (1903).

Rutherford, E., and Soddy, F., "The Radioactivity of Uranium," *Philosophical Magazine Series 6*, **5**, 441 (1903).

Rutherford, E., and Soddy, F., "A Comparative Study of the Radioactivity of Radium and Thorium," *Philosophical Magazine Series 6*, **5**, 445 (1903).

Rutherford, E., and Soddy, F., "Condensation of the radioactive emanations," *Philosophical Magazine Series 6*, **5**, 561 (1903).

Rutherford, E., and Soddy, F., "Radioactive Charge," *Philosophical Magazine Series 6*, **5**, 576 (1903).

Rutherford, E., "Spectrum of the Radium Emanation," *Philosophical Magazine*, **16**, 313 (1908).

Rutherford, E., and Geiger, H., "An Electrical Method of Counting the Number of α particles from

Radioactive Substances," *Proceedings of the Royal Society A*, **81**, 141 (1908).

Rutherford, E., and Geiger, H., "Charge and Nature of the α particles," *Proceedings of the Royal Society A*, **81**, 162 (1908).

Rutherford, E., "Bakerian Lecture. Nuclear Constitution of Atoms," *Proceedings of the Royal Society A*, **97**, 374 (1908).

Rutherford, E., and Royds, T., "The nature of the α particle from radioactive substances," *Philosophical Magazine Series 6*, **17**, 281 (1909).

Rutherford, E., "The Scattering of α and β Particles by Matter and the Structure of the Atom," *Philosophical Magazine Series 6*, **21**, 669 (1911).

Rutherford, E., *Radioactivity* (Dover, New York, 2004). | 어니스트 러더퍼드, 《러더퍼드의 방사능》, 차동우 옮김 (아카넷, 2020).

Sclove, R. E., "From Alchemy to Atomic War: Frederick Soddy's "Technology Assessment" of Atomic Energy, 1900-1915," *Science, Technology, & Human Values*, **14**, 163 (1989).

Soddy, F., "The Radioactivity of Uranium," *Transactions of the Chemical Society*, **81**, 860 (1902).

Soddy, F., "Intra-atomic Charge," *Nature*, **92**, 399 (1913).

Soddy, F., "The Origins of the Conceptions of Isotopes," *Nobel Lecture*, December 2 (1922).

Trenn, T. J., "Rutherford on the Alpha-Beta-Gamma Classification of Radioactive Rays," *Isis*, **67**, 61 (1976).

Villard, P., "Sur la réflexion et la réfraction des rayons cathodiques et des rayons déviables du radium," *Comptes Rendus de l'Académie des Sciences*, 130, 1010 & 1178 (1900).

van der Broek, A., "Intra-atomic Charge," *Nature*, **92**, 372 (1913).

3 물리학자, 하늘을 보다

Badash, L, "An Elster and Geitel Failure: Magnetic Deflection of Beta Rays," *Centaurus*, 11, 236 (1966).

Bertolotti, M., *Celestial Messengers: Cosmic Rays, The Story of a Scientific Adventure* (Springer Verlag, Heidelberg, 2013).

Carlson, P., "A Century of Cosmic Rays," *Physics Today*, **65**, 30 (2012).

Compton, A. H., "The Cosmic Rays," *Scientific American*, **153**, No. 3, 133 (1935).

De Angelis, A., "Domenico Pacini, Uncredited Pioneer of the Discovery of Cosmic Rays," ArXiv: 1103.4392 (2011).

Elster, J. and Geitel, H., "Weitere Versuche an Becquerelstrahlen" *Annalen der Physik und Chemie*, **305**, 83 (1899).

Epstein, P. S., "Robert Andrews Millikan as Physicist and Teacher," *Review of Modern Physics*, **20**, 10 (1948).

Fick, D. and Hoffmann, D., "Werner Kolhörster (1887-1945): The German Pioneer of Cosmic Ray Physics," *Astroparticle Physics*, **53**, 50 (2014).

Flecther, H., "My Work with Millikan on the Oildrop Experiment," *Physics Today*, **35**, 43 (1982).

Fricke, R. G. A. and Schlegel, K., "Julius Elster and Hans Geitel-Dioscuri of Physics and Pioneer Investigators in Atmospheric Electricity," *History of Geo- and Space Sciences*, **8**, 1 (2017).

Gaisser, T. K,, "Cosmic Rays: Current Status, Historical Context," arXiv:1010.5996 (2010).

Gockel A., "Messungen der durchdringenden Strahlung bei Ballonfahrten," *Physikalische Zeittschrift*, **12**, 595-597 (1911).

Hess, V., "Über Beobachtungen der durchdringenden Strahlung bei sieben Freiballonfahrten," *Physikalische Zeitschrift*, **13**, 1084 (1912).

Fricke, R. G. A. and Schlegel, K., "100th anniversary of the discovery of cosmic radiation: the role of Günther and Tegetmeyer in the development of the necessary instrumntation," *History of Geo- and Space Sciences*, **3**, 151-158 (2012).

Hillas, A. M., *Cosmic Rays* (Pergamon Press, Oxford, 1972).

Hörandel, J. R., "Early Cosmic-Ray Work Published in German," *AIP Conf. Proc.*, 1516, No. 1, 52-60 (2013), ArXiv:1212.0706.

Keveles, D. J., "Robert A. Millikan," *Scientific American*, **240**, 142 (1979).

Kolhörster, W., "Über eine Neukonstruktion des Apparates zur Messung der durchdringenden Strahlung nach Wulf und die damit bisher gewonnen Ergebnisse," *Physikalische. Zeitschrift*, **14**, 1066 (1913).

Kolhörster, W., "Messungen der durchdringenden Strahlung im Freiballon in grosseren Hohen," *Physikalische. Zeitschrift*, **14**, 1153 (1913).

R.A. Millikan, "High Frequency Rays of Cosmic Origin," *Nature*, **116**, 823 (1925)

Millikan, R. A. and Bowen, I. S.,"Penetrating Radiation at High Altitudes," *Physical Review*, **22**, 921 (1923) (198 minutes of the Am. Phys. Soc. meeting, Pasadena, 5 May 1923).

Millikan, R. A. and Bowen I. S., "High frequency rays of cosmic origin I. Sounding balloon observations at extreme altitudes" *Physical Review*, **27**, 353 (1926).

Millikan, R. A. and Otis, R. M., "High frequency rays of cosmic origin II. Mountain peak and airplane observations" *Physical Review*, **27**, 645 (1926).

Millikan, R. A. and Cameron, G. H., "High Frequency Rays of Cosmic Origin III. Measurements in Snow-Fed Lakes at High Altitudes," *Physical Review*, **28**, 851 (1926).

Pancini, D., "Penetrating Radiation at the Surface of and In Water," trans. by A. D. Angelis, ArXiv: 1002.1810 (2011).

Ramakrisiinan, A, *Elementary Particles and Cosmic Rays* (Pergamon Press, New York, 1962).

Rigden J. S. and Stuewer, R. H. eds., *The Physical Tourist: A Science Guide for the Traveler* (Birkhäuser Verlag, Basel, 2009)

Schuster, P. M., "The scientific life of Victor Franz (Francis) Hess (June 24, 1883-December 17, 1964)," *Astroparticle Physics*, **53**, 33 (2014).

Sekido, Y. and Elliot, H., eds., *Early History of Cosmic Ray Studies* (D. Reidel Publishing Company, Dordrecht, 1985).

Wulf T., "Beobachtungen über die Strahlung hoher Durchdringungs fähigkeit auf dem Eiffelturm," *Physikalische Zeitschrift*, **11**, 811-813 (1910).

Xu, Q. and Brown, L. M., "The Early History of Cosmic Ray Research," *American Journal of Physics*, **55**, 23 (1987).

L. Alvarez and A. H. Compton, "A positively charged component of cosmic rays," *Physical Review*, **33**, 835–836 (1933).

Bertolotti, M., *Celestial Messengers: Cosmic Rays, The Story of a Scientific Adventure* (Springer Verlag, Heidelberg, 2013).

Blackett, P. "Charles Thomson Rees Wilson," *Biographical Memoirs of Fellows of the Royal Society*, **6**, 269 (1960).

Bohr, N., "The structure of the atom," Nobel Lecture, 11 December 1922, https://www.nobelprize.org/uploads/2018/06/bohr-lecture.pdf

Bohr, N., Kramers, H. A. and Slater, J. C., "Über die Quantentheorie der Strahlung," *Zeitschrift für Physik*, **24**, 69 (1924).

Bonolis, L., "Walther Bothe and Bruno Rossi: The birth and development of coincidence methods in cosmic-ray physics," *American Journal of Physics*, **79**, 1133 (2011).

Bonolis, L., "From cosmic ray physics to cosmic ray astronomy: Bruno Rossi and the opening of new windows on the universe," arXiv:1211:4061 (2012).

Bothe, W. and Geiger, H., "Ein Weg zur experimentellen Nachprüfung der Theorie von Bohr, Kramers und Slater," *Zeitschrift für Physik*, **26**, 44 (1924).

Bothe, W. and Geiger, H., "Über das Wesen des Comptoneffekts; ein experimenteller Beitrag zur Theorie der Strahlung," *Zeitschrift für Physik*, **32**, 639 (1925).

Bothe, W., "Über die Kopplung zwischen elementaren Strahlungsvorgägen," *Zeitschrift für Physik*, **37**, 547–567 (1926).

Bothe, W. and Kolhörster, W., "Das Wesen der Höhenstrahlung," *Zeitschrift für Physik*, **56**, 751 (1929).

Bothe, W., "The Coincidence Method," Nobel Lecture, 1954, https://www.nobelprize.org/prizes/physics/1954/bothe/lecture/

Compton, A. H., "A Geographic Study of Cosmic Rays," *Physical Review*, **43**, 387 (1933).

Crease, R. P. and Mann, C. C., The Second Creation: *Makers of the Revolution in Twentieth-Century Physics* (Rutgers University Press, New Brunswick, NJ, USA, 1996).

Fermi, E., "On the Origin of the Cosmic Radiation," *Physical Review*, **75**, 1169 (1949).

Fick, D. and Kant, H., "Walther Bothe's contributions to the understanding of the wave-particle duality of light," *Studies in History and Philosophy of Modern Physics*, **40**, 395 (2009).

Freier, P. et al., "Evidence for Heavy Nuclei in the Primary Cosmic Radiation," *Physical Review*, 74, 213 (1948).

Gray, G. W., "Cosmic Rays," *Scientific American*, **180**, 29 (1949).

Gupta, N. N. D. and Ghosh S. K., "Report on the Wilson Cloud Chamber and Its Applications in Physics," *Review of Modern Physics*, **18**, 225 (1946).

Harrington, J., "The Cosmic Ray Puzzle," *Scientific American*, **153**, 131 (1935).

Johnson, T. H., "The azimuthal asymmetry of the cosmic Radiation," *Physical Review*, **43**, 834–835 (1933).

Lemaitre, G. and Vallarta, M. S., "On Compton's Latitude Effect of Cosmic Radiation," *Physical Review*, **43**, 87 (1933).

Lewis, G. N., "The Conservation of Photons," *Nature*, **118**, 874 (1926).

Longair, M., "C.T.R. Wilson and the cloud chamber," *Astroparticle Physics*, **53**, 55 (2014).

Rochester, G. D. and Wilson, J. G., *Cloud Chamber Photographs of the Cosmic Radiation* (Pergamon Press, London, 1952).

Rossi, B., "Method of Registering Multiple Simultaneous Impulses of Several Geiger's Counters," *Nature*, **125**, 636 (1930).

Rossi, B., "Magnetic Experiments on the Cosmic Rays," *Nature*, **128**, 300 (1931).

Rossi, B., "Absorptionsmessungen der durchdringenden Korpuskularstrahlung in einem Meter Blei," *Die Naturwissenschaften*, **20**, 65 (1932).

Rossi, B., "Nachweis einer Sekundärstrahlung der durchdringenden Korpuskularstrahlung," *Physikalische Zeitschrift*, **33**, 304 (1932).

Rossi, B., "Directional Measurement on the Cosmic Rays near the Geomagnetic Equator," *Physical Review*, **45**, 212 (1934).

Rossi, B., *Cosmic Rays* (McGraw-Hill, New York, 1964).

Rossi, B., "Early Days in Cosmic Rays," *Physics Today*, **34**, 34 (1981).

Schein M., W.P. Jesse, and E.O. Wollan, "The Nature of the Primary Cosmic Radiation and the Origin of the Mesotron," *Physical Review*, **59**, 615 (1941).

Sekido, Y. and Elliot, H., eds., *Early History of Cosmic Ray Studies* (D. Reidel Publishing Company, Dordrecht, 1985).

Skobelzyn D., "Über eine Neue Art sehr schneller β-Strahlen," *Zeitschrift für Physik*, **54**, 686 (1929).

Skobelzyn D., "Die spektrale Verteilung und die mittlere Wellenlänge der Ra-γ-Strahlen," *Zeitschrift für Physik*, **58**, 595 (1929).

Wilson, C. T. R., "Condensation of water vapour in the presence of dust-free air and other gases," *Philosophical Transactions of the Royal Society A*, **189**, 265 (1897).

Wilson, C. T. R., "On the condensation nuclei produced in gases by the action of Röntgen rays, uranium rays, ultraviolet light, and other agents," *Philosophical Transactions of the Royal Society A*, **192**, 403 (1897).

Wilson, C. T. R., "On a method of making visible the paths of ionising particles through a gas," *Proceedings of the Royal Society*, **85**, 285 (1911).

Wilson, C. T. R., "On an Expansion Apparatus for Making Visible the Tracks of Ionising Particles in Gases and Some Results Obtained by Its Use," *Proceedings of the Royal Society*, **87**, 277 (1912).

5 디랙의 바다

이강영, 《스핀: 파울리, 배타원리, 그리고 진짜 양자역학》 (계단, 2018).

Charles, G. W., "The Merchant Venturers' Technical College, Bristol," *The Vocational Aspect of Secondary and Further Education*, **3**, 86 (1951).

Dirac, P. A. M., "The Fundamental Equations of Quantum Mechanics," *Proceedings of the Royal Society A*, **109**, 642 (1925).

Dirac, P. A. M., "The Quantum theory of the Emission and Absorption of Radiation," *Proceedings of the Royal Society A*, **114**, 243 (1927).

Dirac, P. A. M., "The Quantum theory of the Electrons," *Proceedings of the Royal Society A*, **117**, 610 (1928).

Dirac, P. A. M., "On the Annihilation of Electrons and Protons," *Mathematical Proceedings of the Cambridge Philosophical Society*, **26**, 361 (1930).

Dirac, P. A. M., "A Theory of Electrons and Protons," *Proceedings of the Royal Society A*, **126**, 360 (1930).

Dirac, P. A. M., "Quantised Singularities in the Electromagnetic Field," *Proceedings of the Royal Society A*, **133**, 60 (1931).

Farmelo, G., The Strangest Man: *The Hidden Life of Paul Dirac, Quantum Genius* (Faber and Faber, 2009) | 그레이엄 파멜로,《폴 디랙》, 노태복 옮김 (승산, 2020)

Gurtler, R., and Hestenes, D., "Consistency in the formulation of the Dirac, Pauli, and Schrödinger theories," *Journal of Mathematical Physics*, **16**, 573 (1975).

Jammer, M., *The Conceptual Development of Quantum Mechanics* (McGraw-Hill, New York, 1966).

Kragh, H., Dirac: *A Scientific Biography* (Cambridge University Press, Cambridge, 1990).

Mehra, J. and Rechenberg, H., *The Historical Development of Quantum Theory, Vol. 2, The Discovery of Quantum Mechanics 1925* (Springer, New York, 1982).

Neddermeyer, S. H. and Anderson, C. D., "Note on the Nature of Cosmic Ray Particles," *Physical Review*, **51**, 885 (1937).

Oppenheimer, J. R., "On the Theory of Electrons and Protons," *Physical Review*, **35**, 562 (1930).

Oppenheimer, J. R., "Two Notes on the Probability of Radiative Transitions," *Physical Review*, 35, 939 (1930).

Pais, A., Jacob, M., Olive, D. I., and Atiyah, M. F., Paul Dirac: *The Man and His Work, Edited by P. Goddard* (Cambridge University Press, Cambridge, 1998).

Uhlenbeck, G. E. and Goudsmit, S. A., "Ersetzung der Hypothese vom unmechanischen Zwang durch eine Forderung bezüglich des inneren Verhaltens jeden einzelnen Elektrons," *Die Naturwissenschaften*, **13**, 353-354 (1925).

Uhlenbeck, G. E. and Goudsmit, S. A., "Spinning Electrons and the Structure of Spectra," *Nature*, **117**, 264 (1926).

6 기적의 해

Anderson, C. D., "Energies of Cosmic-Ray Particles," *Physical Review*, **41**, 405 (1932).

Anderson, C. D., "The Apparent Existence of Easily Detectable Positives," *Science*, **76**, 238 (1932).

Anderson, C. D., "The Positive Electron," *Physical Review*, **43**, 491 (1933).

Anderson, C. D., "Positrons from Gamma-Rays," *Physical Review*, **43**, 1034 (1933).

Anderson, C. D., "Cosmic-Ray Positive and Negative Electrons," *Physical Review*, **44**, 406 (1933).

Blackett, P. M. S. and Occhialini, G. P. S., "Some Photographs of the Tracks of Penetrating Radiation," *Proceedings of the Royal Society A*, **139**, 699 (1933).

Close, F., *Antimatter* (Oxford University Press, New York, 2009)

Cowan, E., "The Picture That Was Not Reversed," *Engineering & Science*, November (1982).

Duquesne, M., Matter and Antimatter, translated by A. J. *Pomerans* (Arrow Books, London, 1960).

Hanson, N. R., *The Positron: A Philosophical Analysis* (Cambridge University Press, Cambridge, 1963).

Kunze, P., "Untersuchung der Ultrastrahlung in der Wilsonkammer," *Zeitschrift für Physik*, **83**, 1 (1933).

Lovell, B., "Patrick Maynard Stuart Blackett, Baron Blackett, of Chelsea. 18 November 1897–13 July 1974," *Biogr. Mems Fell. R. Soc.*, **21**, 1 (1975).

Pickering, W. H., *Carl David Anderson 1905-1991* (National Academic Press, Washington D. C., 1998).

Quinn, H., and Nir, Y., *Mystery of the Missing Antimatter* (Princeton University Press, Princeton, 2008).

Sekido, Y. and Elliot, H., Ed., *Early History of Cosmic Ray Studies* (D. Reidel Publishing, Dordrecht, 1985).

7 중성자의 발견

Amaldi, E., "From the Discovery of the Neutron to the Discovery of Nuclear Fission," *Physics Report*, **111**, 1 (1984).

Bothe, W. and Becker, H., "Eine Kern-γ-Strahlung bei leichten Elementen," *Zeitschrift für Physik*, **66**, 289 (1930).

Bothe, W. and Becker, H., "Künstliche Erregung von Kern-γ-Strahlen," *Naturwissenschaften*, **18**, 705 (1930).

Brown, A., *The Neutron and the Bomb: A Biography of Sir James Chadwick* (Oxford University Press, New York, 1997).

Chadwick, J., "Possible Existence of a Neutron," *Nature*, **129**, 312 (1932).

Chadwick, J., "The Existence of a Neutron," *Proceedings of the Royal Society A*, **136**, 692 (1932).

Chadwick, J., "Bakerian Lecture. The Neutron," *Proceedings of the Royal Society A*, **142**, 1 (1933).

Crowther, J. G., "And Now the Neutron," *Scientific American*, August,76 (1932).

Curie, I. and Joliot, F., "Émission de protons à grande vitesse par les substances hydrogénées sous l'influence des rayons γtrè péérants," *Comptes Rendus Acad. Sci.*, **194**, 273 (1932).

Curie, I. and Joliot, F., "Effet d'absorption de rayons γde trè haute fréuence par projection de noyaux léers," *Comptes Rendus Acad. Sci.*, **194**, 708 (1932).

Curie, I. and Joliot, F., "Projections d'atomes par les rayons trés pénétrants excités dans les noyaux légers," *Comptes Rendus Acad. Sci.*, **194**, 876 (1932).

Curie, I. and Joliot, F., "Sur la nature du rayonnement pénétrant excité dans les noyaux légers par les particules α," *Comptes Rendus Acad. Sci.*, **194**, 1229 (1932).

Heisenberg, W., *Physics and Beyond: Encounters and Conversations* (Harper and Row, New York, USA, 1971).

Iwanenko, D., "The Neutron Hypothesis," *Nature*, **129**, 798 (1932).

Jensen, C., *Controversy and Consensus: Nuclear Beta Decay 1911-1934* (Springer Basel AG, Basel, 2000).

Nesvizhevsky, V., and Villain, J., "The Discovery of the Neutron and its Consequences (1930–1940)," *Comptes Rendus Physique*, **18**, 592 (2017).

Rutherford, E., "Bakerian Lecture: Nuclear Constitution of Atoms," *Proceedings of the Royal Society A*, **97**, 374

(1920).
Urey, H., Brickwedde, F. G., and Murphy, G. M., "A Hydrogen Isotope of Mass 2," *Physical Review*, **39**, 164 (1932).

8 강력을 찾아서

G. Beck, Zeitschr. "Hat das negative Energiespektrum einen Einfluß auf Kernphänomene?," *Zeitschrift für Physik*, **83**, 498 (1933).
Beck, G. and Sitte, K., "Zur Theorie des β - Zerfalls," *Zeitschrift für Physik*, **86**, 105 (1933).
Brown, L. M., "The Idea of the Neutrino," *Physics Today*, **31**, 23 (1978).
Dirac, P. A. M., *The Principles of Quantum Mechanics* (Oxford University Press, Oxford, UK, 1930).
Fermi, E., "Versuch einer Theorie der beta-Strahlen. I" *Zeitschrift für Physik*, **88**, 161 (1934); 영어 번역: F. L. Wilson, "Fermi's Theory of Beta Decay," *American Journal of Physics*, **36**, 1150 (1968).
Gamow, G., *Thirty Years That Shook Physics* (Doubleday, New York, 1966) | 조지 가모브, 《물리학을 뒤흔든 30년》, 김정흠 옮김 (전파과학사, 1994).
Heisenberg, W., "Über den Bau der Atomkerne I.," *Zeitschrift für Physik*, **77**, 1 (1932).
Heisenberg, W., "Über den Bau der Atomkerne II.," *Zeitschrift für Physik*, **78**, 156 (1932).
Heisenberg, W., "Über den Bau der Atomkerne III.," *Zeitschrift für Physik*, **80**, 587 (1933).
Iwanenko, D., "Interaction of Neutrons and Protons," *Nature*, **133**, 981 (1934).
Kim, D. W., Yoshio Nishina: *Father of Modern Physics in Japan* (CRC Press, New York, 2007).
Klein, O., and Nishina, Y., "Über dir Streuung von Strahlung durch freie Elektronen nach der neuen relativistischen Quantendynamik von Dirac," *Zeitschrift für Physik*, **52**, 853 (1933).
Low, M., *Science and the Building of a New Japan* (Palgrave Macmillan, New York, 2013).
Nanni, L., "Fermi's Theory of Beta Decay: A First Attempt at Electroweak Unification," arXiv: 1803.07147 (2018).
Nishina, Y., "On the L-Absorption Spectra of the Elements from Sn (50) to W (74) and Their Relation to theAtomic Constitution," *Philosophical Magazine*, **49**, 521 (1925).
Nishina, Y. and Rabi, I. I., "Der wahre Absorptionskoeffizient der Röntgenstrahlen nach der Quantentheorie," *Verhandlungen der Deutschen Physikalischen Gesellschaft*, **9**, 6 (1928).
Nishina Memorial Foundation, eds., *Nishina Memorial Lectures: Creators of Modern Physics* (Springer, 2008).
Tamm, I., "Exchange Forces between Neutrons and Protons and Fermi's Theory," *Nature*, **133**, 981 (1934).
Yazaki, Y., "How the Klein-Nishina formula was derived: Based on the Sangokan Nishina Source Materials". *Proceedings of Japanese Academy, Series B*, **93**, 399 (2017).

9 강력의 탄생

Bartholomew, J. R., *The Formation of Science in Japan: Building a Research Tradition* (Yale University Press,

New Haven, USA, 1989).

Beck, G., "Conservation Laws and β-Emission," *Nature*, **132**, 967 (1933).

Beck, G., and Sitte, K., "Zur Theorie des β-Zerfalls," *Zeitschrift für Physik*, **86**, 105 (1933).

Bhabha, H. J., "The Fundamental Length Introduced by the Theory of the Mesotron (Meson)," *Nature*, **143**, 276 (1939).

Brown, L. M. and Nambu, Y., "Physicists in Wartime Japan," *Scientific American*, **279**, 6 (1998).

Blackett, P. M. S., "Cosmic Radiation," *Scientific American*, **159**, 246 (1938).

Brown, L. M., "Hideki Yukawa and the Meson Theory," *Physics Today*, **86**, 55 (1986).

Esposito, S., *Ettore Majorana: Unveiled Genius and Endless Mysteries*, translated by Laura Gentile de Fraia (Springer International Publishing, Cham, Switzerland, 2017).

Dirac, P. A. M., "The Quantum Theory of the Emission and Absorption of Radiation," *Proceedings of the Royal Society A*, **114**, 243 (1927).

Dirac, P. A. M., "The Origin of Quantum Field Theory" in *The Birth of Particle Physics*, Brown, L. and Hoddeson, L., eds. (Cambridge University Press, New York, 1983).

Euler, H., and Heisenberg, W., "Theoretische Gesichtspunkte zur Deutung der kosmischen Strahlung," *Ergebnisse der Exaten Naturwissenschaften*, **17**, 1 (1938).

Esposito, S., "Historitcal Review: Ettore Majorana and his Heritage Seventy Years Later," *Annalen der Physik*, **17**, 302 (2008).

Fradkin, D. M., "Comments on a Paper by Majorana Concerning Elementary Particles," *American Journal of Physics*, **34**, 314 (1966).

Heisenberg, W., "Über den Bau der Atomkerne. I.," *Zeitschrift für Physik*, **77**, 1 (1932).

Heisenberg, W., "Über den Bau der Atomkerne. II.," *Zeitschrift für Physik*, **78**, 156 (1932).

Heisenberg, W., "Über den Bau der Atomkerne. III.," *Zeitschrift für Physik*, **80**, 587 (1932).

Heisenberg, W., "Die Grenzen der Anwendbarkeit der bisherigen Quantentheorie," *Zeitschrift für Physik*, **113**, 61 (1938).

Heisenberg, W., "Zur Theorie der explosionsartigen Schauer in der kosmischen Strahlung. II.," *Zeitschrift für Physik*, **110** 251 (1938).

Heitler, W., and London, F., "Wechselwirkung neutraler Atome und homöopolare Bindung nach der Quantenmechanik," *Zeitschrift für Physik*, **44**, 455 (1927).

Heitler, W., Powell, C. F., and Fertel, G. E. F., "Heavy Cosmic Ray Particles at Jungfraujoch and Sea-Level," *Nature*, **144**, 283 (1939).

Ikeda, N., "Review: The Discoveries of Uranium 237 and Symmetric Fission-From the Archival Papers of Nishina and Kimura," *Proceedings of Japanese Academy Series B*, **87**, 371 (2011).

Iwanenko, D., "Interaction of Neutrons and Protons," *Nature*, **133**, 981 (1934).

Jordan, P. and Wigner, E., "Über das Paulische Äquivalenzverbot," *Zeitschrift für Physik*, **45**, 751 (1928).

Kemmer, N., "Hideki Yukawa: 23 January 1907-8 September 1981," *Biogr. Mems Fell. R. Soc.*, **29**, 660 (1983).

Konuma, M., et al., "The Legacy of Hideki Yukawa, Sin-itiro Tomonaga, and Shoichi Sakata: Some Aspects from their Archives," Arxiv: 1308.6362 (2013).

Kragh, H., "The Isotope Effect: Prediction, Discussion, and Discovery," arXiv: 1112.2339 (2011).

Low, M., *Science and the Building of a New Japan* (Palgrave Macmillan, New York, 2005).

Low, M., "Shoichi Sakata: His Life, the Sakata Model and His Achievements," *Progress of Theoretical Physics Supplement*, **167**, 1 (2007).

Magueijio, J., *A Brilliant Darkness: The Extraordinary Life and Disappearance of Ettore Majorana, the Troubled Genius of Nuclear Age* (Basic Books, New York, 2009).

Majorana, E., "Über die Kerntheorie," *Zeitschrift für Physik*, **82**, 137 (1933).

Mukherji, V., "A History of the Meson Theory of Nuclear Forces from 1935 to 1952," *Archive for History of Exact Sciences*, **13**, 27 (1974).

Nambu, Y., "My Memories of Sakata-Sensei," *Progress of Theoretical Physics Supplement*, **167**, 175 (2007).

Nishina, Y., Takeuchi, M., and Ichimiya, T., "On the Nature of Cosmic-Ray Particles," *Physical Review*, **52**, 1198 (1937).

Nishina, Y., Takeuchi, M., and Ichimiya, T., "On the Mass of the Mesotron," *Physical Review*, 55, 585 (1939).

Rowlinson, J. S., "The Yukawa Potential," Physica A, **156**, 15 (1989).

Sakata, S. and Inoue, T., "On the Correlations between Mesons and Yukawa Particles," *Progress of Theoretical Physics*, **1**, 143 (2007).

Sardanaschvily G., "In Memorial: Dmitri Ivanenko (1904-1994), In honor of the 110th Year Anniversary," *Science Newsletter*, **1**, 16 (2014).

Schweber, S. S., *Nuclear Forces: The Making of the Physicist Hans Bethe* (Harvard University Press, MA, USA, 2012).

Sheppard, C. W., "The Evanescent Mesotron: With Knowledge Incomplete, Science Strives to Account for some Puzzling Phenomena," *Scientific American*, **163**, 202 (1940).

Tamm, I., "Exchange Forces between Neutrons and Protons, and Fermi's Theory," *Nature*, **133**, 981 (1934).

Weisskopf, V., "Growing up with Field Theory: The Development of Quantum Electrodynamics" in *The Birth of Particle Physics*, Brown, L. and Hoddeson, L., eds. (Cambridge University Press, New York, 1983).

Yukawa, H., "On the Interaction of Elementary Particles," *Proceedings of Physico-Mathematical Society of Japan*, **17**, 48 (1938).

Yukawa, H., and Sakata, S., "On the Intraction of Elementary Particles. II," *Proceedings of Physico-Mathematical Society of Japan*, **19**, 1084 (1937).

Yukawa, H., Sakata, S., and Taketani, M., "On the Intraction of Elementary Particles. III," *Proceedings of Physico-Mathematical Society of Japan*, **20**, 397 (1938).

Yukawa, H., Sakata, S., Kobayashi, M., and Taketani, M., "On the Interaction of Elementary Particles. IV," *Proceedings of Physico-Mathematical Society of Japan*, **20**, 720 (1938).

10 혼돈을 헤치고

Alvarez, L. W., "Recent Developments in Particle Physics," Nobel Lecture, 12월 11일 (1968).https://www.nobelprize.org/prizes/physics/1968/alvarez/lecture/

Anderson, C.D. and Neddermeyer, S. H., "Cloud Chamber Observations of Cosmic Rays at 4300 Meters

Elevation and Near Sea-Level," *Physical Review*, **50**, 263 (1936).

Anderson, C.D. and Neddermeyer, S. H., "Mesotron (Intermediate Particle) as a Name for the New Particles of Intermediate Mass," *Nature*, **142**, 878 (1938).

Bethe, H. and Heitler W., "On the Stopping of Fast Particles and on the Creation of Positive Electrons," *Proceedings of The Royal Society London. Series A*, **146**, 83 (1934).

Bethe, H. A., "The Meson Theory of Nuclear Forces," *Physical Review*, **57**, 260 (1940).

Bethe, H. A. and Nordheim, L. W., "On the Theory of Meson Decay," *Physical Review*, **57**, 998 (1940).

Bhabha, H. J., "Nuclear Forces, Heavy Electrons and β-Decay," *Nature*, **141**, 117 (1938).

Bhabha, H. J., "The Fundamental Length Introduced by the Theory of the Mesotron (Meson)," *Nature*, **143**, 276 (1939).

Bhabha, H. J., "Classical Theory of Mesons," *Proceedings of the Royal Society A*, **172**, 384 (1939).

Bonolis, L., "Bruno Rossi and the Racial Laws of Fascist Italy," *Physics in Perspective*, **13**, 58 (2011).

Conversi, M., Pancini, E. and Piccioni, O., "On the Decay Process of Positive and Negative Mesons," *Physical Review*, **68**, 232 (1945).

Conversi, M. and Piccioni, O., "On the Mean Life of Slow Mesons," *Physical Review*, **70**, 859 (1946).

Conversi, M. and Piccioni, O., "On the Disintegration of Slow Mesons," *Physical Review*, **70**, 874 (1946).

Conversi, M., Pancini, E. and Piccioni, O., "On the Disintegration of Negative Mesons," *Physical Review*, **71**, 209 (1947).

Euler, H., "Zur Diskussion der Hoffmannschen Stöβe und durchdringenden Komponente in der Höhenstrahlung," *Die Naturwissenschaften*, **26**, 382 (1938).

Frölich, H., Heitler, W. and Kemmer, N., "On the nuclear forces and the magnetic moment of the neutron and the proton," *Proceedings of the Royal Society A*, **166**, 154 (1938).

Galison, P., "The Discovery of the Muon and the Failed Revolution against Quantum Electrodynamics," *Centaurus*, **26**, 262 (1982).

Gray, G. W., "Cosmic Rays," *Scientific American*, **180**, 28 (1949).

Kemmer, N., "Nature of the Nuclear Field," *Nature*, **141**, 116 (1938).

Kemmer, N., "The Charge-Dependence of Nuclear Forces," *Proceedings of the Cambridge Philosophical Society*, **34**, 354 (1938).

Kemmer, N., "Quantum Theory of Einstein-Bose Particles and Nuclear Interaction," *Proceedings of the Royal Society A*, **127**, 127 (1938).

Kunze P., "Untersuchung der Ultrastrahlung in der Wilsonkammer," *Zeitschrift für Physik*, **83**, 1 (1933).

Mukherji, V., "A History of the Meson Theory of Nuclear Forces from 1935 to 1952," *Archive for History of Exact Sciences*, **13**, 27 (1974).

Neddermeyer, S. H. and Anderson, C.D., "Note on the Nature of Cosmic-Ray Particles," *Physical Review*, **51**, 884 (1936).

Nereson, N. and Rossi, B., "Further Measurements on the Disintegration Curve of Mesotrons," *Physical Review*. **64**, 199 (1943).

Nishina, Y., Takeuchi, M., and Ichimiya, T., "On the Nature of Cosmic-Ray Particles," *Physical Review*, **52**, 1198 (1937).

Oppenheimer, J. R. and Serber, R., "Note on the Nature of Cosmic-Ray Particles," *Physical Review*, **51**, 1113 (1937).

Penney, L., "Homi Jehangir Bhabha. 1909-1966," *Biographical Memoirs of Fellows of the Royal Society*, **13**, 35 (1967).

Rasetti, F., "Evidence for the Radioactivity of Slow Mesotrons," *Physical Review*, **59**, 706 (1941).

Rasetti, F., "Disintegration of Slow Mesotrons," *Physical Review*, **60**, 198 (1941).

Rossi, B., "Further Evidence for the Radioactive Decay of Mesotrons," *Nature*, **142**, 993 (1938).

Rossi, B., "The Disintegration of Mesotrons," *Review of Modern Physics*, **11**, 296 (1939).

Rossi, B. and Nereson, N., "Experimental Determination of the Disintegration Curve of Mesotrons," *Physical Review*, **62**, 417 (1942).

Rossi, B., "High-Energy Cosmic Rays," *Scientific American*, **201**, 134 (1959).

Schein, M., Jesse, W. P. and Wollan, E. O., "The Nature of the Primary Cosmic Radiation and the Origin of the Mesotron," *Physical Review*, **59**, 615 (1941).

Schweber, S. S., *Nuclear Forces: The Making of the Physicist Hans Bethe* (Harvard University Press, MA, USA, 2012).

Street, J. C. and Stevenson, E. C., "New Evidence for the Existence of a Particle of Mass Intermediate Between the Proton and Electron," *Physical Review*, **52**, 1003 (1937).

Stueckelberg, E. C. G., "On the Existence of Heavy Electrons," *Physical Review*, **52**, 41 (1937).

11 예언의 적중

Bignami, G., "Giuseppe Paolo Stanislao Occhialini 5 December 1907—30 December 1993," *Biographical Memoirs of Fellows of the Royal Society*, **48**, 331 (2002).

Blau, M., "Die photographische Wirkung von H-Strahlen aus Paraffin und Aluminium," *Zeitschrift für Physik*, **34**, 285 (1925).

Blau, M., "Über die photographische Wirkung von H-Strahlen aus Paraffin und Atomfragmenten," *Zeitschrift für Physik*, **48**, 751 (1928).

Blau, M. and Wambacher, H., "Disintegration Processes by Cosmic Rays with the Simultaneous Emission of Several Heavy Particles," *Nature*, **140**, 585 (1937).

Breit, G., Condon, E. U. and Present, R. D., "Theory of Scattering of Protons by Photons," *Physical Review*, **50**, 825 (1936).

Brode, R. B., "The Mass of the Mesotron," *Review of Modern Physics*, **21**, 37 (1949).

Brown, L. M. and Hoddeson, L., "The Birth of Elementary Particle Physics," *Physics Today*, **35**, 36 (1982).

Brown, L. M., Dresden, M. and Hoddeson, Eds., *Pions to Quarks* (Cambridge University Press, Cambridge, UK, 1989)

Burfening, J., Gardner, E. and Lattes, C. M. G., "Positive Mesons Produced by the 184-Inch Berkeley Cyclotron," *Physical Review*, **75**, 382 (1949).

Frank, J. C. and Perkins, D. H., "Cecil Frank Powell. 1903-1969," *Biographical Memoirs of Fellows of the Royal*

Society, **17**, 541 (1971).

Frölich, H., Heitler, W. and Kemmer, N., "On the nuclear forces and the magnetic moment of the neutron and the proton," *Proceedings of the Royal Society A*, **166**, 154 (1938).

Galison, P. L., "Marietta Blau: Between Nazis and Nuclei," *Physics Today*, **50**, 42 (1997).

Galison, P. L., *Image and Logic: A Material Culture of Microphysics* (The University of Chicago Press, Chicago, USA, 1997). | 피터 L. 갤리슨, 《상과 논리 1, 2: 미시물리학의 물질문화》, 차동우, 이재일 옮김 (한길사, 2021).

Gardner, E and Lattes, C. M. G., "Production of Mesons by the 184-Inch Berkeley Cyclotron," *Science*. **107**, 270 (1948).

Heitler, W., Powell, C. F., and Fertel, G. E. F., "Heavy Cosmic Ray Particles at Jungfraujoch and Sea Level," *Nature*, **144**, 283 (1939).

Herz, A. J. and Lock, W. O., "The Particle Detectors: 1. Nuclear Emulsions," *CERN Courier*, **6**, 83 (1966).

Kinoshita, S., "The Photographic Action of the α-Particles Emitted from Radio-Active Substances," *Proceedings of the Royal Society A*, **83**, 432 (1910).

Lattes, C. M. G., Murihead, H., Occhialini, G. P. S. and Powell, C. F., "Processes Involving Charged Mesons," *Nature*, **159**, 694 (1947).

Lattes, C. M. G., Occhialini, G. P. S. and Powell, C. F., "Observations on the Tracks of Slow Mesons in Photographic Emulsions," *Nature*, **160**, 453 (1947).

Lattes, C. M. G., Occhialini, G. P. S. and Powell, C. F., "Observations on the Tracks of Slow Mesons in Photographic Emulsions: Part 2," *Nature*, **160**, 486 (1947).

Lattes, C. M. G., Occhialini, G. P. S. and Powell, C. F., "A Determination of the Ratio of the Masses of π- and μ-Mesons by the Method of Grain-counting," *Proceedings of the Physical Society*, **61**, 173 (1948).

Livingston, M. S. and Bether, H., "Nuclear Physics C. Nuclear Dynamics, Experimental," *Review of Modern Physics*, **9**, 245 (1937).

March, R. H., "Ugo Camerini," *Physics Today*, **68**, 55 (2015).

Marshak, R. E. and Bethe, H. A., "On the Two-Meson Hypothesis," *Physical Review*, **72**, 506 (1947).

Mukherji, V., "A History of the Meson Theory of Nuclear Forces from 1935 to 1952," *Archive for History of Exact Sciences*, **13**, 27 (1974).

Occhialini, G. P. S. and Powell, C. F., "Multiple Disintegration Processes Produced by Cosmic Rays," *Nature*, **159**, 93 (1947).

Occhialini, G. P. S. and Powell, C. F., "Nuclear Disintegrations Produced by Slow Charged Particles of Small Mass," *Nature*, **159**, 186 (1947).

Perkins, D. H., "Nuclear Disintegration by Meson Capture," *Nature*, **159**, 126 (1947)

Perkins, D. H., "From Pions and Proton Decay: Tales of the Unexpected," *Annual Review of Nuclear and Particle Science*, **55**, 1 (2005).

Perlmutter, A., "More on Marietta Blau and the Physicists of Pre-, Postwar Vienna," *Physics Today*, **51**, 81 (1998).

Powell, C. F. and Fertel, G. E. F., "Energy of High-Velocity Neutrons by the Photographic Method," *Nature*, **144**, 115 (1939).

Powell, C. F., "Mesons," *Reports on Progress in Physics*, **13**, 350 (1950).

Sakata, S. and Inoue, T., "On the Correlations between Mesons and Yukawa Particles," *Progress of Theoretical Physics*, **1**, 143 (1946).

Sakata, S., "On the Establishment of the Yukawa Theory," *Progress of Theoretical Physics Supplements*, **41**, C8 (1968).

Schweber, S. S., "Shelter Island, Pocono, and Oldstone: The Emergence of American Quantum Electrodynamics after World War II," *Osiris*, **2**, 265 (1986).

Sime, R. L., "Marietta Blau in the history of cosmic rays," *Physics Today*, **65**, 8 (2012).

Sime, R. L., "Marietta Blau: Pioneer of Photographic Nuclear Emulsions and Particle Physics," *Physics in Perspective*, **15**, 3 (2013).

Steinberger, J., Panofsky, W. K. H. and Steller, J., "Evidence for the Production of Neutral Mesons by Photons," *Physical Review*, **78**, 802 (1950).

Strohmaier, B. and Rosner, R. *Marietta Blau, Stars of Disintegration: Biography of a pioneer of particle physics*, (Ariadne Press, CA, USA, 2006)

Taylor, H. J., "The Tracks of α-Particles and Protons in Photographic Emulsions," *Proceedings of Royal Society A*, **150**, 382 (1935).

Weisskopf, V. F., "On the Production Process of Mesons," *Physical Review*, **72**, 510 (1947).

Zajac, B. and Ross, M. A. S., "Calibration of Electron-Sensitive Emulsions," *Nature*, **164**, 311 (1949).

찾아보기

ㅁ

ㅂ

ㅅ

ㅇ

ㅈ

ㅊ

ㅋ

ㅌ

ㅍ

ㅎ

강력의 탄생

하늘에서 찾은 입자로 원자핵의 비밀을 풀다

지은이 김현철

1판 1쇄 발행 2021년 7월 12일

1판 3쇄 발행 2023년 10월 20일

펴낸곳 계단

출판등록 제 25100-2011-283호

주소 (04085) 서울시 마포구 토정로4길 40-10, 2층

전화 070-4533-7064

팩스 02-6280-7342

이메일 paper.stairs1@gmail.com

페이스북 facebook.com/gyedanbooks

값은 뒤표지에 있습니다.

ISBN 978-89-98243-15-9 03420